普通高等院校 精品课程规划教材
优质精品资源共享教材

地基基础工程

卓 玲 编著

U0278998

中国建材工业出版社

图书在版编目（CIP）数据

地基基础工程/卓玲编著. —北京：中国建材工业
出版社，2012.8（2022.6重印）
普通高等院校精品课程规划教材　普通高等院校优质
精品资源共享教材
ISBN 978-7-5160-0170-7

Ⅰ. ①地…　Ⅱ. ①卓…　Ⅲ. ①地基-基础（工程）-
高等学校-教材　Ⅳ. ①TU47

中国版本图书馆 CIP 数据核字（2012）第 170406 号

内 容 简 介

　　本书是依据国家已颁布的现行规范和标准，结合近几年土木工程中的"四新"
技术及其工程中的实际应用编写的，以培养技术应用能力为主线，以掌握基本知
识、强化实际应用为原则，尽量做到理论与实践相结合。本书主要内容包括地基土
的物理性质及工程分类、地基土中的应力计算、地基变形计算、土的抗剪强度和地
基承载力、土压力和土坡稳定、工程地质勘察、浅基础和桩基础等。

　　本书编写思路清晰、内容详尽，具有较强的针对性和实用性。适合作为土木工
程技术、建筑工程技术、建筑施工技术、建筑设计技术、工程监理、工程造价和工
程管理等相关专业的教学用书和参考书，也可作为广大土建类工程技术人员的技术
参考书。

　　本书配有课件，可登录我社网站免费下载。

地基基础工程

卓玲　编著

出版发行：中国建材工业出版社
地　　址：北京市海淀区三里河路 1 号
邮　　编：100044
经　　销：全国各地新华书店
印　　刷：北京雁林吉兆印刷有限公司
开　　本：787mm×1092mm　1/16
印　　张：14.75
字　　数：354 千字
版　　次：2012 年 8 月第 1 版
印　　次：2022 年 6 月第 4 次
定　　价：**59.00 元**

本社网址：**www.jccbs.com.cn**　　微信公众号：**zgjcgycbs**
本书如出现印装质量问题，由我社市场营销部负责调换。联系电话：**(010) 88386906**

前　言

目前，随着世界科学技术的发展和高层建筑的兴建，地基基础技术更显重要。无论是进行建筑工程设计还是进行建筑工程施工或管理，首先都必须熟悉掌握地基基础工程及其施工技术应用，为此，编著者依据国家已颁布的现行规范和标准，结合近几年土木工程中的"四新"技术及在工程中实际应用，编写了《地基基础工程》。编写中突出实用性，遵循学习者的认知规律，精选内容，简化推导，强调应用。本书主要内容包括地基土的物理性质及工程分类、地基土中的应力计算、地基变形计算、土的抗剪强度和地基承载力、土压力和土坡稳定、工程地质勘察、浅基础和桩基础等。与本书配套的《地基基础工程学习指导与题解》正在编写中。

通过对本书的认真学习，读者将能掌握地基土的物理性质以及地基土中的应力、变形、强度等基本知识，学会阅读和使用工程地质勘察资料，了解和掌握各类基础的构造与受力特点，掌握一般浅基础、桩基础设计原理和方法，并能运用基本知识和原理，结合土木工程材料、建筑结构、建筑施工等知识，分析和解决地基基础工程设计与施工中的实际问题。

本书适合作为土木工程技术、建筑工程技术、建筑施工技术、建筑设计技术、工程监理、工程造价和工程管理等相关专业的教学用书和参考书，也可作为广大土建类工程技术人员的技术参考书。

本书由黎明职业大学卓玲编著。在编写过程中，得到了黎明职业大学陈金聪、李云龙、庄占龙、房琼莲、张玉华、蔡耀东、蔡永晖、王玫、张璐、王广利、蔡益兴、李晓耕等同志的大力帮助，在此深表感谢！

由于编者水平有限，书中不妥与疏漏之处在所难免，恳请读者批评指正。

卓　玲

2012 年 5 月

中国建材工业出版社
China Building Materials Press

我们提供

图书出版、图书广告宣传、企业/个人定向出版、设计业务、企业内刊等外包、代选代购图书、团体用书、会议、培训，其他深度合作等优质高效服务。

编辑部
010-68342167

出版咨询
010-68343948

市场销售
010-68001605

门市销售
010-88386906

邮箱：jccbs-zbs@163.com　　网址：www.jccbs.com.cn

发展出版传媒　　服务经济建设

传播科技进步　　满足社会需求

目　　录

绪　　论

地基与基础工程具有较强的实践性和理论性，随着建筑行业的迅速发展，基础形式的创新、地下空间的发展等，导致新技术、新设计方法的不断涌现，使本学科不断面临新的问题。

本绪论主要简要介绍地基和基础的基本概念及其设计的基本要求、本学科的重要性及其发展简史。

1. 地基、基础的基本概念

土是地球表面的大块岩石经过物理、生物和化学风化等作用所形成的松散堆积物，是多种大小不同矿物颗粒的集合体。它是由固体颗粒、水和气体三部分组成的三相体，其主要特征是具有多孔性和散粒性，以及由于它的形成条件和所处地理环境的不同而具有明显的区域性。在建筑物设计之前，必须充分了解建筑所在地的工程地质情况，对场地土做出正确的评价。

任何建筑物都是建造在一定的土层或岩层上的。通常把直接承受上部建筑物荷载作用且应力发生变化的那部分地层称为地基。地基是有一定深度和范围的，当地基由两层或两层以上土层组成时，通常将直接与基础底面接触的土层称为持力层；在地基范围内持力层以下的土层称为下卧层；当下卧层的承载力低于持力层的承载力时，称为软弱下卧层。

良好的地基应该具有较高的承载力和较低的压缩性。未经过人工加固处理而直接利用天然土层作为地基就可以满足设计要求的，称为天然地基；如果地基土质软弱，工程地质较差，需对地基进行人工加固处理后才能作为建筑物地基的，称为人工地基。由于人工地基施工周期长、造价高，而且基础工程的造价一般约占建筑总造价的 $10\%\sim30\%$，因此建筑物应尽量建造在良好的天然地基上，以减少基础工程造价。

建筑物的下部通常要埋入地面下一定深度，使之坐落在较好的土层上。我们将地面以上的结构称为建筑物的上部结构；地面以下的结构称为建筑物的下部结构，又称建筑物的基础，它位于建筑物上部结构与地基之间，承受着上部结构传来的荷载，并将上部荷载传递给地基。因此，基础起着上承和下传的作用。

基础都有一定的埋置深度（简称埋深），如图 0-1 所示。图 0-1 中 d 表示基础埋深，指设计地面至基础底面的距离。根据基础埋深的不同，

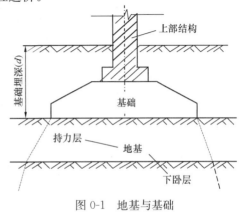

图 0-1　地基与基础

可分为浅基础和深基础。一般地，若地基土质较好，基础埋深不大（$d \leqslant 5m$），只需要经过挖槽、排水，采用一般方法与施工机械施工的基础，称为浅基础；若上部结构荷载较大或浅层土质软弱，需将基础埋置于较深处（$d > 5m$）的较好土层上，并需采用特殊的施工方法及施工机械施工的基础，称为深基础。

2. 地基基础设计的基本要求

为了保证建筑物的安全和正常使用，地基与基础设计应满足以下基本要求：

① 地基承载力要求：即要求作用于地基上的荷载不超过地基承载力，以保证在荷载作用下地基不发生剪切破坏或失稳。

② 地基变形要求：控制基础沉降使之不超过地基变形的允许值，保证建筑正常使用。

③ 基础结构本身应具有足够的强度、刚度和稳定性，以保证建筑物安全正常的使用，并具有良好的耐久性。

为满足上述要求，从基础角度考虑，通常考虑加大基础底面积，以满足地基承载力、变形和稳定性的要求；从地基角度考虑，则应尽可能选择承载力高、压缩性低的良好地基。在荷载作用下，建筑物的地基、基础和上部结构三部分是彼此联系、相互制约。设计时应根据地质勘察资料，综合考虑三者的相互作用与施工条件，通过技术、经济比较，选择最佳的地基基础方案。

3. 地基与基础的重要性

地基与基础统称为基础工程，是建筑物的根本，它的勘察、设计和施工质量的优劣将直接影响建筑的安危、经济和正常使用。基础工程施工是在地下或水下进行，属于隐蔽工程，具有施工难度大、工期长、质量不易保证的特点，一旦出现质量问题或质量事故，补救和处理十分困难，甚至往往不能奏效。此外，基础工程造价在整个工程造价中所占比例较大，一般多层建筑基础工程造价占建筑总造价的 25%～30%，高层建筑可占到 30%～40%，相应的施工工期约占建筑总工期的 20%～25%，有的还会稍高些，因此其重要性是显而易见的。

在土木工程史上，曾发生过许多因基础工程设计有误而造成建筑物质量事故的典型事例。如加拿大特朗斯康谷仓（见图 0-2），其平面呈矩形，长 59.44m、宽 23.47m、高 31.0m、容积 36368m³。谷仓为圆柱形筒仓，每排 13 个圆筒仓，5 排共 65 个圆筒仓组成。谷仓的基础为钢筋混凝土筏形基础，厚 61cm，基础埋深 3.66m。谷仓于 1911 年开始施工，1913 年秋完工。谷仓自重 200000t，相当于装满谷物后总重量的 42.5%。建成后初次储存谷物后谷仓明显向西倾斜，西端下沉 7.32m，东端上抬 1.52m，倾斜度达 26°53′。这是由于设计时未对谷仓地基承载力进行调查研究，采用邻近建筑地基 352kPa 的承载力，事后 1952 年的勘察表明，基础下埋藏有厚达 16m 的软粘土层，该地基的实际承载力为 193.8～276.6kPa，而谷仓加载后地基压力达 329.4kPa，地基因超载发生强度破坏。由于该谷仓整体刚度好，无明显裂缝，为纠偏在筒仓下设置了 70 多个支撑于基岩上的混凝土墩，使用了 388 只 500kN 的千斤顶，才将倾斜的筒仓纠正，修复后标高比原来降低了 4m。

落成于宋太祖建隆二年（公元 961 年）、位于苏州市西北虎丘公园山顶的虎丘塔（见图 0-3），原名云岩寺塔，距今已有 1000 多年悠久历史。全塔 7 层，高 47.5m，塔的平面呈八角形，由外壁、回廊与塔心三部分组成。1980 年 6 月现场调查发现，全塔向东北方向严重倾斜，不仅塔顶离中心线已达 2.31m，而且底层塔身产生不少裂缝，成为危险建筑而封闭、停止开放。经勘察，虎丘塔底地基为人工地基，由大块石组成，块石填土层厚1～2m，西南薄，东北厚；下为粉质黏土，呈可塑至软塑状态，也是西南薄，东北厚；底部即为风化岩石和基岩。在塔底层直径13.66m范围内，覆盖层厚度西南为2.8m，东北为5.8m，厚度相差3.0m，地基土压缩层厚度范围内土质明显不均匀而造成虎丘塔发生倾斜。

著名的意大利比萨斜塔（见图0-4）于1173年9月8日动工，1178年建到第4层中部，高度29m时，因塔明显倾斜而停工。94年后，1272年复工，到1278年建至第7层，高达48m，发现塔身不再呈直线，而为凹形，工程又停。此次停工中断82年。1360年再次复工，至1372年摆放钟的顶层完工，前后历经近200年。比萨塔共8层，高55m，全塔荷重145kN，相应地基平均压力约50kPa。地基持力层为粉砂，下面是粉土和黏土层。由于地基的不均匀下沉，使塔向南倾斜，南北两端沉降差1.8m，塔顶离中心线达5.27m，倾斜5.5°。

图 0-2　加拿大特朗斯康谷仓

图 0-3　苏州虎丘塔

图 0-4　意大利比萨斜塔

4. 本学科发展简史

基础工程作为一门工程技术，是悠久和古老的。我国西安半坡发现的新石器时代的土台

3

基础遗址，驰名中外的万里长城，赵州石拱桥，遍布全国的宏伟的古代宫殿、寺院及众多的宝塔等建筑，都是源于坚固的基础才得以经受风雨及强震考验而至今仍安然无恙。基础工程是伴随生产实践的发展而发展，其发展水平也与社会各历史阶段的生产和科学水平相适应。

18世纪欧洲工业革命以后，大规模城市建设，水利、铁路等行业的迅速兴起，推动了本学科理论的产生和发展。下述几个古典理论被认为是该门学科的重要组成：

1773年，法国的库仑（Coulomb）根据试验提出了砂土的抗剪强度公式和库仑土压力理论；1855年，法国的达西（Darcy）创立了土的层流渗透定律；1857年，英国的朗肯（Rankine）从另一途径提出了朗肯土压力理论；1885年，法国的布辛奈斯克（Boussinesq）求得了弹性半空间表面作用竖向集中力时的应力、应变理论解答；1925年，奥裔美国学者太沙基（Terzaghi）在总结归纳前人研究成果的基础上，出版了第一部《土力学》专著，带动各国或地区学者对本学科的研究和探索，取得长足进展。

1936年，在美国召开了第一届国际土力学与基础工程会议，之后又陆续召开了十多届。我国也从1962年开始定期召开全国性的土力学与基础工程会议，提交了大量的研究资料和学术论文。近年随着现代科技成就在该领域的逐步渗透，特别是计算机的应用和试验测试技术的进步，推动了该门学科的发展。出现了如补偿式基础、桩-筏基础、桩-箱基础等新型基础形式；出现了如强夯法、砂井堆载预压法、真空预压法、振冲法、高压喷射注浆法等地基处理方法；出现了盾构、地下连续墙、锚杆支护及加筋土挡墙等新型支护结构形式。但是，由于基础工程属地下隐蔽工程，且受地质条件、施工技术等各方面的影响，随着城市建筑密集度提高，高层结构的不断涌现，也给基础工程带来新的问题，为其发展提供新的机会。

5. 本课程的特点

地基与基础工程是一门实践性和理论性均较强的课程。由于地基土形成的自然条件各异，因而它们的性质是千差万别的。即使是同一地区的土，其特性在水平方向和深度方向也可能存在较大的差异。因此，一个最优的地基基础设计方案主要应根据完整的地质、地基土资料，借鉴经验和经典力学理论，进行符合实际情况的周密分析。

本课程的另一大特点是知识更新周期较短。随着与之有关的建筑行业的迅速发展，使该学科不断面临新的问题，如基础形式的创新、地下空间的开发、软弱地基的处理、新的土工合成材料的应用等，从而导致新技术、新设计方法不断涌现，且往往是实践领先于理论，并促使理论不断更新和完善。

根据上述特点，对于本课程的学习要求是：掌握土的基本物理性质和力学特性；掌握一般土工建筑物设计中有关计算理论和方法，分析和解决地基基础的工程问题。

本教材共分8章。第1章"地基土的物理性质及工程分类"是本课程的基础知识；第2章～第5章是土力学的基本理论部分，也是本课程的重点内容；第6章～第8章为基础工程部分，要求能够运用土力学理论解决工程中的主要地基基础问题，其中一般建筑物的基础设计方法是本课程的又一重点内容。

本课程涉及面广，与建筑力学、建筑结构、工程地质、土木工程材料、建筑施工技术等学科密切相关，因此在学习本课程时既要注意与其他学科的联系，理论联系实际，注重提高分析问题和解决问题的能力。

第1章 地基土的物理性质及工程分类

在漫长的地质年代中，由于各种内力和外力地质作用形成性质不同的土。土是由固体颗粒、水和气三相所组成，其中固体颗粒的大小、成分及三相之间的比例关系决定了土的物理性质，而土的物理性质与土的力学性质关系密切。所以要研究土的性质就必须了解土的三相组成、相互之间的比例关系以及在天然状态下土的结构和构造等。

本章主要阐述土的组成、土的结构与构造、土的基本物理性质指标以及土的工程分类。

1.1 土的组成及其结构与构造

1.1.1 土的组成

在天然状态下，土是由构成骨架的固体颗粒（固相）、存在于孔隙中的水（液相）和气体（气相）三部分所组成三相体系。三相组成比例不同时，土体所呈现出的物理性质不同。若土中孔隙全部为水所充满时，称为饱和土；若孔隙全部为气体所充满时，称为干土；土中孔隙同时有水和气体存在时，称为非饱和土，随含水量的多少可呈现软塑、可塑与硬塑状态。土体三相组成部分本身的性质、相对含量和相互作用影响着土的物理力学性质。

1. 土的固体颗粒

土的固体颗粒的大小、形状、矿物成分等是决定土体物理性质的重要因素。

（1）土的颗粒级配

自然界中的土都是由大小不同的土粒所组成。当土粒粒径由粗变细，土的性质也相应变化。例如，土粒粒径由粗变细，其性质可由无黏性变为有黏性，而透水性随之减少，并且粒径大小在一定范围内的土粒，其所含矿物成分及性质都比较接近。因此，可将土中各种不同粒径的土粒，按适当范围分成若干粒组，划分粒组的分界尺寸称为界限粒径。表1-1是常用粒组划分法，根据界限粒径200mm、60mm、2mm、0.075mm和0.005mm把土粒分为六大粒组：漂石（块石）、卵石（碎石）、圆砾（角砾）、砂粒、粉粒和黏粒。

天然土体中包含有大小不同的土粒，为了表示土粒的大小及组成情况，工程上常用土中各个粒组相对含量（即各粒组占土粒总量的百分数）来表示土粒的大小及组成情况，称为土的颗粒级配。

土的颗粒级配是通过颗粒分析试验来测定，实验室常用筛分法和比重计法（或移液管法）。对于粒径大于0.075mm的粗粒土适用于筛分法测定。试验时将事先称过质量的风干、分散的土样通过一套孔径不同的标准筛（按从上至下筛孔逐渐减小放置），称出留在各级筛上的土粒质量，然后计算小于某粒径的土粒含量。对于粒径小于 0.075mm 的细粒土适用于比重计法测定。此法根据土颗粒在水中匀速下沉时速度与粒径的平方成正比的原理，把土粒按其在水中的下沉速度进行粗细分组。在实验室内具体操作时，是利用比重计测定不同时间土粒和水混合悬液的密度，据此计算出某一粒径土粒占土粒总量的百分数。

表 1-1　土粒粒组划分

粒组统称	粒组名称		粒径范围（mm）	一　般　特　征
巨粒土	漂石或块石		$d>200$	透水性很大，无黏性，无毛细水
	卵石或碎石		$200\geqslant d>60$	
粗粒土	圆砾或角砾	粗	$60\geqslant d>20$	透水性大，无黏性，毛细水上升高度不超过粒径大小
		中	$20\geqslant d>5$	
		细	$5\geqslant d>2$	
	砂粒	粗	$2\geqslant d>0.5$	易透水，当混入云母等杂质时透水性减小，而压缩性增加；无黏性，遇水不膨胀，干燥时松散；毛细水上升高度不大，随粒径变小而增大
		中	$0.5\geqslant d>0.25$	
		细	$0.25\geqslant d>0.075$	
细粒土	粉　粒		$0.075\geqslant d>0.005$	透水性小；湿时稍有黏性，遇水膨胀小，干时稍有收缩；毛细水上升高度较大较快，极易出现冻胀现象
	黏　粒		$d\leqslant 0.005$	透水性很小；湿时有黏性、可塑性，遇水膨胀大，干时收缩显著；毛细水上升高度大，但速度较慢

　　根据土的颗粒分析试验结果，可绘制如图 1-1 所示的颗粒级配曲线。图 1-1 中以纵坐标表示小于某粒径的土粒含量百分比，横坐标表示土粒的粒径（因为土颗粒的粒径往往相差几千甚至几万倍，故将粒径的坐标取为对数坐标），以 mm 表示。

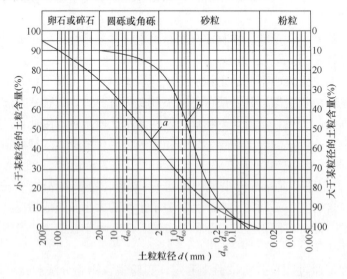

图 1-1　土的颗粒级配曲线

　　根据颗粒级配曲线的坡度和曲率可判断土样的级配状况。如所绘制的级配曲线平缓，表示土粒粒径相差悬殊，土粒粒径不均匀，即级配良好；反之，如曲线较陡，则表示土粒粒径相差不大，土粒粒径较均匀，即级配不良。

为了定量分析土粒的不均匀程度，工程上常用土粒的不均匀系数 C_u 来描述颗粒级配的不均匀程度，即

$$C_u = \frac{d_{60}}{d_{10}} \tag{1.1}$$

式中　d_{60}——小于某粒径土的质量占土总质量的 60% 时的粒径，又称限定粒径；

　　　d_{10}——小于某粒径土的质量占土总质量的 10% 时的粒径，又称有效粒径。

C_u 值越大，颗粒级配曲线越平缓，表示土粒越不均匀；反之，C_u 值越小，颗粒级配曲线越陡，土粒越均匀。工程上把 $C_u < 5$ 的土视为级配不良，$C_u > 10$ 的土视为级配良好，该种土作为填方工程的土料，较粗颗粒间的孔隙被细粒土填充，使土体容易获得较大的密实度。但有时只用 C_u 值还不能完全确定土的级配情况，而需要同时考虑级配曲线的整体形状。级配曲线的形状、曲线是否连续，可用曲率系数 C_c 来描述：

$$C_c = \frac{d_{30}^2}{d_{60} \times d_{10}} \tag{1.2}$$

式中　d_{30}——小于某粒径土的质量占土总质量的 30% 时的粒径。

根据我国（GB/T 50145—2007）《土的工程分类标准》，砾石土或砂土同时满足 $C_u \geqslant 5$ 和 $C_c = 1 \sim 3$ 两个条件时，为级配良好的砾石土或砂土。

（2）土粒的矿物成分

土粒的矿物成分可分为原生矿物和次生矿物，其主要取决于母岩的成分及风化作用。

原生矿物由岩石经过物理风化形成，其矿物成分与母岩相同，常见的如石英、长石和云母等。一般较粗颗粒的砾石、砂等主要是由原生矿物组成，土体的性质稳定，具有无黏性、透水性较大、压缩性较低的工程特性。

次生矿物是岩石经化学风化后所形成的新矿物，其矿物成分与母岩不同，常见的如黏土矿物、铝铁氧化物及氢氧化合物等。土中含黏土矿物越多，土的黏性、塑性和胀缩性也越大。

2. 土中水

土中水即为土的液相，其含量对细粒土的性质影响较大，主要是使其产生黏性、塑性及胀缩性等一系列变化。土中水除一部分以结晶水的形式吸附于固体颗粒的晶格内部外，还存在结合水和自由水两大类。

（1）结合水

结合水是指由电分子引力吸附于土粒表面成薄膜状的水。根据受电场作用力的大小及离颗粒表面远近，结合水又可以分为强结合水和弱结合水两类，如图 1-2 所示。

强结合水：又称吸着水，指受土粒表面强大吸引力作用而吸附于土粒表面的结合水。其所受电场的作用力很大，几乎完全固定排列，丧失液体的特性而接近于固体。强结合水密度要比自由水的大，其冰点远低于 0℃，在温度达 105℃ 以上时才可被蒸发。

弱结合水：又称薄膜水，指强结合水以外、电场作用范围以内的结合水。其也受颗粒表面电荷所吸引成定向排列于颗粒四周，但电场作用力随着与颗粒距离增大而减弱。其厚度较

结合水大，具有较高的黏滞性和抗剪强度。较厚水膜可向较薄处转移，直至平衡为止，使土具有可塑性。黏土颗粒比表面大，含薄膜水多，故可塑范围大。粗颗粒土比表面小，含薄膜水很少，故基本不具可塑性。

随着与土粒表面距离的增大，吸附力减小，弱结合水逐渐过渡为自由水。

（2）自由水

自由水是存在于土粒表面电场影响范围以外的水。它的性质和普通水一样，能传递静水压力，冰点为 0℃，有溶解能力。自由水又可分为重力水和毛细水两类。

① 重力水：指地下水位以下的透水土层中的自由水，对于土粒和结构物水下部分产生浮力。在重力和压力差作用下能在土的孔隙中流动。重力水对土层中的应力状态和开挖基槽、基坑以及修筑地下构筑物时所应采取的排水、防水措施有重要的影响。

② 毛细水：指位于潜水位以上的透水土层中的自由水，受水与气交界面处的表面张力作用。它的上升高度与土的性质有关。在粉土中毛细水上升的高度最高，产生毛细现象的最大极限土颗粒粒径是 2mm。

3. 土中气

土中气体存在于土孔隙中未被水所占据的部位。在粗粒的沉积物中常见与大气相连通的自由气体，在土层受到外部压力后，土体压缩时气体逸出，对土的力学性质影响不大。在细粒土中则存在与大气隔绝的封闭气泡，当土层受到外部载荷作用时，封闭气泡被压缩。土中的封闭气泡较多时，土的压缩性提高，渗透性减小。

1.1.2 土的结构

土的结构是指土颗粒之间的空间排列和相互联结的形式，与组成土的颗粒大小、颗粒形状、所含矿物成分和沉积条件有关。一般可分为单粒结构、蜂窝结构和絮状结构三种基本类型。

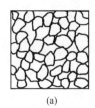 

（a）　　　　　（b）

图 1-2　土的单粒结构

（a）疏松状态；（b）密实状态

单粒结构为砂土和碎石土的基本组成形式，特点是土粒间存在点和点的接触。根据其形成条件不同，分为疏松状态如图 1-2（a）所示和密实状态如图 1-2（b）所示。疏松状态的单粒结构稳定性差，当受到震动及其他外力作用时，土颗粒易发生移动，土中孔隙减小，引起土的较大变形；密实的单粒结构则较稳定，力学性能好，是良好的天然地基。

蜂窝结构是以粉粒为主的土所具有的结构形式，其特点是孔隙较大。它是较细的土粒（粒径 $d = 0.075 \sim 0.005\text{mm}$）在水中因自重作用而下沉时，碰到其他正在下沉或已下沉稳定的土粒，由于粒间的引力大于下沉土粒的重力，后沉土粒就停留在最初的接触点上不再继续下沉所形成的，如图 1-3 所示。

絮状结构又称絮凝结构，是黏性土的主要结构形式。它是由于细微的黏粒（粒径小于0.005mm）在水中处于悬浮状态。由于土粒表面的弱结合水厚度减薄，水中运动时黏粒互相接近，凝聚成絮状物下沉，从而形成孔隙较大的絮状结构，如图 1-4 所示。

蜂窝结构和絮状结构的土中存在大量孔隙，土质松软，含水量高，压缩性大，结构破坏后强度降低较大，工程性质极差，不可用做天然地基。

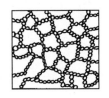

图 1-3　土的蜂窝结构　　　图 1-4　土的絮状结构

1.1.3　土的构造

土的构造是指土体中各结构单元之间的关系。一般分为层状构造、分散构造和裂隙构造。

层状构造的土由不同颜色、不同粒径所构成，分水平层理和交错层理。层状构造是细粒土的一个重要特征。

分散构造的土其各部分的土粒无明显差别，性质接近，分布均匀。砂、卵石层为分散构造。

裂隙构造的土层中有许多不连续的小裂隙，在裂隙中常充填有各种盐类的沉淀物。不少坚硬和硬塑状态的黏性土是此种构造，裂隙将破坏土的整体性，增大透水性，对工程不利。

1.2　土的物理性质指标

土是由固相、液相和气相所组成。土的各组成部分的比例关系反映土的物理状态，如土的干湿、软硬、松密等。表示土的三相组成之间比例关系的指标，称为土的三相比例指标，它们对评价土的物理、力学性质有重要意义。

1.2.1　土的三相简图

为便于说明三相比例指标的基本定义和它们之间的换算关系，常将土体中的三相抽象地分开表示，画出如图 1-5 所示的三相简图。

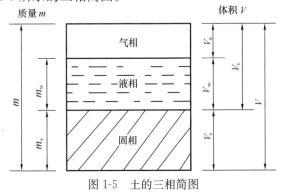

图 1-5　土的三相简图

m—土的总质量；m_s—土粒的质量；m_w—水的质量；$m=m_s+m_w$；

V—土的总体积；V_a—气体的体积；V_w—水的体积；

V_s—土粒的体积；V_v—土的孔隙体积；$V_v=V_a+V_w$；

$V=V_a+V_w+V_s$

1.2.2　土的三相指标定义

1. 基本指标

将土的物理性质指标中可直接通过土工试验测定的，称为基本指标，又称直接测定指标。

（1）土的天然重度 γ

天然状态下，单位体积土的重力，称为土的重度，单位为 kN/m³，即

$$\gamma = \frac{mg}{V} \tag{1.3}$$

式中　g——重力加速度，取 $g=9.8\text{m/s}^2$，实用计算时取 $g=10\text{m/s}^2$。

土的重度取决于土粒的重量、孔隙体积的大小和孔隙中水的重量，综合反映了土的组成和结构特征，测定方法常用环刀法。

一般地，天然状态下土的重度变化范围较大，其参考值：黏性土和粉土 18～20kN/m³；砂土为 16～20kN/m³。

（2）土的天然含水量 w

天然状态下，土中水的质量与土粒质量比值的百分率，称为土的天然含水量，又称含水率。

$$w = \frac{m_\text{w}}{m_\text{s}} \times 100\% \tag{1.4}$$

土的天然含水量与土的种类、埋藏条件及所处的地理环境有关，其变化范围较大。一般地，黏性土的含水量越高，其压缩性越大，强度越低。测定方法常用烘干法。

一般土体的天然含水量参考值：砂土为 0～40%；黏性土为 20%～60%。

（3）土粒的相对密度（土粒比重）d_s

土粒质量与同体积 4℃时水的质量之比，称为土粒的相对密度，其是无量纲数值。

$$d_\text{s} = \frac{m_\text{s}}{V_\text{s}\rho_\text{w}} = \frac{\rho_\text{s}}{\rho_\text{w}} \tag{1.5}$$

土粒的相对密度与土中有机质含量有关。土中有机质含量增加，土粒的相对密度减小。测定方法常用比重瓶法。

对同一类土，相对密度的变化范围较小。参考值：黏性土为 2.70～2.75；砂土为 2.65；泥炭土为 1.5～1.8。

2. 导出指标

通过土工试验测定出基本指标后，可导出其余物理性质指标。

（1）土的孔隙比 e 和孔隙率 n

土中孔隙体积与土粒体积的比值，称为孔隙比。

$$e = \frac{V_\text{v}}{V_\text{s}} \tag{1.6}$$

孔隙比是反映土体密实程度的一个重要物理性质指标。一般体土孔隙比的参考值：砂土为 0.5～1.0；黏性土和粉土 0.5～1.2；一般 $e<0.6$ 的砂土为密实状态，属于良好的地基；$1.0<e<1.5$ 的黏性土为淤泥质土，属于软弱地基。

土中孔隙体积与土的总体积之比，称为孔隙率，用百分数表示。

$$n = \frac{V_v}{V} \times 100\%$$ (1.7)

孔隙率也可反映土的密实程度，并随土形成过程中所受的压力、粒径级配和颗粒排列的状况而发生变化。一般粗粒土的孔隙率比细粒土的小，如砂类土的孔隙率一般为 25%～45%；黏性土的孔隙率为 30%～60%。

（2）土的饱和度 S_r

土中被水充填的孔隙体积与孔隙总体积之比，称为饱和度，用百分数表示。

$$S_r = \frac{V_w}{V_v} \times 100\%$$ (1.8)

饱和度是用于描述土中孔隙被水所充满的程度，即反映土的潮湿程度。对干土，$S_r=0$，土体完全饱和时，$S_r=1$。砂土和粉土根据饱和度可划分为以下三种湿度状态：

$$S_r \leqslant 50\% \qquad 稍湿$$
$$50\% < S_r \leqslant 80\% \qquad 很湿$$
$$S_r > 80\% \qquad 饱和$$

3. 不同状态下土的重度

（1）土的干重度 γ_d

单位体积中土粒的重力称为干重度，单位为 kN/m³。

$$\gamma_d = \frac{m_s g}{V}$$ (1.9)

干重度也反映了土的密实程度，工程上常用来检查填方过程中土体的压实质量。一般 γ_d 越大，土体越密实，压实质量越好。其参考值范围：13～18kN/m³。

（2）土的饱和重度 γ_{sat}

土中孔隙完全被水所充满时的单位体积土的重力，称为饱和重度，单位为 kN/m³。

$$\gamma_{sat} = \frac{m_s g + V_v \gamma_w}{V}$$ (1.10)

一般土的饱和重度的参考值范围：18～23kN/m³。

（3）土的有效重度（浮重度）γ'

在地下水位以下，单位体积土中土颗粒所受的重力扣除浮力后的重度，称为有效重度，单位为 kN/m³。

$$\gamma' = \frac{m_s g - V_s \gamma_w}{V}$$ (1.11)

一般土的有效重度的参考值范围：8～13kN/m³。

1.2.3　三相指标间的换算

在土的三相比例指标中，只要通过试验直接测定出土的天然重度 γ、土粒的相对密度 d_s 和土的含水量 w，就可以利用三相简图推算出其余各项指标（见表1-2）。因为各指标之间是相对比例关系，故推算时可令 $V_s=1$ 或 $V=1$。

若设 $V_s=1$，则 $V=1+e$。

$$m_s = d_s \rho_w V_s = d_s \rho_w$$
$$m_w = w m_s = w d_s \rho_w$$
$$m = m_s + m_w = d_s \rho_w (1 + w)$$

根据图 1-6，可由各指标的定义得到下列换算公式：

$$e = \frac{V_v}{V_s} = \frac{V - V_s}{V_s} = \frac{m}{\rho} - 1$$
$$= \frac{(1+w)d_s \rho_w}{\rho} - 1$$
$$\gamma' = \frac{m_s g - V_s \gamma_w}{V} = \frac{(d_s - 1)\gamma_w}{1 + e}$$
$$n = \frac{V_v}{V} = \frac{e}{1 + e}$$
$$S_r = \frac{V_w}{V_v} = \frac{w d_s}{e}$$

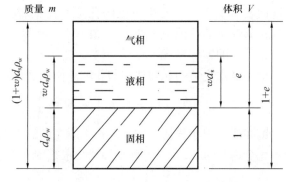

图 1-6　土的三相比例指标换算简图

表 1-2　常用三相比例指标之间的换算公式

指标名称	三相指标定义式	常用换算公式	单位	常见的数值范围	备注
天然重度 γ	$\gamma = \frac{mg}{V}$	$\gamma = \frac{(1+w)d_s \gamma_w}{1+e}$ $\gamma = \frac{d_s + S_r e}{1+e} \cdot \gamma_w$	kN/m³	18～20kN/m³	试验测定（一般用环刀法）
含水量 w	$w = \frac{m_w}{m_s} \times 100\%$	$w = \frac{S_r e}{d_s} \times 100\%$		砂土 0～40% 黏性土 20%～60%	试验测定（一般用烘干法）
相对密度 d_s	$d_s = \frac{m_s}{V_s \rho_w}$	$d_s = \frac{S_r e}{w}$		黏性土 2.7～2.75 砂土 2.65～2.69	试验测定（一般用比重瓶法）
孔隙比 e	$e = \frac{V_v}{V_s}$	$e = \frac{d_s \gamma_w}{\gamma_d} - 1$ $e = \frac{d_s(1+w)\gamma_w}{\gamma} - 1$		黏性土 0.5～1.2 砂土 0.5～1.0	导出指标
孔隙率 n	$n = \frac{V_v}{V} \times 100\%$	$n = \frac{e}{1+e}$　$n = 1 - \frac{\gamma_d}{d_s \gamma_w}$		黏性土 30%～60% 砂土 25%～45%	导出指标
饱和度 w_r	$S_r = \frac{V_w}{V_v} \times 100\%$	$S_r = \frac{w d_s}{e}$　$S_r = \frac{w \gamma_d}{n \gamma_w}$		0～1.0	导出指标
干重度	$\gamma_d = \frac{m_s g}{V}$	$\gamma_d = \frac{d_s}{1+e} \gamma_w$	kN/m³	13～18kN/m³	计算求得
饱和重度	$\gamma_{sat} = \frac{m_s g + V_v \gamma_w}{V}$	$\gamma_{sat} = \frac{d_s + e}{1+e} \gamma_w$	kN/m³	18～23kN/m³	计算求得
有效重度	$\gamma' = \frac{m_s g - V_s \gamma_w}{V}$	$\gamma_{sat} = \frac{d_s + e}{1+e} \gamma_w$	kN/m³	8～13kN/m³	计算求得

【应用实例 1.1】

某一原状土样，经试验测得的基本指标为：天然重度 $\gamma = 18$kN/m³，含水量 $w = 20\%$，土粒相对密度 $d_s = 2.68$，试求：孔隙比 e、孔隙率 n、饱和度 S_r、干重度 γ_d、饱和重度 γ_{sat} 以及有效重度 γ'。

解：绘制三相计算简图（见图 1-7），计算简图中各部分数值。

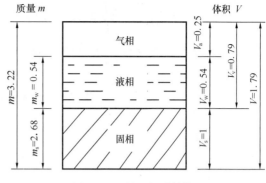

图 1-7　土的三相计算简图

设 $V_s = 1.0\text{cm}^3$

由 $d_s = \dfrac{m_s}{V_s \rho_w} = 2.68$

得　$m_s = 2.68\text{g}$

由 $w = \dfrac{m_w}{m_s} = 20\%$

得 $m_w = w \cdot m_s = 0.2 \times 2.68 = 0.54\text{g}$

$$V_w = 0.54\ \text{cm}^3$$

$$m = m_s + m_w = 2.68 + 0.54 = 3.22\text{g}$$

$$V = \frac{mg}{\gamma} = \frac{3.22 \times 10}{18} = 1.79\text{cm}^3 \qquad V_v = V - V_s = 1.79 - 1 = 0.79\ \text{cm}^3$$

则各物理性质指标如下：

① $e = \dfrac{V_v}{V_s} = \dfrac{0.79}{1} = 0.79$

② $n = \dfrac{V_v}{V} \times 100\% = \dfrac{0.79}{1.79} \times 100\% = 44.1\%$

③ $S_r = \dfrac{V_w}{V_v} \times 100\% = \dfrac{0.54}{0.79} \times 100\% = 68.4\%$

④ $\gamma_d = \dfrac{m_s g}{V} = \dfrac{2.68 \times 10}{1.79} = 14.97\ \text{kN/m}^3$

⑤ $\gamma_{sat} = \dfrac{m_s g + V_v \gamma_w}{V} = \dfrac{2.68 \times 10 + 0.79 \times 10}{1.79} = 19.38\text{kN/m}^3$

⑥ $\gamma' = \gamma_{sat} - \gamma_w = 19.38 - 10 = 9.38\text{kN/m}^3$

【应用实例 1.2】

某天然状态下土样体积为 76cm^3，湿土质量为 137g，烘干后质量为 113g，土粒的相对密度为 2.65。求土样的天然重度 γ、含水量 w、孔隙比 e、干重度 γ_d、饱和重度 γ_{sat} 以及有效重度 γ'。

解：已知 $V = 76\text{cm}^3$，$m = 137\text{g}$，$m_s = 113\text{g}$，$d_s = 2.65$

由已知条件可求得：$m_w = m - m_s = 137 - 113 = 24\text{g}$

则所求各物理性质指标如下：

① $\gamma = \dfrac{mg}{V} = \dfrac{137 \times 10}{76} = 18.02\text{kN/m}^3$

② $w = \dfrac{m_w}{m_s} \times 100\% = \dfrac{24}{113} \times 100\% = 21.2\%$

③ $\gamma_d = \dfrac{m_s g}{V} = \dfrac{113 \times 10}{76} = 14.87\text{kN/m}^3$

④ $e = \dfrac{d_s \gamma_w}{\gamma_d} - 1 = \dfrac{2.65 \times 10}{14.87} - 1 = 0.78$

⑤ $\gamma_{sat} = \dfrac{d_s + e}{1 + e} \cdot \gamma_w = \dfrac{2.65 + 0.78}{1 + 0.78} \times 10 = 19.27 \text{kN/m}^3$

⑥ $\gamma' = \gamma_{sat} - \gamma_w = 19.27 - 10 = 9.27 \text{kN/m}^3$

1.3 土的物理状态指标

土的物理状态，对于无黏性土是指土的密实程度，对于黏性土则指土的软硬程度。

1.3.1 无黏性土的密实度

无黏性土一般指碎石土和砂土，其土粒间无黏结力，工程性质与土的密实程度有密切关系。呈密实状态的无黏性土，由于压缩性小，强度较大，可作为建筑的良好地基；反之，处于疏松状态时，则是不良地基。

1. 砂土的密实度

描述砂土密实状态的指标有：

（1）孔隙比 e

孔隙比 e 可用来表示砂土的密实度。对同一种土，孔隙比越大，则土越松散；当孔隙比小于某一限度时，则处于密实状态。但用孔隙比描述土的密实程度的方法虽然简便但有其局限性，即未考虑颗粒级配对砂土密实状态的影响，且具体工程中原状砂样取样困难，故在实际应用中存在问题。

（2）相对密实度 D_r

砂土通常采用相对密实度即最大孔隙比 e_{max} 与天然孔隙比 e 之差和最大孔隙比 e_{max} 与最小孔隙比 e_{min} 之差的比值来判别密实程度。

$$D_r = \frac{e_{max} - e}{e_{max} - e_{min}} \tag{1.12}$$

式中 e——砂土在天然状态下的孔隙比；

e_{max}——砂土在最松散状态下的孔隙比，即最大孔隙比；

e_{min}——砂土在最密实状态下的孔隙比，即最小孔隙比。

根据相对密实度 D_r 值的大小可把砂土的密实状态划分如下：

$$0.33 \geqslant D_r > 0 \qquad 松散的$$
$$0.67 \geqslant D_r > 0.33 \qquad 中密的$$
$$1 \geqslant D_r > 0.67 \qquad 密实的$$

当 $D_r = 0$ 时，$e = e_{max}$，土体处于最疏松状态；当 $D_r = 1$ 时，$e = e_{min}$，土体处于最密实状态。

对砂土，由于其矿物成分、颗粒级配等各种因素对砂土的密实度有影响，并且在具体的工程中难以取得砂土原状土样，因此利用标准贯入试验、静力触探等原位测试方法来评价砂土的密实度在工程实际中得到广泛采用。《建筑地基基础设计规范》（GB 50007—2011）中砂土根据标准贯入试验的锤击数 N 分为松散、稍密、中密及密实四种密实度，见表 1-3。

2. 碎石土的密实度

碎石土的颗粒较粗，试验时不易取得原状土样，《建筑地基基础设计规范》(GB 50007—2011)根据重型圆锥动力触探锤击数 $N_{63.5}$ 将碎石土的密实度划分为松散、稍密、中密和密实四种状态，如表 1-3 所示，也可根据野外鉴别方法确定其密实度，如表 1-4 所示。

表 1-3　砂土和碎石土密实度评定

密实度	松　散	稍　密	中　密	密　实
按 N 评定砂土的密实度	$N \leqslant 10$	$10 < N \leqslant 15$	$15 < N \leqslant 30$	$N > 30$
按 $N_{63.5}$ 评定碎石土的密实度	$N_{63.5} \leqslant 5$	$5 < N_{63.5} \leqslant 10$	$10 < N_{63.5} \leqslant 20$	$N_{63.5} > 20$

注：① 本表适于平均粒径小于或等于 50mm 且最大粒径不超过 100mm 的卵石、碎石、圆砾和角砾。对于平均粒径大于 50mm 或最大粒径大于 100mm 的碎石土，可采用野外鉴别方法判断其密实度。

② 表内用于评价砂土密实度的 N 为未经修正的数值；用于评价碎石土密实度的 $N_{63.5}$ 为经综合修正后的平均值。

表 1-4　碎石土密实度野外鉴别方法

密实度	骨架颗粒含量和排列	可挖性	可钻性
密实	骨架颗粒含量大于总重的 70%，呈交错排列，连续接触	锹镐挖掘困难，用撬棍方能松动，井壁一般较稳定	钻进极困难，冲击钻探时，钻杆、吊锤跳动剧烈，孔壁较稳定
中密	骨架颗粒含量等于总重的 60%～70%，呈交错排列，大部分接触	锹镐可挖掘，井壁有掉块现象，从井壁取出大颗粒后，能保持颗粒凹面形状	钻进较困难，冲击钻探时，钻杆、吊锤跳动不剧烈，孔壁有坍塌现象
稍密	骨架颗粒含量等于总重的 55%～60%，排列混乱，大部分不接触	锹可以挖掘，井壁易坍塌，从井壁取出大颗粒后，砂土立即坍落	钻进较容易，冲击钻探时，钻杆稍有跳动破，孔壁易坍塌
松散	骨架颗粒含量小于总重的 55%，排列十分混乱，绝大部分不接触	锹易挖掘，井壁极易坍塌	钻进很容易，冲击钻探时，钻杆无跳动，孔壁极易坍塌

1.3.2　黏性土的稠度

黏性土颗粒较细，其所含黏土矿物成分较多，土中所含水量对其性质影响较大。当土中含水量较大时，土体处于流动状态；当含水量减少到一定程度时，土体呈现出可塑性质，即在外力作用下，土体可塑成任何形状而不发生裂缝，并且在外力解除后仍保持已有的变形；若含水量继续减少，土体由可塑状态转变为半固态及固态。

1. 黏性土的塑限和液限

黏性土由某一种状态过渡到另一种状态的分界含水量称为土的界限含水量，其对黏性土的分类及工程性质的评价有着重要意义。若土体由可塑状态转变到流动状态的界限含水量称为液限（w_L）；土体由半固态转变到可塑状态的界限含水量称为塑限（w_P）；土体由固态转变到半固态状态的界限含水量称为缩限（w_s），常用的界限含水量有液限和塑限。

可采用"联合测定法"测定液限与塑限，详见《土工试验方法标准［2007 版］》(GB/T 50123—1999)。

如图 1-8 所示，当土的含水量 w 大于 w_L 时，土体处于流动状态；当 w 介于 w_L 与 w_P 之间时，土体处于可塑状态；当 w 介于 w_P 与 w_s 之间时，土体处于半固态；当 w 小于 w_s 时，土体处于固态。

图 1-8　黏性土的物理状态

2. 黏性土的塑性指数和液性指数

黏性土的液限与塑限的差值（省去％号）称为塑性指数（I_P），其大小表示土体处在可塑状态的含水量变化范围，即

$$I_P = w_L - w_P \tag{1.13}$$

塑性指数的大小与土中黏粒含量有关，土粒越细，黏粒含量越多，土的比表面积越大，塑性指数就越大。

由于塑性指数在一定程度上反映了影响黏性土特征的各种重要因素，因此在工程上常按塑性指数对黏性土进行分类，如表 1-5 所示。

表 1-5　黏性土的分类

塑性指数 I_p	土的名称
$I_p > 17$	黏土
$10 < I_p \leqslant 17$	粉质黏土

注：塑性指数是由相应于 76g 圆锥体沉入土样中深度为 10mm 时测定的液限计算而得。

土的天然含水量和塑限的差值与液限和塑限的差值之比称为液性指数（I_L）。即

$$I_L = \frac{w - w_P}{w_L - w_P} = \frac{w - w_P}{I_P} \tag{1.14}$$

液性指数反映了土的天然含水量与分界含水量之间的相对关系，是表示软硬程度的物理性质指标，也是确定承载力的重要指标。

从式（1.13）可知，当 $w = w_P$ 时，$I_L = 0$；当 $w = w_L$ 时，$I_L = 1$；当 $w < w_P$ 时，$I_L < 0$，天然土体处于坚硬状态；当 $w > w_L$ 时，$I_L > 1$，天然土体处于流塑状态。《建筑地基基础设计规范》（GB 50007—2011）按液性指数大小将黏性土划分为坚硬、硬塑、可塑、软塑及流塑五种状态，如表 1-6 所示。

表 1-6　黏性土软硬状态的划分

液性指数	$I_L \leqslant 0$	$0 < I_L \leqslant 0.25$	$0.25 < I_L \leqslant 0.75$	$0.75 < I_L \leqslant 1$	$I_L > 1$
状态	坚硬	硬塑	可塑	软塑	流塑

注：当用静力触探探头阻力或标准贯入试验锤击数判定的状态时，可根据当地经验确定。

【应用实例 1.3】

某砂土土样，经试验测得土粒相对密度 $d_s = 2.68$，土的天然密度 $\rho = 1.79 \text{g/cm}^3$，天然含水量 $w = 10\%$，烘干后测定最小孔隙比为 $e_{min} = 0.389$，最大孔隙比为 $e_{max} = 0.961$，试求该砂土的相对密实度 D_r，并判断砂土的密实程度。

解：砂土在天然状态下的孔隙比

$$e = \frac{d_s(1+w)\rho_w}{\rho} - 1 = \frac{2.68 \times (1+0.1) \times 1}{1.79} - 1 = 0.647$$

相对密实度

$$D_r = \frac{e_{max} - e}{e_{max} - e_{min}} = \frac{0.961 - 0.647}{0.961 - 0.389} = 0.55$$

因为 $0.67 > D_r > 0.33$，所以该砂土土样处于中密状态。

【应用实例 1.4】

某一其天然含水量 $w = 34.5\%$，液限 $w_L = 33.2\%$，塑限 $w_P = 18.2\%$，试给该土定名并判别其状态。

解：塑性指数　　$I_P = w_L - w_P = 33.2 - 18.2 = 15 < 17$

液性指数　　$I_L = \frac{w - w_P}{I_P} = \frac{34.5 - 18.2}{15} = 1.09 > 1$

因为 $10 < I_P = 15 < 17$，所以该土定名为粉质黏土，处于流塑状态。

3. 黏性土的灵敏度和触变性

天然状态下的黏性土，通常都具有一定的结构性。当土体受到外力扰动作用，其天然结构遭受破坏时，土体强度降低，压缩性增高。工程上常用灵敏度 S_t 来衡量结构性对强度的影响。土的灵敏度是指在土的密度和含水量不变的条件下，原状土的无侧限抗压强度 q_u 与重塑土的无侧限抗压强度 q_0 的比值，即

$$S_t = \frac{q_u}{q_0} \tag{1.15}$$

式中　S_t——黏性土的灵敏度；

　　　q_u——原状土无侧限抗压强度，kPa；

　　　q_0——重塑土无侧限抗压强度，kPa。

根据灵敏度的大小，可将分为：

$$1 < S_t \leqslant 2 \quad 低灵敏度$$

$$2 < S_t \leqslant 4 \quad 中灵敏度$$

$$S_t > 4 \quad 高灵敏度$$

黏性土的灵敏度反映了重塑土强度降低的程度，是反映黏性土的结构性强弱的特征指标。土的灵敏度越高，其结构性越强，受扰动后土的强度降低就越明显。因此，在基础工程施工中必须注意保护基槽，尽量减少对土结构的扰动。

与结构性相反的是土的触变性。饱和黏性土受到扰动后，土体原有结构遭到破坏，土的强度降低。但当扰动停止静置一段时间后，土的强度随时间又会逐渐增长而得到恢复，这种性质称为土的触变性。例如，在黏性土中打桩时，会使桩周土体的结构遭到破坏而强度降低，但当打桩停止后，土体的强度会逐渐恢复，所以打桩要"一气呵成"，才能进展顺利，提高工效，这就是受土的触变性影响的结果。

1.4　地基岩土的工程分类

地基岩土的工程分类是依据工程实践经验、用途和岩土的主要性质差异，把岩土划分为

17

一定类别，根据分类名称来判断地基岩土的工程特性，评价岩土作为建筑材料的适宜性以及结合其他指标来确定地基土的承载力等。

土的分类方法很多，不同部门根据其工程用途不同采用不同的分类方法。岩土作为承受建筑物荷载的地基，它的工程地质特征和力学性能（主要是强度和变形特征）是地基岩土工程分类的主要依据。

《建筑地基基础设计规范》（GB 50007—2011）中将建筑地基的岩土分为岩石、碎石土、砂土、粉土、黏性土和人工填土六大类。

1.4.1 岩石

岩石（基岩）是指颗粒间牢固联结、呈整体或具有节理裂隙的岩体。

1. 岩石的坚硬程度

岩石的坚硬程度可根据岩块的饱和单轴抗压强度 f_{rk} 分为坚硬岩、较硬岩、较软岩、软岩和极软岩，如表 1-7 所示。

表 1-7　岩石坚硬程度的划分

坚硬程度类型	坚硬岩	较硬岩	较软岩	软岩	极软岩
饱和单轴抗压强度标准值 f_{rk}（MPa）	$f_{rk} > 60$	$60 \geqslant f_{rk} > 30$	$30 \geqslant f_{rk} > 15$	$15 \geqslant f_{rk} > 5$	$f_{rk} \leqslant 5$

当缺乏饱和单轴抗压强度资料或不能进行该项试验时，可在现场通过观察定性划分，划分标准可按表 1-8 执行。

表 1-8　岩石坚硬程度的定性划分

名　称		定　性　鉴　定	代　表　性　岩　石
硬质岩	坚硬岩	锤击声清脆，有回弹，震手，难击碎，基本无吸水反应	未风化～微风化的花岗岩、闪长岩、辉绿岩、玄武岩、安山岩、片麻岩、石英岩、石英砂岩、硅质砾岩、硅质石灰岩等。
	较硬岩	锤击声较清脆，有轻微回弹，稍震手，较难击碎；有轻微吸水反应	1. 微风化的坚硬石； 2. 未风化～微风化的大理岩、板岩、石灰岩、钙质砂岩等
软质岩	较软岩	锤击声不清脆，无回弹，较易击碎，指甲可刻出印痕	1. 中风化的坚硬岩和较硬岩； 2. 未风化～微风化的凝灰岩、千枚岩、砂质泥岩、泥灰岩等
	软　岩	锤击声哑，无回弹，有凹痕，易击碎；浸水后可捏成团	1. 强风化的坚硬岩和较硬岩； 2. 中风化的较软岩； 3. 未风化～微风化的泥质砂岩、泥岩等
极软岩		锤击声哑，无回弹，有较深凹痕，手可捏碎；浸水后可捏成团	1. 全风化的软岩 2. 全风化的各种岩石 3. 各种半成岩

2. 岩石的风化程度

岩石按风化程度划分为未风化、微风化、中风化、强风化和全风化。

3. 岩石的完整程度

岩石的完整程度按表 1-9 划分为完整、较完整、较破碎、破碎和极破碎；当缺乏试验数据时按表 1-10 执行。

表 1-9　岩体完整程度划分

完整程度等级	完整	较完整	较破碎	破碎	极破碎
完整性指数	＞0.75	0.75～0.55	0.55～0.35	0.35～0.15	＜0.15

注：完整性指数为岩体纵波波速与岩块纵波波速之比的平方，选定岩体、岩体测定波速时应注意其代表性。

表 1-10　岩体完整程度的划分

名　称	结构面组数	控制性结构面平均间距（m）	代表性结构类型
完整	1～2	＞1.0	整状结构
较完整	2～3	0.4～1.0	块状结构
较破碎	＞3	0.2～0.4	镶嵌状结构
破碎	＞3	＜0.2	破碎状结构
极破碎	无序	—	散体状结构

1.4.2　碎石土

碎石土是粒径大于 2mm 的颗粒含量超过全重 50％的土。

碎石土根据粒组含量及颗粒形状分为六种：漂石、块石、卵石、碎石、圆砾和角砾，如表 1-11 所示。

表 1-11　碎石土的分类

土的名称	颗粒形状	粒组含量
漂石	圆形及亚圆形为主	粒径大于 200mm 的颗粒含量超过全重 50％
块石	棱角形为主	粒径大于 200mm 的颗粒含量超过全重 50％
卵石	圆形及亚圆形为主	粒径大于 20mm 的颗粒含量超过全重 50％
碎石	棱角形为主	粒径大于 20mm 的颗粒含量超过全重 50％
圆砾	圆形及亚圆形为主	粒径大于 2mm 的颗粒含量超过全重 50％
角砾	棱角形为主	粒径大于 2mm 的颗粒含量超过全重 50％

注：分类时应根据粒组含量栏从上到下以最先符合者确定。

1.4.3　砂土

砂土是指粒径大于 2mm 的颗粒含量不超过全重的 50％、粒径大于 0.075mm 的颗粒超过全重 50％的土。按粒组含量砂土分为砾砂、粗砂、中砂、细砂和粉砂，如表 1-12 所示。

表 1-12　砂土的分类

土的名称	粒组含量
砾砂	粒径大于 2mm 的颗粒含量占全重 25％～50％
粗砂	粒径大于 0.5mm 的颗粒含量超过全重 50％
中砂	粒径大于 0.25mm 的颗粒含量超过全重 50％
细砂	粒径大于 0.075mm 的颗粒含量超过全重 85％
粉砂	粒径大于 0.075mm 的颗粒含量超过全重 50％

注：分类时应根据粒组含量栏从上到下以最先符合者确定。

1.4.4 粉土

粉土的性质介于砂土与黏性土之间，是指塑性指数 $I_p \leqslant 10$ 且粒径大于 0.075mm 的颗粒含量不超过全重的 50% 的土。

1.4.5 黏性土

黏性土是指塑性指数 $I_p > 10$ 的土。按塑性指数大小可将分为黏土和粉质黏土，如表 1-5 所示；按液性指数 I_L 分为坚硬、硬塑、可塑、软塑及流塑五种状态，如表 1-6 所示。硬塑状态为良好地基，流塑状态的为软弱地基。

1.4.6 人工填土

人工填土是指由于人类活动而形成的堆积物。其物质成分较杂乱，均匀性较差。人工填土根据其物质组成和成因，可分为素填土、压实填土、杂填土、冲填土。

素填土指的是由碎石土、砂土、粉土、黏性土等一种或几种组成的填土。其中不含杂质或所含杂质很少。

压实填土指经过压实或夯实的素填土。

杂填土为含有建筑垃圾、工业废料、生活垃圾等杂物的填土。杂填土不均匀，是不良地基。

冲填土是由水力冲填泥砂形成的沉积土。

除了上述六种土类之外，还有几种特殊性质的土，包括淤泥和淤泥质土、膨胀土、湿陷性黄土、红黏土等，多数还具有高灵敏度的结构性。

淤泥和淤泥质土是工程建设中经常会遇到的软土。在静水或缓慢的流水环境中沉积，并经生物化学作用形成，其天然含水量高（接近或大于液限）、天然孔隙比大（一般大于 1）、压缩系数高、抗剪强度低。将天然孔隙比大于或等于 1.5 的，称为淤泥；天然孔隙比小于 1.5 但大于 1.0 时称为淤泥质土。含有大量未分解的腐殖质，土的有机质含量大于 6% 时，称为有机质土；有机质含量大于 60% 的土为泥炭；有机质含量大于等于 10% 且小于 60% 的土为泥炭质土。泥炭是在潮湿和缺氧环境中由未经充分分解的植物遗体堆积而成的一种有机质土，呈深褐色或黑色。其含水量极高，压缩性很大，且不均匀。泥炭往往以夹层构造的形式存在于一般层中，对工程十分不利，必须引起足够重视。

湿陷性黄土是指在上覆土的自重应力作用下，或在上覆土自重应力和附加应力作用下，受水浸润后土的结构迅速破坏而发生显著下沉的黄土。

膨胀土是指黏粒成分主要由亲水性黏土矿物组成的，是一种吸水膨胀和失水收缩、具有较大的胀缩变形性能的高塑性黏土。

红黏土是指石灰岩和白云岩等碳酸盐类岩石在亚热带温湿气候条件下，经风化作用所形成的褐红色、高塑性的。其液限一般大于 50%。红黏土经再搬运后仍保留其基本特征，其液限大于 45% 土为次生红黏土。红黏土虽是较好的地基，但由于下卧岩面起伏及存在软弱土层，一般容易引起地基不均匀沉降。

季节性冻土是指在冬季冻结而夏季融化的土层，因其周期性的冻结和融化，因而对地基的不均匀沉降和地基的稳定性影响较大。

1.5　软弱地基的处理

近年来，随着我国经济建设的发展和科学技术的进步，高层建筑物和重型结构物的不断修建，对地基的强度和变形要求越来越高，原来尚属良好的地基，可能在新的条件下不能满足上部结构的要求，且在工程建设中也越来越多地遇到不良地基。因此，当天然地基不能满足建（构）筑物对地基的强度和变形的设计要求时，需对天然地基进行加固改良，形成人工地基，以满足建（构）筑物对地基的要求，保证其安全与正常使用。这种地基的加固改良称为地基处理或地基加固。

地基处理的对象主要是软弱地基和不良地基。软弱地基主要指由淤泥、淤泥质土、冲填土、杂填土或其他高压缩性土构成的地基。若在建筑地基的局部范围内有高压缩性土层时，应按局部软弱土层处理；不良地基指饱和松散粉细砂、湿陷性黄土、膨胀土、红黏土、盐渍土、冻土等特殊土构成的地基，大部分带地域性特点。

1.5.1　地基处理的目的及地基处理方法分类

1. 地基处理的目的

当建筑物建造在软弱地基或不良地基上时，可能会出现承载力不足、沉降或沉降差过大、地基液化、渗漏、管涌等一系列地基问题。地基处理的目的就是针对上述问题，采取相应的措施，对地基进行必要的加固或改良，提高地基的强度，保证地基的稳定，降低压缩性，减少基础的沉降或不均匀沉降。地基处理可适用于拟建建（构）筑物，也可用于已建工程的地基加固。

2. 地基处理的方法

地基处理方法的分类较多，如按时间可分为临时处理和永久处理；按处理深度可分为浅层处理和深层处理；按处理土性对象可分为砂性土处理和黏性土处理；也可以按照地基处理的作用机理进行分类。其中按地基处理的作用机理进行分类的方法较为妥当，体现了地基处理方法的主要特点。

软弱地基处理的基本方法主要有置换、夯实、挤密、排水、胶结、加筋热学等方法。

常用地基处理方法的原理、作用及适用范围如表 1-13 所示。

表 1-13　地基处理方法分类

分类	处理方法	原理及作用	适用范围
碾压及夯实	重锤夯实法 机械碾压法 振动压实法 强夯法	利用压实原理，通过机械碾压夯击，把表层地基土压实；强夯则利用强大的夯击能，在地基中产生强烈的冲击波和动应力，迫使地基土动力固结密实	适用于碎石土、砂土、粉土、低饱和度的黏性土、杂填土等，对饱和黏性土应慎重采用
换土垫层	砂石垫层 素土垫层 灰土垫层 矿渣垫层	以砂石、素土、灰土和矿渣等强度较高的材料，置换地基表层软弱土，以提高持力层的承载力，扩散应力，减小沉降量	适用于软弱地基、湿陷性黄土地基及暗沟、暗塘等软弱土的浅层处理

分类	处理方法	原理及作用	适用范围
排水固结	堆载预压 砂井堆载预压 塑料排水带预压 真空预压 降水预压	在地基中增设竖向排水体，加速地基的固结和强度增长，提高地基的稳定性；加速沉降发展，使地基沉降提前完成	适用于处理饱和软弱土层，对于渗透性极低的泥炭土，必须慎重处对待
振密挤密	振冲挤密 灰土挤密桩 砂桩 石灰桩 爆破挤密	采用一定的技术措施，通过振动或挤密，使土体的孔隙减少，强度提高；必要时，在振动挤密过程中，回填砂、砾石、灰土、素土等，与地基土组成复合地基，从而提高地基的承载力，减少沉降量	适用于处理松砂、粉土、杂填土及湿陷性黄土
置换及拌入	振冲置换 水泥土搅拌 高压喷射注浆 石灰桩等	采用专门的技术措施，以砂、碎石等置换软弱土地基中的部分软弱土，或在部分软弱土地基中掺入水泥、石灰或砂浆等形成加固体，于未处理部分土组成复合地基，从而提高地基的承载力，减少沉降量	适用于处理黏性土、冲填土、粉砂、细砂等。对于不排水抗剪强度 $\tau_f < 20\text{kPa}$ 时慎用
加筋	土木聚合物加筋 锚固 树根桩 加筋土	在地基或土体中埋设强度较大的土工聚合物、钢片等加筋材料，使地基或土体能承受抗拉力，防止断裂，保持整体性，提高刚度，改变地基土体的应力场应变场，从而提高地基的地基的承载力，改善变形特性	软弱土地基、人工填土及松散砂土等

3. 地基处理方法的选择

地基处理方法众多，各有不同的适用范围和作用机理，且不同地区地质条件差别较大，上部建筑对地基要求也各有不同。因此，选择地基处理方法，应综合考虑建筑场地工程地质和水文地质条件、上部结构情况、采用天然地基存在的问题等因素的影响，确定地基处理的目的、处理范围和处理后要求达到的各项技术经济指标，通过几种方案的比较，择优选择技术上先进、经济上合理、施工上可行的安全适用处理方案。

1.5.2 换土垫层法

换土垫层法是将基础底面下一定范围内的软弱土层挖去，然后分层回填强度较大的砂、碎石、素土或灰土等，并加以分层夯压或振密。

根据回填材料的不同，垫层可分为砂垫层、砂石垫层、素土垫层、灰土垫层、粉煤灰垫层和干渣垫层等。垫层的夯压或振密可采用机械碾压、重锤夯实和振动压实等方法进行。

1. 垫层的作用

（1）提高地基的承载力

浅基础的地基承载力与持力层的抗剪强度有关。如果以抗剪强度较高的砂或其他填筑材料代替软弱的土，可提高地基的承载力，避免地基土破坏。

（2）减少基础沉降量

由于砂垫层或其他垫层对应力的扩散作用，使作用在下卧层土上的压力较小，因而减少了基础的沉降量。

（3）加速软弱土层的排水固结

砂垫层和砂石垫层等垫层材料透水性大，软弱土层受压后，垫层可作为良好的排水面，可以使基础下面的孔隙水压力迅速消散，加速垫层下软弱土层的固结和提高其强度，避免地基土塑性破坏。

（4）防止冻胀和消除膨胀土的胀缩作用

因为粗颗粒的垫层材料孔隙大，不易产生毛细管现象，因此可以有效防止寒冷地区土中结冰所造成的冻胀；在膨胀土地基上可选用砂、碎石垫层代替部分或全部膨胀土，可以有效地消除胀缩作用。

2. 换土垫层适用范围

换土垫层法适用于淤泥、淤泥质土、湿陷性黄土、素填土、杂填土地基及暗塘、暗沟等的浅层地基处理。处理深度一般控制在 3m 以内，但不宜小于 0.5m。因为垫层太厚，施工土方量和坑壁放坡占地面积较大，使处理费用增加、工期长；而垫层太薄，处理效果不显著。

3. 垫层的设计要点

砂垫层设计应满足建筑物对地基的强度和变形的要求，主要是确定合理的砂垫层断面，即厚度和宽度。

（1）砂垫层的厚度

垫层必须具有足够的厚度，以置换可能产生剪切破坏的软弱土层。垫层厚度 z 应根据垫层底部下卧层的承载力确定。

（2）砂垫层的宽度

砂垫层宽度必须满足两方面要求：一是满足应力扩散要求；二是防止侧面土的挤出。垫层顶面宽度宜超出基础底面每边不小于 300mm，或从垫层底面两侧向上按照开挖基坑的要求放坡。

垫层的承载力应通过现场试验确定。一般工程当无试验资料时可按《建筑地基处理规范》选用，并应验算下卧层的承载力。

（3）垫层材料选择

① 砂石：应选用级配良好的中粗砂，含泥量不超过 3%，并应除去树皮、草皮等杂质。若用细砂，应掺入 30%～50% 的碎石或卵石，碎石最大粒径不宜大于 50mm。对湿陷性黄土地基，不得选用砂石等透水材料。

② 粉质黏土：土料中有机质含量不得超过 5%，也不得含有冻土或膨胀土。当含有碎石时，其粒径不宜大于 50mm。

③ 灰土：体积比宜为 2:8 或 3:7。土料宜用粉质黏土及塑性指数大于 4 的粉土，不得含有松软杂质，并应过筛，其颗粒不得大于 15mm。石灰宜用新鲜的消石灰，其颗粒不得大于 5mm。

④ 工业废渣：应质地坚硬、性能稳定和无侵蚀性，其最大粒径及级配宜通过试验确定。

4. 垫层施工工艺

垫层宜分层铺设，分层铺填厚度、每层压实遍数等宜通过试验确定。

施工时应根据不同的换填材料选择施工机械。

① 机械碾压法：机械碾压法是采用各种压实机械来压实地基土。此法常用于基坑底面积宽大开挖土方量较大的工程。

② 重锤夯实法：重锤夯实法是用起重机将夯锤提升到某一高度，然后自由落锤，不断重复夯击以加固地基。重锤夯实法一般适用于地下水位距地表 0.8m 以上稍湿的黏性土、砂土、湿陷性黄土、杂填土等；重锤夯实的夯锤宜采用圆台形，锤重宜大于 2t，锤底面单位静压力宜为 15～20kPa，夯锤落距宜大于 4m。

③ 平板振动法：平板振动法是使用振动压实机来处理无黏性土或黏粒含量少、透水性较好的松散杂填土地基的一种方法。

1.5.3 排水固结法

1. 加固原理

排水固结法是在建筑物建造前，对建筑场地先行加载预压，使土体中的孔隙水排出，地基逐渐固结沉降，强度逐步提高。该法常用于解决软黏土地基的沉降和稳定问题，可使地基的沉降在加载预压期间基本完成或大部分完成，使建筑物在使用期间不致产生过大的沉降和沉降差。同时，可增加地基土的抗剪强度，从而提高地基的承载力和稳定性。

2. 适用范围

排水固结法适用于处理淤泥质土、淤泥和冲填土等饱和黏性土地基。对沉降要求较高的建筑物如机场跑道等，常采用超载预压法处理地基。待预压期间的沉降达到设计要求后，移去预压荷载再建造建筑。对主要应用排水固结法来加速地基土抗剪强度的增长、缩短工期的工程，如路基、土坝等，则可利用本身的重量分级逐渐施加，使地基土的强度提高适应上部荷载的增加，最后达到设计荷载。

排水固结法是由排水系统和加压系统两部分共同组合而成的。

排水系统是一种手段，如没有加压系统，孔隙中的水没有压力差就不会自然排出，地基也就得不到加固。如果只增加固结压力，不缩短土层的排水距离，则不能在预压期间尽快地完成设计所要求的沉降量，强度不能及时提高，加载也不能顺利进行。所以上述两个系统，在设计时总是联系起来考虑的。

排水系统由水平排水垫层和竖向排水体构成。竖向排水体可选用普通砂井、袋装砂井或塑料排水板。设置排水系统的目的主要在于改变地基原有的排水边界条件，增加孔隙水排出的途径，缩短排水距离。当软土层较薄或土的渗透性较好而施工工期较长时，可仅在地面铺设一定厚度的砂垫层，然后加载，土层中的水竖向流入砂垫层而排出。当工程上遇到深厚的、透水性很差的软黏土层时，可在地基中设置砂井或塑料排水带等竖向排水体，地面连以排水砂垫层，构成排水系统。

加压系统即起固结作用的荷载，它使地基土的固结压力增加而产生固结。

工程上广泛使用且行之有效的增加固结压力的方法是堆载预压法，此外还有真空预压法、降低地下水位法、电渗法和联合法。采用真空预压法、降低地下水位法、电渗法不会像堆载预压法那样有可能引起地基土的剪切破坏，所以较为安全，但操作技术比较复杂。砂井堆载预压法特别适用于存在连续薄砂层的地基。但砂井只能加速主固结而不能减少次固结，对有机质土和泥炭等次固结土，不宜只采用砂井法，克服次固结可利用超载的方法。真空预压法适用于能在加固区形成（包括采取措施后形成）稳定负压边界条件的软土地基。降低地下水位法、真空预压法和电渗法由于不增加剪应力，地基不会产生剪切破坏，所以它适用于很软弱的黏土地基。

1.5.4　强夯法

1. 加固原理

强夯是法国 Menard 技术公司于 1969 年首创的一种地基加固方法，它是将 10～40t 的重锤以 10～40m 的落距从高处自由下落，对地基土施加很大的冲击能，在地基土中产生很大的冲击波和动应力，引起地基土的压缩和振密，从而提高地基土的强度、降低土的压缩性、改善砂土的抗液化条件、消除湿陷性黄土的湿陷性等。同时，夯击能还可提高土层的均匀程度，减少将来可能出现的差异沉降。

目前，强夯法加固地基有三种不同的加固机理：动力密实、动力固结和动力置换，它取决于地基土的类别和强夯施工工艺。

2. 适用范围

强夯法适用于处理碎石土、砂土、低饱和度的粉土与黏性土、湿陷性黄土、素填土和杂填土等地基。但对饱和软土的加固效果，必须给予排水的出路。为此，强夯法加袋装砂井（或塑料排水带）是一个在软黏土地基上进行综合处理的加固途径。强夯法具有施工简单、加固效果好、使用经济等优点，因而被世界各国或地区工程界所重视。但由于其施工时噪声和振动较大，一般不宜在人口密集的城市内使用。

3. 强夯法设计要点

（1）有效加固深度

有效加固深度既是选择地基处理方法的重要依据，又是反映处理效果的重要参数。一般可按下列公式估算有效加固深度：

$$H = \alpha\sqrt{M \cdot h}$$

式中　H——有效加固深度，m；

　　　M——夯锤重，t；

　　　h——落距，m；

　　　α——系数，与地基土的性质有关，对黏性土可取 0.5，对黄土可取 0.35～0.5。

（2）夯锤和落距

夯锤重 M 与落距 h 的乘积称为单击夯击能。一般说夯击时最好锤重和落距大，则单击能量大，夯击击数少，夯击遍数也相应减少，加固效果和技术经济较好。整个加固场地的总夯击能量（即锤重×落距×总夯击数）与加固面积的比值称为单位夯击能。强夯的单位夯击能应根据地基土类别、结构类型、荷载大小和要求处理的深度等综合考虑，并可通过试验确定。在一般情况下，对粗颗粒土可取 1000～3000kN·m/m²，对细颗粒土可取 1500～4000kN·m/m²。

一般根据需要加固的深度先初步确定采用的单击夯击能，然后再根据机具条件因地制宜地确定锤重和落距。

一般国内夯锤重可取 10～25t。夯锤的平面一般为圆形或方形，夯锤中设置若干个上下贯通的气孔，孔径可取 250～300mm，它即可减小起吊夯锤时的吸力，又可减少夯锤着地前的瞬时气垫的上托力。锤底面积宜按土的性质确定，锤底静压力值可取 25～40kPa，对砂性土和碎石填土，一般锤底面积为 2～4m²；对于淤泥质土建议采用 4～6m²；对于黄土建议采用 4.5～5.5m²。同时应控制夯锤的高宽比，以防止产生偏锤现象。

夯锤确定后，根据要求的单击夯击能量，就能确定夯锤的落距。国内通常采用的落距是 8～25m。对相同的夯击能量，常选用大落距的施工方案，这是因为增大落距可获得较大的接地速度，能将大部分能量有效地传到地下深处，增加深层夯实效果，减少消耗在地表土层塑性变形的能量。

（3）夯击点布置及间距

① 夯击点布置：夯击点布置一般为三角形或正方形。强夯处理范围应大于建筑物基础范围，具体的放大范围，可根据建筑物类型和重要性等因素考虑决定。对一般建筑物，每边超出基础外缘的宽度宜为设计处理深度的 1/2～2/3，并不宜小于 3m。

② 夯击点间距：夯击点间距（夯距）的确定，一般根据地基土的性质和要求处理的深度而定。第一遍夯击点间距可取夯锤直径的 2.5～3.5 倍，第二遍夯击点位于第一遍夯击点之间，以后各遍夯击点间距可适当减小。以保证使夯击能量传递到深处和保护夯坑周围所产生的辐射向裂隙为基本原则。

（4）夯击击数与遍数

① 夯击击数：各夯击点的夯击数，以使土体竖向压缩最大，而侧向位移最小为原则，一般为 4～10 击。每遍每夯点的夯击击数应按现场试夯得到的夯击击数和夯沉量关系曲线确定，且应同时满足下列条件：

一是最后两击的夯沉量不宜大于下列数值：当单击夯击能小于 4000kN·m 时为 50mm；当单击夯击能为 4000～6000kN·m 时为 100mm；当单击夯击能大于 6000kN·m 时为 200mm。

二是夯坑周围地面不应发生过大隆起。

三是不因夯坑过深而发生起锤困难。

② 夯击遍数：夯击遍数应根据地基土的性质和平均夯击能确定。可采用点夯 2～3 遍，对于渗透性较差的细颗粒土，必要时夯击遍数可适当增加。最后再以低能量满夯两遍，满夯可采用轻锤或低落距锤多次夯击，锤印彼此搭接。

（5）间歇时间

两遍夯击之间的间歇时间取决于加固土层中孔隙水压力消散所需要的时间。对砂性土，孔隙水压力的峰值出现在夯完后的瞬间，消散时间只有 2～4min，故对渗透性较大的砂性土，两遍夯击之间的间歇时间很短，亦即可连续夯击。对黏性土，由于孔隙水压力消散较慢，故当夯击能逐渐增加时，孔隙水压力亦相应地叠加，其间歇时间取决于孔隙水压力的消散情况，一般为 3～4 周。目前国内有的工程对黏性土地基的现场埋设了袋装砂井（或塑料排水带），以便加速孔隙水压力的消散，缩短间歇时间。

1.5.5　振冲法和挤密法

振冲法是应用松砂加水振动后变密的原理，再通过振冲器成孔，然后填入砂或石、石灰、灰土等材料，在予以捣实形成桩与周围挤密后的松砂所组成的复合地基，来承受建筑物的荷重。

挤密法是在软弱或松散地基中先打入桩管成孔，然后再孔中灌入粗砂、砾石等形成砂石桩。桩管打入地基时，对土的横向挤密，使土粒彼此移动，颗粒间相互靠紧，孔隙减小，土骨架作用随之增强。

1. 振冲法

振冲法又称振动水冲法，是依靠振冲器对地基施加振动和水冲，达到加固地基的目的。

振冲法的主要设备为振冲器，由装入钢制外套内的潜水电动机、偏心块和通水管三部分组成，类似插入式混凝土振捣器。振冲器内的偏心块在马达带动下高速旋转而产生高频振动，在高压水流的联合作用下，可使振冲器贯入土中，当达到设计深度后，关闭下喷水口，然后向振冲形成的孔中填以粗砂、砾石或碎石。振冲器振一段，上提一段，最后在地基中形成一根密实的砂、砾石或碎石桩体。

振冲法在砂土和黏性土地基中的加固机理不同。加固砂土地基时，通过振冲与水冲使振冲器周围一定范围内的砂土产生振动液化。液化后的砂土颗粒在重力、上覆土压力及填料挤压作用下重新排列而密实。其加固机理是利用砂土液化的原理。振冲后的砂土地基不但承载力与变形模量有所提高，而且预先经历了人工振动液化，提高了抗震能力。而砂（碎石）桩的存在有提供了良好的排水通道，降低了地震时的超孔隙水压力，也是提高抗震能力的又一个原因。

加固黏性土地基时，尤其是饱和黏性土地基，在振动力作用下，土的渗透性小，土中水不容易排出，填入的碎石在土中形成较大直径的抗体并与周围土共同作用组成复合地基。大部分荷载由碎石桩承担，被挤密的黏性土也可承担一部分荷载。这种加固机理主要是置换作用。

2. 挤密法

挤密砂桩适用于处理松砂、杂填土和黏粒含量不多的黏性土地基，砂桩能有效防止砂土地基振动液化，但对饱和黏性土地基，由于土的渗透性较小，抗剪强度低，灵敏度大，夯击沉管过程中土内产生的超孔隙水压力不能迅速消散，挤密效果差，且将土的天然结构破坏，抗剪强度降低，故施工时须慎重对待。

挤密砂桩和排水砂井虽然都在地基中形成砂桩体，但两者作用不同。砂桩是为了挤密地基，桩径大而间距小；砂井是为了排水固结，井径小而间距大。

制作砂桩宜采用中、粗砂，含泥量不大于 5%，含水量依土质及施工器具确定。砂桩的灌砂量按井孔体积和砂在中密状态时的干容重计算，实际灌砂量（不含水重）应不低于计算灌砂量的 95%。

桩身及桩与桩之间挤密土的质量，均可采用标准贯入或轻便触控检验，也可用锤击法检查密实度，必要时则进行荷载试验。

1.5.6　水泥土搅拌法

水泥土搅拌法是用于加固饱和黏性土地基的一种加固技术。它是利用水泥或石灰作为固化剂，通过特制的深层搅拌机械，在地层深处将软黏土和固化剂（浆液或粉体）强制拌和，使软黏土硬结成具有整体性、水稳定性和一定强度的水泥加固土，从而提高地基强度和增大变形模量。加固体与天然地基形成复合地基，共同承担建筑物的荷载。根据施工方法的不同，水泥土搅拌法分为水泥浆搅拌和粉体喷射搅拌两种。前者是用水泥浆和地基土搅拌，后者是用水泥粉或石灰粉和地基土搅拌。

水泥土搅拌法加固软土地基，其独特优点如下：

① 水泥土搅拌法由于将固化剂和原地基软土就地搅拌混合，因而最大限度地利用了原土。

② 搅拌时无振动、无噪声和无污染，可在市区内和密集建筑群中进行施工。

③ 搅拌时地基侧向挤出较小，所以对周围原有建筑物及地下沟管影响很小。

④ 可按不同地基土的性质及工程设计要求，合理选择固化剂及其配方，设计比较灵活。

⑤ 土体加固后重度基本不变，对软弱下卧层不致产生附加沉降。

⑥ 根据上部结构的需要，可灵活地采用柱状、壁状、格栅状和块状等加固形式。

⑦ 与钢筋混凝土桩基相比，可节约大量的钢材，并降低造价。

水泥土搅拌法适用于处理正常固结的淤泥与淤泥质土、粉土、饱和黄土、素填土、黏性土及无流动地下水的饱和松散砂土等地基。水泥土搅拌法用于处理泥炭土、有机质土、塑性指数 I_p 大于 25 的黏土、地下水具有腐蚀性时以及无工程经验的地区，必须通过现场试验确定其适用性。

水泥土搅拌法可用于增加软土地基的承载力，减少沉降量，提高边坡的稳定性，适用于以下情况：

① 作为建筑物或构筑物的地基、厂房内具有地面荷载的地坪、高填方路堤下基层等。

② 进行大面积地基加固、防止码头岸壁的滑动、深基坑开挖时坍塌、坑底隆起和减少软土中地下构筑物的沉降。

③ 作为地下防渗墙以阻止地下渗透水流，对桩侧或板桩背后的软土加固以增加侧向承载力。

经水泥土搅拌法加固后的地基承载力，可按复合地基设计。

1.5.7 高压喷射注浆法

高压喷射注浆法是利用钻机把带有喷嘴的注浆管钻进至土层的预定位置后，以高压设备使浆液或水成为 20～40MPa 的高压射流从喷嘴中喷射出来，冲击破坏土体，同时钻杆以一定速度旋转逐渐向上提升，将浆液与土粒强制搅拌混合，浆液凝固后，在土体中形成一个固结体。

高压喷射注浆法可适用于砂土、黏性土、湿陷性黄土以及人工填土等地基的加固。其用途较广，可以提高地基的承载力，可做成连续墙渗水或涌砂，也可应用于托换工程中的事故处理。

高压喷射注浆法所形成的固结体形状与喷射流移动方向有关。一般分为旋转喷射（简称旋喷）、定向喷射（简称定喷）和摆动喷射（简称摆喷）三种形式。

旋喷法施工时，喷嘴一面喷射一面旋转提升，固结体呈圆柱状。旋喷桩主要用于加固地基，提高地基的抗剪强度，改善地基土的变形性能，使其在上部结构荷载作用下，不至破坏或产生过大的变形，也可组成闭合的帷幕，用于截阻地下水流和治理流砂。旋喷法施工后，在地基中形成的圆柱体，称为旋喷桩。

定喷法施工时，喷嘴一面喷射一面提升，喷射的方向固定不变，固结体形状如板状或壁状。

摆喷法施工时喷嘴一面喷射一面提升，喷射的方向呈较小角度来回摆动，固结体形状如较厚墙状。

定喷和摆喷两种方法通常用于基坑防渗、改善地基土的水流性质和稳定边坡等工程。

高压喷射注浆法基本工艺类型有单管法、二重管法、三重管法和多重管法等四种。

单管法利用钻机把安装在注浆管（单管）底部侧面的特殊喷嘴，置入预定深度后，用高压泥浆泵等装置，把浆液从喷嘴喷射冲击破坏土体，使浆液与土体崩落下来的土搅拌混合，经一定时间凝固，在土中形成一定形状、直径 0.3～0.8m 固结体。其加固质量好，施工速度快和成本低，但固结体直径较小。

双管法是在单管法的基础上又加以压缩空气，并使用双通道的二重灌浆管。在管的底部有一个同轴双重喷嘴，高压浆液以 20MPa 左右的压力从内喷嘴中高速喷出，在射流的外围加以 0.7MPa 左右的压缩空气喷出。在土体中形成直径一般为 0.8～1.5m 的柱状固结体。

三重管法使用分别输送水、气、浆三种介质的三重灌浆管。内管通水泥浆，中管通 20～25MPa 的高压水，外管通 0.5～0.7MPa 压缩空气。施工时先用钻机成孔，然后把三重旋喷管吊放到孔底，随即打开高压水和压缩空气阀门，通过三重旋喷管底端侧壁上直径 2.5mm 的喷嘴，射出高压水、气，把孔壁的土体冲散。同时，泥浆泵把高压水泥浆从另一喷嘴压出，使水泥浆与冲散的土体拌和，三重管慢速旋转提升，把孔周地基加固成直径 1.3～1.6m 的坚硬桩柱。

多重管法先在地面钻导孔，然后置入多重管。逐渐向下运动的旋转超高压力水射流（约 40MPa），切削破坏四周土体，高压水冲击的土和石成为泥浆，立即用真空泵从多重管中抽出。经过反复冲和抽，在地层形成较大的空间，根据工程要求选用浆液、砂浆、砾石等材料进行填充。在地层中形成大直径的柱状固结体，在砂土中最大直径可达 4m。

高压喷射注浆法的主要特点如下：

① 适用范围较广。可用于工程新建之前，也可用于竣工后的托换工程，可以不损坏建筑物上部结构，且能使既有建筑物在托换施工时保持使用功能正常。

② 施工简便。施工时只须在土层中钻 50mm 或 300mm 小孔，便可在土中喷射成直径为 0.4～4.0m 的固结体。施工时可贴近既有建筑，成形灵活，既可在钻孔的全长形成柱形固结体，也可仅做其中一段。

③ 可控制固结体形状。在施工中可调整旋喷速度和提升速度、增减喷射压力或更换喷嘴孔径改变流量，使固结体形成工程设计所需要的形状。

④ 可垂直、倾斜和水平喷射。通常在地面上进行垂直喷射注浆，但在隧道、矿山井巷工程、地下铁道等建设中，亦可采用倾斜和水平喷射注浆。

⑤ 耐久性较好。能得到稳定的加固效果并有较好的耐久性，可用于永久性工程。

⑥ 料源广阔。浆液以水泥为主体，可掺入适量的外加剂，以达到速凝、高强、抗冻、

耐蚀和浆液不沉淀等效果。

⑦ 设备简单。全套设备紧凑、体积小、机动性强、占地少，可在狭窄和低矮的空间施工。

1.5.8 托换法

托换法是对原有建筑物的地基和基础进行处理和加固，或在既有建筑物基础下需要修建地下工程以及邻近新建工程而影响既有建筑物的安全等问题的处理方法的总称。

托换法可根据托换的性质、目的、方法等进行分类。

按托换目的可分为补救性托换、预防性托换和维持性托换。

对原有建筑物的基础不符合要求，需要增加埋深或扩大基底面积的托换，称为补救性托换；由于邻近要修筑较深的新建筑物基础，因而需将基础加深或扩大的，称为预防式托换；在建筑物基础下预先设置好顶升措施，以适应预估地基沉降的需要，称为维持性托换。

按托换方法可分为桩式托换法、灌浆托换法和基础加固法三种。

在制定托换工程技术方案前，应周密地调查研究，掌控以下资料：①现场的工程地质和水文地质资料，必要时应补充勘察工作；②被托换建筑物的结构设计、施工、竣工、沉降观测和损坏原因分析等资料；③场地内地下管线、邻近建筑物和自然环境等对既有建筑物在托换施工时或竣工后可能产生影响的调查资料。

在进行托换施工时，应加强施工监测和竣工后的沉降观测，并做好施工记录。

1. 桩式托换法

桩式托换适用于软弱黏性土、松散砂土、饱和黄土、湿陷性黄土、素填土和杂填土等地基。桩式托换可分为坑式静压桩托换、锚杆静压桩托换、灌注桩托换和树根桩托换等。

（1）坑式静压桩托换

坑式静压桩托换适用于对条形基础的托换加固。其桩身直径为 0.15～0.25m 的钢管或边长为 0.12～0.25m 的预制钢筋混凝土方桩。每节桩长由托换坑的净空高度和千斤顶行程确定。

施工时应先贴近被托换加固建筑物的外侧或内侧开挖一个竖坑，并在基础底面下开挖一个横向导坑。在导坑内放入第一节桩，并安置千斤顶及测力传感器，驱动千斤顶压桩。每压入一节后，采用硫磺胶泥或焊接进行接桩。到达设计深度后，拆除千斤顶。对钢管桩，根据工程要求可在管内填入混凝土，并用混凝土将桩与原有基础浇筑成整体。

（2）锚杆静压桩托换

锚杆静压桩托换法适用于既有建筑物和新建筑物的地基处理与基础加固。锚杆静压桩托换时桩身采用 C30 的 200mm×200mm 或 300mm×300mm 预制钢筋混凝土方桩，每节长1～3m。压桩时，千斤顶所产生的反力通过埋在基础上的锚杆和反力架传递给基础。当需要对桩施加预压应力时，应在不卸载条件下立即将桩与基础锚固，在封桩混凝土达到设计强度后，才能拆除压力架和千斤顶。当不需对桩施加预压应力时，在达到设计深度和压桩力后，即可拆除压桩架，并进行封桩处理。

（3）灌注桩托换

对于具有沉桩设备所需净空条件的既有建筑物的托换加固，可采用灌注桩托换。

各种灌注桩的适用条件宜按下述规定进行：

① 螺旋钻孔灌注桩适用于均质黏性土地基和地下水位较低的地质条件。

② 潜水钻孔灌注桩适用于粘性土、淤泥、淤泥质土和砂土地基。

③ 人工挖孔灌注桩适用于地下水位以上或透水性小的土质。当孔壁不能直立时，应加设砖砌护壁或混凝土护壁防塌孔。

灌注桩施工完毕后，应在桩顶用现浇托梁等支撑建筑物的柱或墙。

④ 树根桩托换

树根桩是一种小直径就地灌注的钢筋混凝土桩。由于成桩方向可竖可斜，犹如在基础下生出了若干"树根"而得名。

树根桩适用于既有建筑物的修复和加层，古建筑整修，地下铁道穿越，桥梁工程等各类地基处理和基础加固，以及增强边坡稳定等。

树根桩穿过既有建筑物基础时，应凿开基础，将主钢筋与树根桩主筋焊接，并应将基础顶面上的混凝土凿毛，浇筑一层大于原基础强度的混凝土。采用斜向树根桩时，应采取防止钢筋笼端部插入孔壁土体中的措施。

2. 灌浆托换法

灌浆托换法适用于既有建筑物的地基处理。通过泵或压缩空气将浆液均匀注入地层中，浆液以填充和渗透等方式排出，土颗粒间或岩石裂缝中的水和空气，并占据其位置。经人工控制一段时间后，浆液凝固，从而形成一种新结构。

3. 基础加固法

对于由于基础支撑力不足的既有建筑物基础加固，可采用基础加固法。

① 当基础由于机械损伤、不均匀沉降和冻胀等原因引起开裂或损坏时，采用灌浆法加固基础，选用水泥浆或环氧树脂等作为浆液。

施工时在基础中钻孔，孔内放注浆管，灌浆压力取 0.2～0.6MPa。当注浆管提升至地表下 1.0～1.5m 深度范围内浆液不再下沉时，停止灌浆。

② 当既有建筑物基础开裂或基底面积不足时，采用混凝土或钢筋混凝土套大基础。

采用混凝土套加固时，基础每边加宽 0.2～0.3m；采用钢筋混凝土套加固时，基础每边加宽 0.3m 以上。加宽部分钢筋应与基础内主筋连接。在加宽部分地基上应铺设厚度为 10cm 的压实碎石层或砂砾层。灌注混凝土前将厚基础凿毛、刷洗干净，隔一定高度插入钢筋或角桩。

③ 当既有建筑物需要增层或基础需要加固，而地基不能满足变形和强度要求时，可采用坑式托换法增大基础埋置深度，使基础支撑在较好的土层上。

在贴近被托换的基础前侧挖一个比基底深 1.5m 的竖坑。将竖坑横向扩展到基础底面上，自基底向下开挖到要求的持力层标高。向基础下坑体浇筑混凝土，至基底 0.08m 处停止，养护 1d 后用干稠水泥砂浆填入空隙，用锤敲击短木，充分挤实填入的砂浆。

④ 当对基础或地基进行局部或单独加固不能满足要求时，可将原单独基础或条形基础连成整体式筏片基础，或将原筏片基础改成具有较大刚度的箱形基础，也可设置结构连接体构成组合结构，以增加结构刚度，克服不均匀沉降。

思考题与习题

1. 何谓土粒粒组？土粒六大粒组划分标准是什么？

2. 什么是颗粒级配曲线，它有什么用途？

3. 土的物理状态有哪几项？如何用这些指标评价土的工程性质？

4. 判断砂土密实程度有哪些方法？

5. 什么是土的塑性指数？其数值大小与土粒粗细有何关系？塑性指数大的土具有哪些特点？

6. 什么是液性指数？如何利用液性指数的大小评价土的工程性质？

7. 地基土分几大类？各类土的划分依据是什么？

8. 试述地基处理的目的及一般方法。

9. 水泥土搅拌法与高压喷射注浆法各有什么特征？

10. 基础托换可采用哪些方法？

11. 某一原状土样，体积为 $140cm^3$，土样质量为 $260g$，烘干后质量为 $243g$，土粒相对密度为 2.70，试确定该土样的含水量 w、孔隙比 e 及干重度 γ_d。（答案：$w=7\%$，$e=0.56$，$\gamma_d=17.4kN/m^3$）

12. 某完全饱和土样，土粒的相对密度为 2.60，含水量为 26.5%，试计算土样的孔隙比和重度。（答案：$e=0.689$，$\gamma=19.47kN/m^3$）

13. 某无黏性土样，经筛分析后各颗粒粒组含量如表 1-14 所示，试确定该土样的名称。（答案：中砂）

表 1-14　土样的筛分析结果

粒径（mm）	20~2	2~0.5	0.5~0.25	0.25~0.075	0.075~0.05	<0.15
粒组含量（%）	13	18.5	26.3	19.7	17.2	5.3

14. 某砂土土样的天然密度为 $1.79g/cm^3$，天然含水量为 11.8%，土粒相对密度为 2.67，烘干后测定最小孔隙比为 0.561，最大孔隙比为 0.963，试求该砂样的天然孔隙比 e 和相对密实度 D_r，并评价该砂土的密实度。（答案：$D_r=0.734$，属密实状态）

15. 某的天然含水量 $w=37.4\%$，液限 $w_L=46\%$，塑限 $w_P=32.4\%$，试

（1）计算该的塑性指数 I_P 和液性指数 I_L；

（2）确定该土的名称及状态。

第2章 地基土中的应力计算

为了对建筑物地基基础进行沉降（变形）、承载力与稳定性的分析，必须了解建筑物建造前后地基土中应力的分布和变化情况。地基土中的应力有两种：由土体自重引起的自重应力和由新增外荷载引起的附加应力。

在计算地基土中应力时，一般将地基土视为均匀的、连续的、各向同性的半无限空间弹性体，应用弹性理论公式计算。理论分析和实践证明：只要地基土中的应力不超过某一限值，应用弹性理论公式求解所引起的误差满足工程要求。本章主要介绍土中自重应力、基底压力和附加应力的基本概念及计算方法。

2.1 地基土中的自重应力

若将地基土视为均质的半无限弹性体，则在土体自重作用下，深度 z 处水平面上各点自重应力均相等且无限分布，在自重应力作用下地基土只产生竖向变形，而无侧向位移及剪切变形存在。故可认为土体中任意垂直面及水平面上只有正应力而无剪应力存在。

2.1.1 均质地基中的自重应力

设天然地面为无限大的水平面，土体天然重度为 γ，则在天然地面下任意深度 z 处的竖向自重应力 σ_{cz} 等于单位面积上土柱体自重，如图 2-1（a）所示即

$$\sigma_{cz} = \frac{\gamma z A}{A} = \gamma z \tag{2.1}$$

式中　z——从天然地面算起的深度，m；

　　　γ——土体的天然重度，kN/m^3；

　　　A——土柱体底面积，m^2。

由式（2.1）可知，均质土层的自重应力 σ_{cz} 沿水平面均匀分布，且与深度 z 成正比，即随深度呈线性增加，如图 2-1（b）所示。

地基土在自重作用下，除作用于水平面上的竖向自重应力外，在竖直面上还作用有水平的侧向自重应力。根据弹性力学原理可知，侧向自重应力 σ_{cx}、σ_{cy} 与 σ_{cz} 成正比，即

$$\sigma_{cx} = \sigma_{cy} = K_0 \sigma_{cz} \tag{2.2}$$

式中　K_0——土的侧压力系数或称静止土压力系数。其经验值列于表 2-1。

表 2-1　静止土压力系数 K_0

土　类	坚硬土	硬-可塑粉质黏土、砂土	可-软塑	软塑	流塑
K_0	0.2～0.4	0.4～0.5	0.5～0.6	0.6～0.75	0.75～0.8

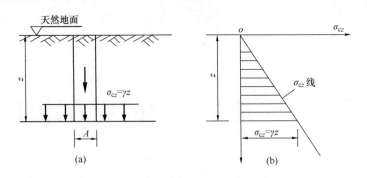

图 2-1　均质地基中的自重应力

2.1.2　成层土地基中的自重应力

一般地，天然地基往往是由不同重度的土层组成，设各层土的重度为 γ_i，厚度为 h_i，则深度 z 处土的自重应力可通过对各层土自重应力求和得到，即

$$\sigma_{cz} = \gamma_1 h_1 + \gamma_2 h_2 + \gamma_3 h_3 + \cdots + \gamma_n h_n = \sum_{i=1}^{n} \gamma_i h_i \tag{2.3}$$

式中　n——从天然地面算起至深度为 z 处的土层数；

　　　h_i——第 i 层土的厚度，m；

　　　γ_i——第 i 层土的天然重度，kN/m^3。对地下水位以下的土层取有效重度 γ'，因为地下水位以下土受到水的浮力影响，其自重应力相应减少；对毛细饱和带的土层取饱和重度 γ_{sat}。

由式（2.3）可知，成层土的自重应力沿深度成折线分布，转折点在土层交界处和地下水位处，如图 2-2 所示。

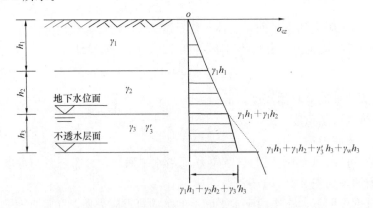

图 2-2　成层地基中的自重应力

在地下水位以下若埋藏有不透水层（如岩石或连续分布的坚硬层），由于不透水层中不存在水的浮力，所以层面及层面以下土的自重应力应按上覆土层的水土总重计算。这样，在上覆层与不透水层界面上下的自重应力有突变，使层面处具有两个自重应力值，如图 2-2 所示。

需注意：①此处讨论的自重应力是指土颗粒之间接触点传递的粒间应力，又称有效自重应力；②天然土层一般形成时间较长，在自重应力作用下变形早已稳定，故自重应力不再引起建筑物基础沉降，但对新近沉积或堆积的土层，则应考虑其在自重应力作用下的变形；③地下水位升降会引起地基土中自重应力发生变化，如图 2-3 所示。如在深基坑开挖中，需大量抽取地下水，使地下水位大幅度下降，致使地基中原地下水位以下土体中的有效自重应力增加，从而造成地表大面积下沉的严重后果；若人工抬高蓄水水位或工业废水大量渗入地下，使该地区土层遇水后土性发生变化，引起地基承载力的减小、湿陷性土的塌陷等现象，须引起注意。

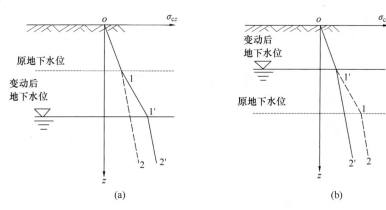

图 2-3　地下水升降对自重应力的影响

（a）水位下降；（b）水位上升

【应用实例 2.1】

已知某一地基土层的工程地质剖面如图 2-4（a）所示，试计算各土层自重应力并绘出 σ_{cz} 分布图形。

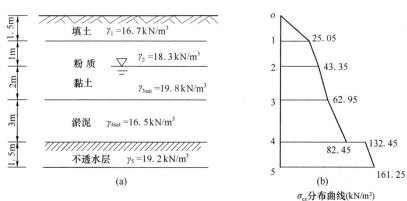

σ_{cz} 分布曲线(kN/m²)

图 2-4　应用实例 2.1 图

解： 由公式（2.3）可得：

① 填土层底

$$\sigma_{cz1} = \gamma_1 h_1 = 16.7 \times 1.5 = 25.05 \text{kN/m}^2$$

② 地下水位处

$$\sigma_{cz2} = \sigma_{cz1} + \gamma_2 h_2 = 25.05 + 18.3 \times 1 = 43.35 \text{kN/m}^2$$

③ 粉质黏土层底

$$\sigma_{cz3} = \sigma_{cz2} + \gamma' h_3 = 43.35 + 9.8 \times 2 = 62.95 \text{kN/m}^2$$

④ 淤泥层底

$$\sigma_{cz4} = \sigma_{cz3} + \gamma' h_4 = 62.95 + 6.5 \times 3 = 82.45 \text{kN/m}^2$$

⑤ 不透水层层面

$$\sigma'_{cz4} = \sigma_{cz4} + (h_3 + h_4)\gamma_w = 82.45 + (2+3) \times 10 = 132.45 \text{kN/m}^2$$

⑥ 不透水层底面

$$\sigma_{cz5} = \sigma'_{cz4} + \gamma_5 h_5 = 132.45 + 19.2 \times 1.5 = 161.25 \text{kN/m}^2$$

2.2 基底压力

2.2.1 基底压力分布规律

基底压力又称基础底面接触压力，是建筑物荷载通过基础传递给地基而引起的压力，也是地基反作用于基础底面的反力。它既是计算地基中附加应力的外荷载，也是基础内力计算的外荷载。因此，我们必须先研究基底压力的分布及其计算方法。

基底压力的分布复杂，既与基础的形状、平面尺寸、刚度和埋置深度有关，还与基础上作用荷载的大小及性质、地基土的性质等有关。当基础为绝对柔性基础时（抗弯刚度 $EI=0$），基础随地基一起变形，中间沉降大，四周沉降小，基底压力分布与荷载分布相同，如图 2-5 所示；如果要使柔性基础各点沉降相同，则作用在基础上的荷载必须是四周大而中间小。

当基础为绝对刚性基础时（抗弯刚度 $EI=\infty$），基底受荷仍保持为平面，各点沉降相同，基底压力分布为四周大而中间小，如图 2-6 所示。由于地基土的塑性性质，当基础两边压力较大，地基土产生塑性变形后，基底压力重新分布，使基础边缘压力减小，而边缘与基础中心之间的压力相应增加，实际压力呈马鞍形分布，如图 2-7 (a) 所示；随荷载的进一步增加，基础边缘地基土塑性变形区不断发展，绝对刚性基础的基底压力将由马鞍形逐步发展为抛物线形和钟形，如图 2-7 (b) 和 (c) 所示。

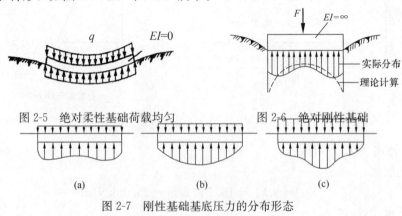

图 2-5 绝对柔性基础荷载均匀   图 2-6 绝对刚性基础

(a)   (b)   (c)

图 2-7 刚性基础基底压力的分布形态
(a) 马鞍形；(b) 抛物线形；(c) 钟形

　　实际建筑物基础是介于绝对刚性与绝对柔性之间，且具有较大的抗弯刚度；而作用于基础上的荷载，受地基承载力的限制，一般不会很大，而且基础又有一定的埋深，因此，在实际工程中，对具有一定刚度、尺寸较小的扩展基础，其基底压力分布可近似为直线分布，按材料力学公式进行简化计算。而对于较复杂的基础，如柱下条形基础、筏板基础、箱形基础等，一般需考虑上部结构、基础刚度和地基土性质的影响，用弹性地基梁板的方法计算。此处只介绍根据材料力学公式进行的简化计算方法。

2.2.2　基底压力的简化计算

1. 中心荷载作用下的基底压力

　　作用于基础上的竖向荷载的合力通过基础底面形心时，如图 2-8 所示，基底压力可假设为均匀分布，按材料力学公式，有

$$p_k = \frac{F_k + G_k}{A} \tag{2.4}$$

式中　　p_k——相应于作用的标准组合时，基础底面处的平均压力值，kPa；

　　　　F_k——相应于作用的标准组合时，上部结构传至基础顶面的竖向力值，kN；

　　　　G_k——基础及其上回填土的总重，kN；一般地，$G_k = \gamma_G A d$，其中 γ_G 为基础及其上回填土的平均重度，通常 $\gamma_G = 20 kN/m^3$，地下水位以下部分取浮重度；d 为基础埋深，m；当室内外标高不同时取平均值（见图 2-8）；

　　　　A——基础底面积，m^3；对矩形基础，$A = bl$，对条形基础，沿长度方向取 $l = 1m$，则 $A = b$。

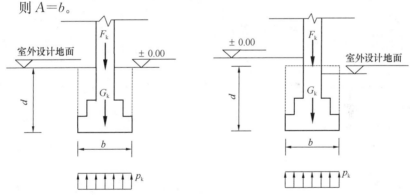

图 2-8　中心荷载作用下的基底压力

2. 偏心荷载作用下的基底压力

　　在基底的一个主轴平面内有偏心荷载或轴心荷载与弯矩同时作用，称为偏心受压基础。对单向偏心荷载作用下的矩形基础，通常偏心方向与基础长边方向一致，以增加基础的抗弯截面系数。按材料力学的偏心受压公式，有

$$\left. \begin{array}{r} p_{kmax} \\ p_{kmin} \end{array} \right\} = \frac{F_k + G_k}{A} \pm \frac{M_k}{W} \tag{2.5}$$

式中　　p_{kmax}、p_{kmin}——相应于作用的标准组合时，基础底面边缘的最大、最小压力值，kPa；

　　　　　　　M_k——相应于作用的标准组合时，作用于基底形心的力矩值，$M_k = (F_k + G_k) e$，kN·m；

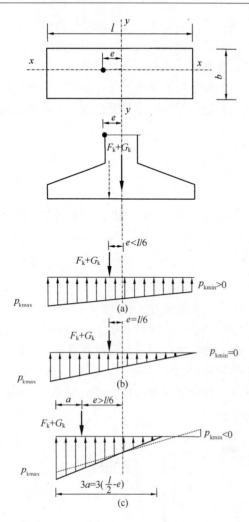

图 2-9　单向偏心荷载作用下的基底压力分布

e——荷载的偏心距；

W——基础底面的抵抗矩，$\mathrm{m^3}$；对矩形基础 $W = bl^2/6$。

将偏心距 $e = \dfrac{M_k}{F_k + G_k}$，$A = bl$ 代入式 (2.5)，得

$$\left.\begin{array}{r} p_{k\max} \\ p_{k\min} \end{array}\right\} = \frac{F_k + G_k}{bl}\left(1 \pm \frac{6e}{l}\right) \qquad (2.6)$$

由式 (2.6) 可知：

① 当 $e < l/6$ 时，$p_{k\min} > 0$，基底压力呈梯形分布，如图 2-9 (a) 所示；

② 当 $e = l/6$ 时，$p_{k\min} = 0$，基底压力呈三角形分布，如图 2-9 (b) 所示；

③ 当 $e > l/6$ 时，$p_{k\min} < 0$，说明基底出现拉力，此时基础与地基局部脱开，使得基础与地基接触面积变小，基底压力重新分布。根据偏心荷载应与基底反力平衡的条件，偏心荷载 ($F_k + G_k$) 必作用于基底压力图形的形心处，如图 2-9 (c) 所示，则

$$p_{k\max} = \frac{2(F_k + G_k)}{3ab} \qquad (2.7)$$

式中　a——单向偏心荷载作用点至基础最大压力边缘的距离，$a = \dfrac{l}{2} - e$，m；

　　　b——基础底面宽度，m。

3. 基底的附加压力

在进行基坑开挖前基底处已存在土的自重应力，在自重应力作用下，地基的变形早已完成。只有新增的建筑物荷载，才是使地基变形的主要原因。由于基础都有一定的埋置深度，基底处的自重应力因基坑的开挖而卸除。因此，由建筑物荷载引起的基底附加压力 p_0，等于基底压力减去基底标高处原有土的自重应力，如图 2-10 所示。

当基底压力为均匀分布时

$$p_0 = p_k - \sigma_{cz} = p_k - \gamma_0 d \qquad (2.8)$$

式中　p_0——相应于作用准永久组合时，基底的附加压力，kPa；

　　　σ_{cz}——基底处土的自重应力，$\mathrm{kN/m^2}$；

　　　γ_0——基础埋深范围内各天然土层的加权平均重度（其中位于地下水位以下部分的取有效重度），$\mathrm{kN/m^3}$；

　　　d——从天然地面算起的基础埋深，m。

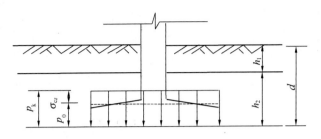

图 2-10　基底附加应力计算简图

当基底压力为梯形分布时

$$\left.\begin{matrix}p_{0\max}\\p_{0\min}\end{matrix}\right\}=\left.\begin{matrix}p_{k\max}\\p_{k\min}\end{matrix}\right\}-\gamma_0 d \tag{2.9}$$

由式（2.8）和式（2.9）知，由建筑物和基础及其上回填土自重在基底产生的压力并不是全部传给地基，其中一部分要补偿由基坑开挖所卸除的土体的自重应力。故高层建筑设计时常常采用箱形基础或地下室，使设计的基础自身重力小于挖去的土体重力，减少基础的沉降。此种方法在工程上称为基础的补偿性设计。

基底附加压力 p_0 求得后，可将其视为作用于地基表面的荷载，进行地基中附加应力和变形的计算。

【应用实例 2.2】

某建筑物基础底面尺寸为 $l=3$m，$b=2$m，其上作用轴心荷载 $F_k=450$kN，$Q_k=50$kN，$M'_k=80$kN·m，基础埋深 $d=1.2$m，地质剖面如图 2-11 所示，试计算基底压力和基底附加压力。

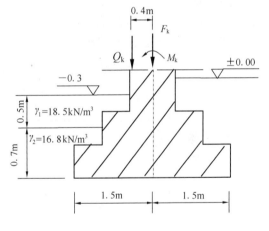

图 2-11　应用实例 2.2 图

解：①计算基础及其上回填土自重。

$$G_k=\gamma_G A\overline{d}=20\times3\times2\times1.35=162\text{kN}$$

②计算作用在基础上轴向荷载合力。

$$\sum F_k=F_k+Q_k=450+50=500\text{kN}$$

③计算作用在基础底面的合力矩。

$$\sum M_k=M'_k+0.4Q_k=80+0.4\times50=100\text{kN·m}$$

④求偏心距 e。

$$e=\frac{\sum M_k}{\sum F_k+G_k}=\frac{100}{500+162}=0.151\text{m}$$

$e<\dfrac{l}{6}(=0.5\text{m})$，基底压力呈梯形分布。

⑤求基底压力。

$$\left.\begin{array}{r}p_{kmax}\\p_{kmin}\end{array}\right\}=\frac{F_k+G_k}{bl}\left(1\pm\frac{6e}{l}\right)=\frac{500+162}{2\times3}\left(1\pm\frac{6\times0.151}{3}\right)$$

$$=\begin{array}{c}143.6\\77\end{array}kPa$$

⑥求基底附加压力。

$$\gamma_0=\frac{18.5\times0.5+16.8\times0.7}{1.2}=17.5kN/m^3$$

$$\left.\begin{array}{r}p_{0max}\\p_{0min}\end{array}\right\}=\left.\begin{array}{r}p_{kmax}\\p_{kmin}\end{array}\right\}-\gamma_0d=\begin{array}{c}143.6\\77\end{array}-17.5\times1.2=\begin{array}{c}122.6\\56\end{array}kPa$$

2.3　地基土中的附加应力

地基土中附加应力是指由新增外加荷载在地基中产生的应力，它是引起地基变形与破坏的主要因素。其计算比较复杂，目前工程上普遍采用弹性理论计算。计算时假定：①基础刚度为零，即基底作用的是柔性荷载；②地基是连续、均匀、各向同性的线性变形半无限体。

2.3.1　竖向集中力作用下的附加应力

1885年法国学者布辛奈斯克（J. Boussinesq）用弹性理论推出在地表作用有竖向集中力p时，地基土中任意点M所引起的竖向附加应力σ_z的计算公式。若以p作用点为原点，以p的作用线为z轴，建立起三轴坐标系（$oxyz$），则M点坐标为（x，y，z），M'点为M点在地表的投影，如图2-12所示。

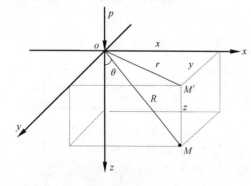

图2-12　集中力作用下土中附加应力

σ_z的表达式为

$$\sigma_z=\frac{3pz^3}{2\pi R^5}\tag{2.10}$$

式中　R——M点至坐标原点o的距离；

$$R=\sqrt{x^2+y^2+z^2}=\sqrt{r^2+z^2}\tag{2.11}$$

r——M'点至坐标原点o的距离。

利用图2-12中的几何关系$R^2=r^2+z^2$，将式（2.10）改写为

$$\sigma_z=\frac{3pz^3}{2\pi R^5}=\frac{3}{2\pi}\frac{1}{\left[1+\left(\frac{r}{z}\right)^2\right]^{\frac{5}{2}}}\frac{p}{z^2}=K\frac{p}{z^2}\tag{2.12}$$

$$K=\frac{3}{2\pi}\frac{1}{\left[1+\left(\frac{r}{z}\right)^2\right]^{\frac{5}{2}}}\tag{2.13}$$

式中　K——集中力作用下的地基土中竖向附加应力系数，是 r/z 的函数，可由表 2-2 查得；

　　　　z——M 点的深度，m。

表 2-2　集中荷载作用下附加应力系数 K 值

r/z	K	r/z	K	r/z	K	r/z	K	r/z	K
0.00	0.4775	0.50	0.2733	1.00	0.0844	1.50	0.0251	2.00	0.0085
0.05	0.4745	0.55	0.2466	1.05	0.0744	1.55	0.0224	2.20	0.0058
0.10	0.4657	0.60	0.2214	1.10	0.0658	1.60	0.0200	2.40	0.0040
0.15	0.4516	0.65	0.1978	1.15	0.0581	1.65	0.0179	2.60	0.0029
0.20	0.4329	0.70	0.1762	1.20	0.0513	1.70	0.0160	2.80	0.0021
0.25	0.4103	0.75	0.1565	1.25	0.0454	1.75	0.0144	3.00	0.0015
0.30	0.3849	0.80	0.1386	1.30	0.0402	1.80	0.0129	3.50	0.0007
0.35	0.3577	0.85	0.1226	1.35	0.0357	1.85	0.0116	4.00	0.0004
0.40	0.3294	0.90	0.1083	1.40	0.0317	1.90	0.0105	4.50	0.0002
0.45	0.3011	0.95	0.0956	1.45	0.0282	1.95	0.0095	5.00	0.0001

由式（2.12）可得集中力 p 作用下竖向附加应力 σ_z 在地基中的分布规律：

①在竖向集中力 p 作用线上，$r=0$，K 为一常数。当 $z=0$ 时，$\sigma_z=\infty$；随着深度 z 的增加，σ_z 逐渐减少，其分布如图 2-13a 线所示。

②在 $r>0$ 的竖直线上，$z=0$ 时 $\sigma_z=0$；随着深度 z 的增加，σ_z 从零逐渐增大，达到一定深度后又随着深度 z 的增加逐渐减小，其分布如图 2-13b 线所示。

③在 z 为常数的水平面上，σ_z 在集中力 p 作用线上最大，并随着 r 的增加而逐渐减小。随着深度 z 的增加，这一分布趋势保持不变，但 σ_z 随着 r 的增加而降低的速率变缓，如图 2-13c_1、c_2、c_3 线。

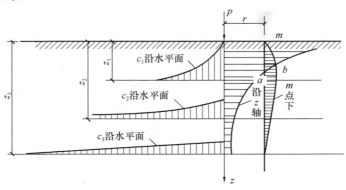

图 2-13　集中力作用下土中附加应力分布

若在剖面图上将 σ_z 相等的点连接起来，可得到如图 2-14 所示 σ_z 等值线。若在空间将等值点连接起来，则其空间形状成泡状，所以称为应力泡。

由上述分析可以得出，集中力 p 在地基中引起的附加应力 σ_z 在地基中是向下、向四周无限扩散的，在扩散过程中应力强度逐渐降低，这种现象称为应力扩散现象。

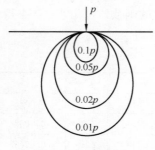

图 2-14 σ_z 等值线图

当地基表面同时有若干个集中力作用时，可分别算出各集中力在地基中引起的附加应力，然后根据应力叠加原理求出附加应力的总和，即

$$\sigma_z = K_1 \frac{p_1}{z^2} + K_2 \frac{p_2}{z^2} + \cdots + K_i \frac{p_i}{z^2} \qquad (2.14)$$

式中　　K_i——第 i 个集中力作用下的地基土中竖向附加应力系数，按 r_i/z 查表，其中 r_i 是第 i 个集中力作用点至 M 点的水平距离

当地基表面作用局部分布荷载，若荷载平面形状或分布规律不规则时，可将荷载面或基础底面分成若干形状规则的面积单元，将每个单元上的分布荷载视为集中力，再利用式（2.14）计算地基中某点 M 的附加应力。这种方法称为等代荷载法，该法的计算精度取决于划分单元的面积大小。

【应用实例 2.3】

在地表面作用一集中力 $p=200\text{kN}$，如图 2-15 所示，试计算：①地面下深度 $z=2\text{m}$ 处水平面上的附加应力 σ_z 分布；②在 p 作用的竖直线上附加应力 σ_z 分布，并绘出 σ_z 分布图。

解： 各点的附加应力 σ_z 可按公式（2.12）计算，并列于表 2-3 和表 2-4 中。

表 2-3　$z=2\text{m}$ 处水平面上的附加应力 σ_z 计算表

r (m)	0	1	2	3	4
r/z	0	0.5	1.0	1.5	2.0
K	0.4775	0.2733	0.0844	0.0251	0.0085
σ_z (kPa)	23.88	13.67	4.22	1.26	0.43

表 2-4　$r=0$ 处竖直面上的附加应力 σ_z 计算表

z (m)	0	1	2	3	4
r/z	0	0	0	0	0
K	0.4775	0.4775	0.4775	0.4775	0.4775
σ_z (kPa)	∞	95.5	23.88	10.61	5.97

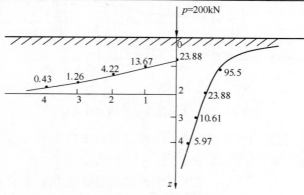

图 2-15　应用实例 2.3 图

2.3.2　矩形荷载作用下的附加应力

1. 均布矩形荷载作用下的附加应力

（1）均布矩形荷载角点下的附加应力

在地基表面作用有一长短边分别为 l 和 b 的矩形均布荷载 p_0，如图 2-16 所示，求荷载角点下的附加应力。

将坐标原点取在荷载角点 o 上，在矩形荷载面内任取微面积 $\mathrm{d}A = \mathrm{d}x\mathrm{d}y$，微面积上的分布荷载以集中力 $\mathrm{d}p = p_0\mathrm{d}x\mathrm{d}y$ 代替，其距离坐标原点 o 为 x 和 y，利用式（2.10）可求得在角点下任意深度 z 处的 M 点由该集中力 $\mathrm{d}p$ 引起的竖向附加应力 $\mathrm{d}\sigma_z$，即

$$\mathrm{d}\sigma_z = \frac{3\mathrm{d}p}{2\pi}\frac{z^3}{R^5} = \frac{3p_0}{2\pi}\frac{z^3}{(x^2+y^2+z^2)^{5/2}}\mathrm{d}x\mathrm{d}y$$

对矩形荷载面积 A 进行积分，得

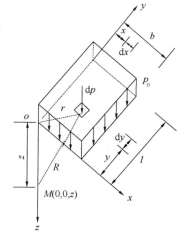

图 2-16　均布矩形荷载
角点下的附加应力

$$\begin{aligned}
\sigma_z &= \int_0^l\int_0^b \frac{3p_0}{2\pi}\frac{z^3}{(x^2+y^2+z^2)^{5/2}}\mathrm{d}x\mathrm{d}y \\
&= \frac{p_0}{2\pi}\left[\arctan\frac{m}{n\sqrt{1+m^2+n^2}} + \frac{mn}{\sqrt{1+m^2+n^2}}\left(\frac{1}{m^2+n^2}+\frac{1}{1+n^2}\right)\right]
\end{aligned} \tag{2.15}$$

式中

$$m = \frac{l}{b}; \quad n = \frac{z}{b}$$

令　　$$K_c = \frac{1}{2\pi}\left[\arctan\frac{m}{n\sqrt{1+m^2+n^2}} + \frac{mn}{\sqrt{1+m^2+n^2}}\left(\frac{1}{m^2+n^2}+\frac{1}{1+n^2}\right)\right]$$

则式（2.15）可写为

$$\sigma_z = K_c p_0 \tag{2.16}$$

式中　　K_c——均布矩形荷载角点下的竖向附加应力系数，由 l/b、z/b 查表 2-5 可得。其中 l 恒为基础长边，b 恒为基础短边。

表 2-5　均布矩形荷载作用下角点的附加应力系数 K_c

$n=z/b$ ＼ $m=l/b$	1.0	1.2	1.4	1.6	1.8	2.0	3.0	4.0	5.0	6.0	10.0
0.0	0.2500	0.2500	0.2500	0.2500	0.2500	0.2500	0.2500	0.2500	0.2500	0.2500	0.2500
0.2	0.2486	0.2489	0.2490	0.2491	0.2491	0.2491	0.2492	0.2492	0.2492	0.2492	0.2492
0.4	0.2401	0.2420	0.2429	0.2434	0.2437	0.2439	0.2442	0.2443	0.2443	0.2443	0.2443
0.6	0.2229	0.2275	0.2300	0.2315	0.2324	0.2329	0.2339	0.2341	0.2342	0.2342	0.2342
0.8	0.1999	0.2075	0.2120	0.2147	0.2165	0.2176	0.2196	0.2200	0.2202	0.2202	0.2202
1.0	0.1752	0.1851	0.1911	0.1955	0.1981	0.1999	0.2034	0.2042	0.2044	0.2045	0.2046
1.2	0.1516	0.1626	0.1705	0.1758	0.1793	0.1818	0.1870	0.1882	0.1885	0.1887	0.1888

$m=l/b$ $n=z/b$	1.0	1.2	1.4	1.6	1.8	2.0	3.0	4.0	5.0	6.0	10.0
1.4	0.1308	0.1423	0.1508	0.1569	0.1613	0.1644	0.1712	0.1730	0.1735	0.1738	0.1740
1.6	0.1123	0.1241	0.1329	0.1436	0.1445	0.1482	0.1567	0.1590	0.1598	0.1601	0.1604
1.8	0.0969	0.1083	0.1172	0.1241	0.1294	0.1334	0.1434	0.1463	0.1474	0.1478	0.1482
2.0	0.0840	0.0947	0.1034	0.1103	0.1158	0.1202	0.1314	0.1350	0.1363	0.1368	0.1374
2.2	0.0732	0.0832	0.0917	0.0984	0.1039	0.1084	0.1205	0.1248	0.1264	0.1271	0.1277
2.4	0.0642	0.0734	0.0812	0.0879	0.0934	0.0979	0.1108	0.1156	0.1175	0.1184	0.1192
2.6	0.0566	0.0651	0.0725	0.0788	0.0842	0.0887	0.1020	0.1073	0.1095	0.1106	0.1116
2.8	0.0502	0.0580	0.0649	0.0709	0.0761	0.0805	0.0942	0.0999	0.1024	0.1036	0.1048
3.0	0.0447	0.0519	0.0583	0.0640	0.0690	0.0732	0.0870	0.0931	0.0959	0.0973	0.0987
3.2	0.0401	0.0467	0.0526	0.0580	0.0627	0.0668	0.0806	0.0870	0.0900	0.0916	0.0933
3.4	0.0361	0.0421	0.0477	0.0527	0.0571	0.0611	0.0747	0.0814	0.0847	0.0864	0.0882
3.6	0.0326	0.0382	0.0433	0.0480	0.0523	0.0561	0.0694	0.0763	0.0799	0.0816	0.0837
3.8	0.0296	0.0348	0.0395	0.0439	0.0479	0.0516	0.0645	0.0717	0.0753	0.0773	0.0796
4.0	0.0270	0.0318	0.0362	0.0403	0.0441	0.0474	0.0603	0.0674	0.0712	0.0733	0.0758
4.2	0.0247	0.0291	0.0333	0.0371	0.0407	0.0439	0.0563	0.0634	0.0674	0.0696	0.0724
4.4	0.0227	0.0268	0.0306	0.0343	0.0376	0.0407	0.0527	0.0597	0.0639	0.0662	0.0692
4.6	0.0209	0.0247	0.0283	0.0317	0.0348	0.0378	0.0493	0.0564	0.0606	0.0630	0.0663
4.8	0.0193	0.0229	0.0262	0.0294	0.0324	0.0352	0.0463	0.0533	0.0576	0.0601	0.0635
5.0	0.0179	0.0212	0.0243	0.0274	0.0302	0.0328	0.0435	0.0504	0.0547	0.0573	0.0160
6.0	0.0127	0.0151	0.0174	0.0196	0.0218	0.0238	0.0325	0.0388	0.0431	0.0460	0.0506
7.0	0.0094	0.0112	0.0130	0.0147	0.0164	0.0180	0.0251	0.0306	0.0346	0.0376	0.0428
8.0	0.0073	0.0087	0.0101	0.0114	0.0127	0.0145	0.0198	0.0246	0.0283	0.0311	0.0367
9.0	0.0058	0.0069	0.0080	0.0091	0.0102	0.0112	0.0161	0.0202	0.0235	0.0262	0.0319
10.0	0.0047	0.0056	0.0065	0.0074	0.0083	0.0092	0.0132	0.0167	0.0198	0.0222	0.0280

（2）均布矩形荷载任意点下的附加应力

在实际工程中常需求地基中任意点的附加应力。如图 2-17 所示的荷载平面，求 o 点下深度为 z 处任意点 M 的附加应力时，可通过 o 点将荷载面积划分为几块小矩形，并使每块小矩形的某一角点为 o 点，分别求出每个小矩形在 M 点的附加应力，然后将各值叠加，即为 M 点的最终附加应力值，这种方法称为"角点法"。

① o 点在均布荷载面内，如图 2-17（a）所示。

$$\sigma_z = (K_{c\mathrm{I}} + K_{c\mathrm{II}} + K_{c\mathrm{III}} + K_{c\mathrm{IV}})p_0$$

若 o 点位于均布荷载面的中心，$K_{c\mathrm{I}} = K_{c\mathrm{II}} = K_{c\mathrm{III}} = K_{c\mathrm{IV}}$，则有

$$\sigma_z = 4K_{c\mathrm{I}}\,p_0$$

② o 点在均布荷载的边界上，如图 2-17（b）所示。

$$\sigma_z = (K_{c\mathrm{I}} + K_{c\mathrm{II}})p_0$$

③ o 点在荷载边缘外侧，如图 2-17（c）所示，此时荷载面 $abcd$ 可以看成由 Ⅰ（$oeag$）与 Ⅱ（$ofbg$）之差和 Ⅲ（$ohde$）与 Ⅳ（$ohcf$）之差合成的，则有

$$\sigma_z = (K_{c\text{Ⅰ}} - K_{c\text{Ⅱ}} + K_{c\text{Ⅲ}} - K_{c\text{Ⅳ}})p_0$$

④ o 点在荷载角点外侧，如图 2-17（d）所示，此时荷载面 $abcd$ 看成由 Ⅰ（$ohde$）与 Ⅳ（$ogbf$）两个面积中扣除 Ⅱ（$ohcf$）与 Ⅲ（$ogae$）而成的，则有

$$\sigma_z = (K_{c\text{Ⅰ}} - K_{c\text{Ⅱ}} - K_{c\text{Ⅲ}} + K_{c\text{Ⅳ}})p_0$$

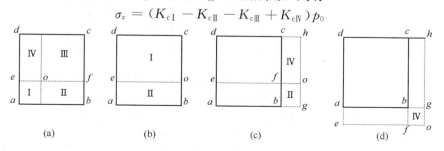

图 2-17　角点法计算均布矩形荷载下的附加应力

【应用实例 2.4】

有一矩形基础，底面宽度为 2m，长为 4m，作用在底面上的附加应力 $p_0 = 100\text{kN/m}^2$，如图 2-18 所示，试计算图中各点 a、b、c 下 σ_z 沿深度分布。

解： 点 a 位于荷载面中点，利用角点法，则 $\sigma_z^a = 4K_{c\text{Ⅰ}}p_0$。

点 b 位于荷载面中点，利用角点法，$\sigma_z^b = 2K_{c\text{Ⅰ}}p_0$。

点 c 位于荷载边缘外侧，利用角点法，此时荷载面 $dejh$ 可以看成由两倍的 Ⅰ（$cgdf$）与 Ⅱ（$cbef$）之差合成，则 $\sigma_z^c = 2(K_{c\text{Ⅰ}} - K_{c\text{Ⅱ}})p_0$。

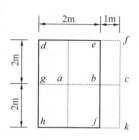

图 2-18　应用实例 2.4 图

列表计算如表 2-6 所示。

表 2-6　均布矩形荷载任意点下的附加应力

深度 z (m)	a 点				b 点			
	l/b	z/b	$K_{c\text{Ⅰ}}$	$\sigma_z = 4K_{c\text{Ⅰ}}p_0$ (kPa)	l/b	z/b	$K_{c\text{Ⅰ}}$	$\sigma_z = 2K_{c\text{Ⅰ}}p_0$ (kPa)
0	2.0	0.0	0.25	100	1.0	0.0	0.25	50.00
1		1.0	0.1999	79.96		0.5	0.2315	46.30
2		2.0	0.1202	48.08		1.0	0.1752	35.04
4		4.0	0.0474	18.96		2.0	0.084	16.80

深度 z (m)	c 点						
	l_1/b_1	z/b_1	$K_{c\text{Ⅰ}}$	l_2/b_2	z/b_2	$K_{c\text{Ⅱ}}$	$\sigma_z = 2(K_{c\text{Ⅰ}} - K_{c\text{Ⅱ}})p_0$ (kPa)
0	1.5	0.0	0.25	2.0	0.0	0.25	0.00
1		0.5	0.2370		1.0	0.1999	7.42
2		1.0	0.1933		2.0	0.1202	14.62
4		2.0	0.1069		4.0	0.0474	11.90
6		3.0	0.0612		6.0	0.0238	7.48

【应用实例 2.5】

某相邻基础如图 2-19 所示，试计算甲基础中点 o 及角点 d 下、深度 $z=2$m 处的附加应力 σ_z。

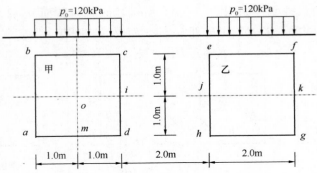

图 2-19　应用实例 2.5 图

解：①中点 o 下、深度 $z=2$m 处的附加应力 σ_z 计算：

甲基础作用下：

过中点 o 将荷载面 $abcd$ 分成面积相等的四块，$l/b=1.0$，$z/b=2.0$，$K_{c\mathrm{I}}=0.0840$；

乙基础作用下：

此时荷载面 $efgh$ 可以看成由两倍的 Ⅰ $(okgm)$ 与 Ⅱ $(ojhm)$ 之差合成。

$okgm$：$l_1/b_1=5.0$，$z/b_1=2.0$，$K_{c\mathrm{I}}=0.1363$

$ojhm$：$l_2/b_2=3.0$，$z/b_2=2.0$，$K_{c\mathrm{II}}=0.1314$

则 $\sigma_z=[4\times0.0840+2(0.1363-0.1314)]\times120=41.50$kPa

②角点 d 下、深度 $z=2$m 处的附加应力 σ_z 计算：

甲基础作用下：

荷载面 $abcd$：$l/b=1.0$，$z/b=1.0$，$K_{c\mathrm{I}}=0.1752$；

乙基础作用下：

此时荷载面 $efgh$ 可以看成由 Ⅰ $(dgfc)$ 与 Ⅱ $(dhec)$ 之差合成。

$dgfc$：$l_1/b_1=2.0$，$z/b_1=1.0$，$K_{c\mathrm{I}}=0.1999$

$dhec$：$l_2/b_2=1.0$，$z/b_2=1.0$，$K_{c\mathrm{II}}=0.1752$

则 $\sigma_z=[0.1752+0.1999-0.1752]\times120=24.0$kPa

2. 三角形分布矩形荷载作用下的附加应力

由于弯矩作用，基底反力呈梯形分布，此时附加应力的计算可采用均匀分布和三角形分布相叠加。设在矩形面积短边 b 方向上作用着三角形分布的竖向荷载，长边 l 方向的荷载均匀分布，最大荷载强度为 p_0，如图 2-20 所示。取荷载强度为零的角点 1 为坐标原点，在荷载面内任取一微面积 $\mathrm{d}A=\mathrm{d}x\mathrm{d}y$，微面积上的分布荷载以集中力 $\mathrm{d}p=(x/b)p_0\mathrm{d}x\mathrm{d}y$ 代替，其距离坐标原点 o 为 x 和 y，则角点 1 下深度 z 处的 M 点由该集中力 $\mathrm{d}p$ 引起的竖向附加应力 $\mathrm{d}\sigma_z$ 可由式（2.10）计算，有

$$\mathrm{d}\sigma_z=\frac{3\mathrm{d}p}{2\pi}\frac{z^3}{R^5}=\frac{3p_0}{2\pi}\frac{xz^3}{b(x^2+y^2+z^2)^{5/2}}\mathrm{d}x\mathrm{d}y \tag{2.17}$$

在整个矩形面积进行积分，得

$$\sigma_z = \int_0^l \int_0^b \frac{3p_0}{2\pi} \frac{xz^3}{b\,(x^2+y^2+z^2)^{5/2}}\,\mathrm{d}x\mathrm{d}y$$

$$= \frac{mn}{2\pi}\left[\frac{1}{\sqrt{m^2+n^2}} - \frac{n^2}{(1+n^2)\sqrt{m^2+n^2+1}}\right]p_0$$

$$(2.18)$$

令

$$K_{t1} = \frac{mn}{2\pi}\left[\frac{1}{\sqrt{m^2+n^2}} - \frac{n^2}{(1+n^2)\sqrt{m^2+n^2+1}}\right]$$

则式（2.18）可写为

$$\sigma_z = K_{t1} p_0 \qquad (2.19)$$

式中　K_{t1}——矩形面积上竖向三角形荷载作用下，角点 1 下的竖向附加应力系数，由 l/b、z/b 查表 2-7 可得。

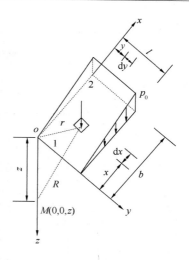

图 2-20　三角形分布矩形荷载作用下角点下的附加应力

同理可求得最大荷载边角点 2 下深度 z 处的竖向附加应力为

$$\sigma_z = K_{t2} p_0 \qquad (2.20)$$

式中　K_{t2}——矩形面积上竖向三角形荷载作用下，角点 2 下的竖向附加应力系数，由 l/b、z/b 查表 2-7 可得。

表 2-7　矩形面积上三角形分布荷载作用下角点下附加应力系数 K_{t1} 和 K_{t2}

l/b 点 z/b	0.2		0.4		0.6		0.8		1.0	
	1	2	1	2	1	2	1	2	1	2
0.0	0.0000	0.2500	0.0000	0.2500	0.0000	0.2500	0.0000	0.2500	0.0000	0.2500
0.2	0.0223	0.1821	0.0280	0.2115	0.0296	0.2165	0.0301	0.2178	0.0304	0.2182
0.4	0.0269	0.1094	0.0420	0.1604	0.0487	0.1781	0.0517	0.1844	0.0531	0.1870
0.6	0.0259	0.0700	0.0448	0.1165	0.0560	0.1405	0.0621	0.1520	0.0654	0.1575
0.8	0.0232	0.0480	0.0421	0.0853	0.0553	0.1093	0.0637	0.1232	0.0688	0.1311
1.0	0.0201	0.0346	0.0375	0.0638	0.0508	0.0852	0.0602	0.0996	0.0666	0.1086
1.2	0.0171	0.0260	0.0324	0.0491	0.0450	0.0673	0.0546	0.0807	0.0615	0.0901
1.4	0.0145	0.0202	0.0278	0.0386	0.0392	0.0540	0.0483	0.0661	0.0554	0.0751
1.6	0.0123	0.0160	0.0238	0.0310	0.0339	0.0440	0.0424	0.0547	0.0492	0.0628
1.8	0.0105	0.0130	0.0204	0.0254	0.0294	0.0363	0.0371	0.0457	0.0435	0.0534
2.0	0.0090	0.0108	0.0176	0.0211	0.0255	0.0304	0.0324	0.0387	0.0384	0.0456
2.5	0.0063	0.0072	0.0125	0.0140	0.0183	0.0205	0.0236	0.0265	0.0284	0.0313
3.0	0.0046	0.0051	0.0092	0.0100	0.0135	0.0148	0.0176	0.0192	0.0214	0.0233
5.0	0.0018	0.0019	0.0036	0.0038	0.0054	0.0056	0.0071	0.0074	0.0088	0.0091
7.0	0.0009	0.0010	0.0019	0.0019	0.0028	0.0029	0.0038	0.0038	0.0047	0.0047
10.0	0.0005	0.0004	0.0009	0.0010	0.0014	0.0014	0.0019	0.0019	0.0023	0.0024

续表

l/b z/b	1.2 点		1.4		1.6		1.8		2.0	
	1	2	1	2	1	2	1	2	1	2
0.0	0.0000	0.2500	0.0000	0.2500	0.0000	0.2500	0.0000	0.2500	0.0000	0.2500
0.2	0.0305	0.2148	0.0305	0.2185	0.0306	0.2185	0.0306	0.2185	0.0306	0.2185
0.4	0.0539	0.1881	0.0543	0.1886	0.0545	0.1889	0.0546	0.1891	0.0547	0.1892
0.6	0.0673	0.1602	0.0684	0.1616	0.0690	0.1625	0.0694	0.1630	0.0696	0.1633
0.8	0.0720	0.1355	0.0739	0.1381	0.0751	0.1396	0.0759	0.1405	0.0764	0.1412
1.0	0.0708	0.1143	0.0735	0.1176	0.0753	0.1202	0.0766	0.1215	0.0774	0.1225
1.2	0.0664	0.0962	0.0698	0.1007	0.0721	0.1037	0.0738	0.1055	0.0749	0.1069
1.4	0.0606	0.0817	0.0644	0.0864	0.0672	0.0897	0.0692	0.0921	0.0707	0.0937
1.6	0.0545	0.0696	0.0586	0.0743	0.0616	0.0780	0.0639	0.0806	0.0656	0.0826
1.8	0.0487	0.0596	0.0528	0.0644	0.0560	0.0681	0.0585	0.0709	0.0604	0.0730
2.0	0.0434	0.0513	0.0474	0.0560	0.0507	0.0596	0.0533	0.0625	0.0553	0.0649
2.5	0.0326	0.0365	0.0362	0.0405	0.0393	0.0440	0.0419	0.0469	0.0440	0.0491
3.0	0.0249	0.0270	0.0280	0.0303	0.0307	0.0333	0.0331	0.0359	0.0352	0.0380
5.0	0.0104	0.0108	0.0120	0.0123	0.0135	0.0139	0.0148	0.0154	0.0161	0.0167
7.0	0.0056	0.0056	0.0064	0.0066	0.0073	0.0074	0.0081	0.0083	0.0089	0.0091
10.0	0.0028	0.0028	0.0033	0.0032	0.0037	0.0037	0.0041	0.0042	0.0046	0.0046

l/b z/b	3.0 点		4.0		6.0		8.0		10.0	
	1	2	1	2	1	2	1	2	1	2
0.0	0.0000	0.2500	0.0000	0.2500	0.0000	0.2500	0.0000	0.2500	0.0000	0.2500
0.2	0.0306	0.2186	0.0306	0.2186	0.0306	0.2186	0.0306	0.2186	0.0306	0.2186
0.4	0.0548	0.1894	0.0549	0.1894	0.0549	0.1894	0.0549	0.1894	0.0549	0.1894
0.6	0.0701	0.1638	0.0702	0.1639	0.0702	0.1640	0.0702	0.1640	0.0702	0.1640
0.8	0.0773	0.1423	0.0776	0.1424	0.0776	0.1426	0.0776	0.1426	0.0776	0.1426
1.0	0.0790	0.1244	0.0794	0.1248	0.0795	0.1250	0.0796	0.1250	0.0796	0.1250
1.2	0.0774	0.1096	0.0779	0.1103	0.0782	0.1105	0.0783	0.1105	0.0783	0.1105
1.4	0.0739	0.0973	0.0748	0.0982	0.0752	0.0986	0.0752	0.0987	0.0753	0.0987
1.6	0.0697	0.0870	0.0708	0.0882	0.0714	0.0887	0.0715	0.0888	0.0715	0.0889
1.8	0.0652	0.0782	0.0666	0.0797	0.0673	0.0805	0.0675	0.0806	0.0675	0.0808
2.0	0.0607	0.0707	0.0624	0.0726	0.0634	0.0734	0.0636	0.0736	0.0636	0.0738
2.5	0.0504	0.0559	0.0529	0.0585	0.0543	0.0601	0.0547	0.0604	0.0548	0.0605
3.0	0.0419	0.0451	0.0449	0.0482	0.0469	0.0504	0.0474	0.0509	0.0476	0.0511
5.0	0.0214	0.0221	0.0248	0.0256	0.0283	0.0290	0.0296	0.0303	0.0301	0.0309
7.0	0.0124	0.0126	0.0152	0.0154	0.0186	0.0190	0.0204	0.0207	0.0212	0.0216
10.0	0.0066	0.0066	0.0084	0.0083	0.0111	0.0111	0.0128	0.0130	0.0139	0.0141

2.3.3　条形荷载作用下的附加应力

1. 线荷载作用下的附加应力

在地基土表面作用一沿 y 轴均匀分布且无限延伸的线形荷载 p_0，如图 2-21 所示，求地基中某点 M 的附加应力。

过 M 点作与 y 轴垂直的平面 xoz，且平面 oxy 位于地基表面，由图 2-21 知，

$$R_1 = \sqrt{x^2 + z^2}$$
$$\cos\beta = z/R_1$$

沿 y 轴取一微段 $\mathrm{d}y$，在此微段上的分布荷载可以集中力 $\mathrm{d}p = p_0\mathrm{d}y$ 来代替，可以利用式（2.10）计算深度 z 处的 M 点的竖向附加应力，有

$$\mathrm{d}\sigma_z = \frac{3\mathrm{d}p}{2\pi}\frac{z^3}{R^5} = \frac{3p_0}{2\pi}\frac{z^3}{R^5}\mathrm{d}y \tag{2.21}$$

将上式积分，得

$$\sigma_z = \int_{-\infty}^{\infty}\mathrm{d}\sigma_z = \int_{-\infty}^{\infty}\frac{3p_0}{2\pi}\frac{z^3}{R^5}\mathrm{d}y = \frac{2p_0z^3}{\pi R_1^4} = \frac{2p_0z^3}{\pi(x^2+z^2)^2} \tag{2.22}$$

2. 均布条形荷载作用下的附加应力

在地基表面作用有宽度为 b 的条形均布荷载 p_0 且沿 y 轴无限延伸，如图 2-22 所示，取宽度 b 的中点为坐标原点，则地基中深度 z 处的 M 点的竖向附加应力可由式（2.22）积分求得

$$
\begin{aligned}
\sigma_z &= \int_{-b/2}^{b/2}\frac{2p_0z^3\mathrm{d}\xi}{\pi[(x-\xi)^2+z^2]^2} \\
&= \frac{P_0}{\pi}\left[\arctan\frac{1-2m}{2n} + \arctan\frac{1+2m}{2n} - \frac{4n(4m^2-4n^2-1)}{(4m^2+4n^2-1)^2+16n^2}\right] \\
&= K_{sz}P_0
\end{aligned}
\tag{2.23}
$$

式中　K_{sz}——均布条形荷载作用下的竖向附加应力系数，可由 $m=x/b$，$n=z/b$ 查表 2-8 可得。

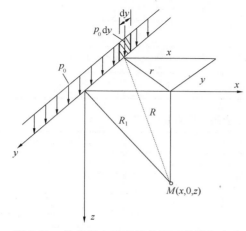

图 2-21　均布竖向线荷载作用下的附加应力

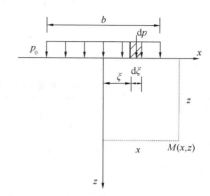

图 2-22　均布条形荷载作用下的附加应力

表 2-8　均布条形荷载作用下的附加应力系数 K_{sz}

z/b ＼ x/b	0.00	0.25	0.50	1.00	1.50	2.00
0.00	1.00	1.00	0.50	0.00	0.00	0.00
0.25	0.96	0.90	0.50	0.02	0.00	0.00
0.50	0.82	0.74	0.48	0.08	0.02	0.00
0.75	0.67	0.61	0.45	0.15	0.04	0.02
1.00	0.55	0.51	0.41	0.19	0.07	0.03
1.50	0.40	0.38	0.33	0.21	0.11	0.06
2.00	0.31	0.31	0.28	0.20	0.14	0.08
3.00	0.21	0.21	0.20	0.17	0.13	0.10
4.00	0.16	0.16	0.15	0.14	0.12	0.10
5.00	0.13	0.13	0.12	0.12	0.11	0.09

【应用实例 2.6】

某条形基础底面宽度 $b=1.4\text{m}$，作用于基底的平均附加应力 $p_0=200\text{kN/m}^2$，试计算：①条形均布荷载中心点 o 下的附加应力 σ_z 分布；②深度 $z=1.4\text{m}$ 处水平面上附加应力 σ_z 分布；③在条形均布荷载边缘以外 1.4m 处 o_1 点下的附加应力 σ_z 分布。

解：列表计算如表 2-9、表 2-10 和表 2-11 所示。

表 2-9　中心点 o 下沿深度的附加应力 σ_z 分布

深度 z(m)	x/b	z/b	K_{sz}	$\sigma_z=K_{sz}p_0$(kPa)
0		0.0	1.00	200
0.7		0.5	0.82	164
1.4	0.0	1.0	0.55	110
2.1		1.5	0.40	80
2.8		2.0	0.31	62

表 2-10　深度 $z=1.4\text{m}$ 处水平面上附加应力 σ_z 分布

深度 z(m)	x/b	z/b	K_{sz}	$\sigma_z=K_{sz}p_0$(kPa)
	0.0		0.55	110
	0.5		0.41	82
1.4	1.0	1.0	0.19	38
	1.5		0.07	14
	2.0		0.03	6.0

表 2-11　离荷载边缘以外 1.4m 处 o_1 点下的附加应力 σ_z 分布

深度 z(m)	x(m)	x/b	z/b	K_{sz}	$\sigma_z = K_{sz}p_0$(kPa)
0			0.0	0.0	0
0.7			0.5	0.02	4.0
1.4			1.0	0.07	14
2.1	2.1	1.5	1.5	0.11	22
2.8			2.0	0.14	28
4.2			3.0	0.13	26
5.6			4.0	0.12	24

附加应力 σ_z 分布曲线如图 2-23 所示。

3. 三角形分布的条形荷载作用下的附加应力

如图 2-24 所示，条形基础承受三角形分布的荷载作用，荷载最大值为 p_t。若将坐标原点取在零荷载边上，以荷载增大方向为 x 正向，通过式（2.22）积分可得

$$\sigma_z = \frac{p_t}{\pi}\left\{m\left[\arctan\left(\frac{m}{n}\right) - \arctan\left(\frac{m-1}{n}\right)\right] - \frac{(m-1)m}{(m-1)^2 + n^2}\right\} = K_{tz}p_t \quad (2.24)$$

式中　K_{tz}——三角形分布的条形荷载作用下的竖向附加应力系数，可由 $m = x/b$，$n = z/b$
　　　　查表 2-12 可得。

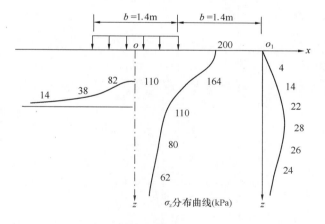

图 2-23　应用实例 2.6 图

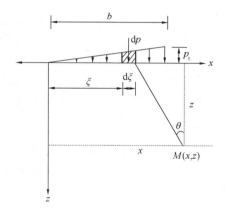

图 2-24　三角形分布条形荷载
作用下的附加应力

表 2-12　三角形分布的条形荷载下土中附加应力系数 K_t

z/b ＼ x/b	-1.00	-0.50	0.00	0.50	1.00	1.50	2.00
0.00	0	0	0	0.500	0.500	0	0
0.25	0	0.001	0.075	0.480	0.424	0.015	0.003
0.50	0.003	0.023	0.127	0.410	0.353	0.056	0.017
0.75	0.016	0.042	0.153	0.335	0.293	0.108	0.024

续表

z/b \ x/b	−1.00	−0.50	0.00	0.50	1.00	1.50	2.00
1.00	0.025	0.061	0.159	0.275	0.241	0.129	0.045
1.50	0.048	0.096	0.145	0.200	0.185	0.124	0.062
2.00	0.061	0.092	0.127	0.155	0.153	0.108	0.069
3.00	0.064	0.080	0.096	0.104	0.104	0.090	0.071
4.00	0.060	0.067	0.075	0.075	0.075	0.073	0.060
5.00	0.052	0.057	0.059	0.065	0.065	0.061	0.051

2.3.4 非均质地基中的附加应力

在上述附加应力计算中，都是按弹性理论将地基视为均匀、连续、各向同性的半无限弹性体，而实际的工程地质条件与计算假定不同，计算所得的应力与实际应力会存在一定差别。地基的不均匀性对附加应力的影响主要有两种情况，即应力集中现象和应力扩散现象。

1. 上层软弱下层坚硬的情况

地基土上层为松软的可压缩土层，下层为不可压缩层。这时，上层土中荷载中轴线附近的附加应力 σ_z 将比均质土体时增大；离开中轴线，应力差逐渐减小，至某一距离后，应力又将小于均质土体中的附加应力。这种现象称为应力集中现象。如图 2-25（a）所示，这种情况在山区地基常遇到。

2. 上层坚硬而下层软弱的情况

当地基的上层土为坚硬土层而下层为软弱土层，在下层软土中将发生荷载中轴线附近附加应力 σ_z 比均质土体时减小的现象，称为应力扩散，如图 2-25（b）所示。应力扩散的结果使应力分布比较均匀，从而使地基沉降也趋于均匀。这种情况工程中常见，如混凝土路面，机场跑道以及表面为硬壳层的天然地基。

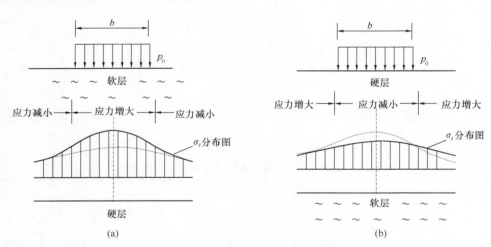

图 2-25　非均质性地基对附加应力的影响

（注：图中虚线表示均质地基中水平面上的附加应力的分布）

（a）应力集中；（b）应力扩散

思考题与习题

1. 什么是土的自重应力？什么是土的附加应力？两者计算时做了哪些假设？

2. 地下水位的升降对自重应力有何影响？当地下水位变化时，计算中如何考虑？

3. 何谓基底压力？影响基底压力分布的因素有哪些？

4. 以均布矩形荷载为例，说明附加应力在地基中的分布规律。

5. 何为角点法？如何应用角点法计算基础底面下任意点的附加应力？

6. 双层地基的附加应力分布有何特点？

7. 某建筑地基的地质资料如图 2-26 所示，试计算各土层的自重应力，并绘出应力分布图。

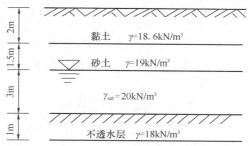

图 2-26 思考题与习题 7 附图

8. 某建筑基础底面尺寸为 4m×2m，在基础顶面作用有偏心荷载 $F_k=650$kN，偏心矩 $e=1.31$m，基础埋深 $d=2$m。试计算基底平均压力 p_k 和边缘最大压力 p_{kmax}，并绘出沿偏心矩方向的基底压力分布图。

9. 图 2-27 所示为基础作用均布荷载 $p_0=110$kPa，试用角点法计算 A、B、C、D 各点下 4m 深度处的竖向附加应力。

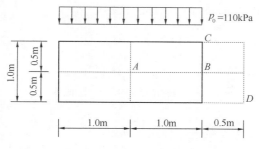

图 2-27 思考题与习题 9 附图

第3章　地基变形计算

地基土在建筑荷载作用下，其原有应力状态将发生变化，从而引起地基产生压缩变形，建筑物基础产生沉降。基础沉降值的大小，一方面取决于建筑物荷载的大小和分布，另一方面取决于地基土层的类型、分布、各土层厚度及其压缩性。

若地基基础的沉降，特别是建筑物各部分之间由于荷载不同或土层压缩性不同而引起的不均匀沉降超过容许值范围，会使建筑物某些部位开裂、倾斜，严重时甚至发生倒塌。因此，要保证建筑物的安全和正常使用，在进行地基基础设计中，必须根据建筑物的情况和勘探试验资料，计算基础可能发生的沉降，并设法将其控制在建筑物所容许的范围以内。

3.1　土的压缩性

土在压力作用下体积缩小的特性称为土的压缩性。土体体积缩小原因有三个方面：①土颗粒发生相对位移，土中水和气从孔隙中排出，孔隙体积减小；②土中水和封闭气体被压缩；③土颗粒本身被压缩。研究表明，在一般建筑物荷重作用下，土粒与土中水本身的压缩都很小，占土的压缩总量不到1/400，因此可以忽略不计，认为土的压缩变形主要是土中孔隙体积减小的结果。

对于透水性较大的无黏性土，土中水易于从孔隙中排出，土的压缩过程很快就可完成；而对于饱和黏性土，由于透水性小，排水缓慢，要达到压缩稳定需要较长的时间。土体在压力作用下，其压缩量随时间增长的过程，称为土的固结。

3.1.1　侧限压缩试验

侧限压缩试验又称固结试验，主要研究土体在压力作用下孔隙比的变化规律，测定土的压缩指标，评价土的压缩性大小。

图3-1所示为侧限压缩试验装置，称为压缩仪。

压缩试验时，先用金属环刀切取原状土样，将土样连同环刀放入一刚性护环内，其上、下各放置透水石，以便土中水的排出。通过传压板对土样分级施加压力（一般按四级加荷 $p=50kPa$、$100kPa$、$200kPa$、$400kPa$）。在每级压力作用下，测出土样变形稳定后的变形量，然后再施加下一级压力。根据试样的稳定变形量，可以计算出相应荷

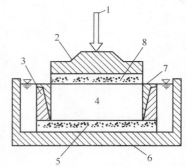

图 3-1　侧限压缩仪示意图

1—荷载；2—加压活塞；3—刚性护环；

4—土样；5—透水石；6—底座；

7—环刀；8—透水石

载作用下的孔隙比。压缩过程中，由于金属环刀和刚性护环所限，土样在各级压力作用下，只产生竖向变形，而不可能发生侧向膨胀，故称侧限压缩。

如图 3-2 所示，设土样原始高度为 h_0，断面面积为 A，土样在各级压力 p_i 作用下变形稳定后的高度为 h_i，测微表量测的土样稳定变形量为 s_i，即 $h_i = h_0 - s_i$。若土样受压前的初始孔隙比为 e_0，受压后的孔隙比为 e_i。

由
$$e_0 = \frac{V_v}{V_s} = \frac{Ah_0 - V_s}{V_s}$$

得受压前土粒体积为　$V_s = \dfrac{Ah_0}{1 + e_0}$

受压后土粒体积为　$V_s = \dfrac{Ah_i}{1 + e_i}$

由于试验过程中土粒体积 V_s 不变和在侧限条件下土样的断面面积 A 不变，所以有

$$\frac{h_0}{1 + e_0} = \frac{h_i}{1 + e_i} \tag{3.1}$$

将 $h_i = h_0 - s_i$ 代入式（3.1）并整理得：

$$s_i = \frac{e_0 - e_i}{1 + e_0} h_0 \tag{3.2}$$

或
$$e_i = e_0 - \frac{s_i}{h_0}(1 + e_0) \tag{3.3}$$

式中　$e_0 = \dfrac{d_s(1 + \omega_0)}{\rho_0} - 1$。

利用式（3.3）可计算各级压力 p_i 作用下土样变形稳定的孔隙比 e_i，并可绘制如图 3-3 示的 e—p 关系曲线，又称压缩曲线。

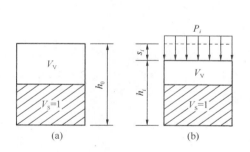

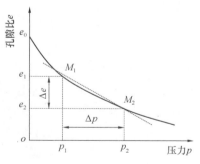

图 3-2　土样变形示意图
（a）受压前；（b）受压后

图 3-3　e—p 曲线

3.1.2　压缩性指标

1. 压缩系数 a

压缩性不同的土，其 e—p 曲线的形状是不一样的。曲线越陡，说明在相同的压力增量作用下，土的孔隙比减少得越显著，因而土的压缩性越高。所以，曲线上任一点处切线的斜率 a 就表示了相应的压力作用下土的压缩性，即

$$a = -\frac{\mathrm{d}e}{\mathrm{d}p} \tag{3.4}$$

式中　a——压缩系数，MPa^{-1}，负号表示 e 随 p 的增加而减小。

当压力变化范围不大时，可将压缩曲线上的小段曲线 $M_1 M_2$ 用其割线来代替。当压力由 p_1 增至 p_2 时，相应的孔隙比由 e_1 减小到 e_2，则压缩系数 a 近似地为割线斜率，即

$$a = -\frac{\Delta e}{\Delta p} = \frac{e_1 - e_2}{p_2 - p_1} \tag{3.5a}$$

《建筑地基基础设计规范》（GB 50007—2011）中，压力 p 单位为 kPa，而压缩系数 a 单位为 MPa^{-1}，所以上式改为

$$a = 1\,000\,\frac{e_1 - e_2}{p_2 - p_1} \tag{3.5b}$$

压缩系数 a 是表征土的压缩性的重要指标之一。压缩系数越大，表明土的压缩性越大。为便于应用和比较，《建筑地基基础设计规范》（GB 50007—2011）提出用 $p_1 = 100\mathrm{kPa}$，$p_2 = 200\mathrm{kPa}$ 时相对应的压缩系数 a_{1-2} 来评价土的压缩性，具体规定如下：

$a_{1-2} < 0.1\mathrm{MPa}^{-1}$ 时，属低压缩性土；

$0.1\mathrm{MPa}^{-1} \leqslant a_{1-2} < 0.5\mathrm{MPa}^{-1}$ 时，属中等缩性土；

$a_{1-2} \geqslant 0.5\mathrm{MPa}^{-1}$ 时，属高压缩性土。

2. 压缩模量 E_s

土的压缩模量是指土体在完全侧限的条件下，土的竖向附加应力与相应的竖向应变之比。

在压缩过程中，当压力由 p_1 增至 p_2 时，相应的土样高度从 h_1 减小到 h_2，稳定变形量为 s，则压缩模量为：

$$E_s = \frac{p_2 - p_1}{\dfrac{s}{h_1}} = \frac{p_2 - p_1}{\dfrac{e_1 - e_2}{1 + e_1}} = \frac{1 + e_1}{a} \tag{3.6}$$

压缩模量是表征土的压缩性的另一重要指标，单位为 MPa。由式（3.5）知，E_s 与 a 成反比，即 a 越大，E_s 就越小，则土越软弱，压缩性越高。同样，也取 $p_1 = 100\mathrm{kPa}$，$p_2 = 200\mathrm{kPa}$ 时相对应的压缩模量 E_{s1-2} 来评价土的压缩性：

$E_{s1-2} < 4\mathrm{MPa}$ 时，属高压缩性土；

$4\mathrm{MPa} \leqslant E_{s1-2} \leqslant 15\mathrm{MPa}$ 时，属中等缩性土；

$E_{s1-2} > 15\mathrm{MPa}$ 时，属低压缩性土。

3. 变形模量 E_0

土的变形模量是指土在无侧限条件下竖向压应力与竖向总应变之比值，是由现场静载荷试验测定的土的压缩性指标。压缩模量 E_s 与变形模量 E_0 之间理论关系如下：

$$E_0 = \beta E_s \tag{3.7}$$

式中　β——与土的泊松比 μ 有关的系数。

$$\beta = 1 - \frac{2\mu^2}{1 - \mu} \tag{3.8}$$

一般土的泊松比 μ 的变化范围在 $0 \sim 0.5$ 之间，所以 $\beta \leqslant 1.0$，$E_0 < E_s$。

3.2　地基最终沉降量的计算

地基最终沉降量是指在建筑物荷载作用下，地基变形稳定后基础底面的沉降量，是随时间而发展的。计算地基最终沉降量的目的在于确定建筑物最大沉降量、沉降差和倾斜，并将其控制在允许范围内，以保证建筑物的安全和正常使用。

计算地基最终沉降量的方法有多种，目前一般采用分层总和法和《建筑地基基础设计规范》（GB 50007—2011）推荐的方法。

3.2.1　分层总和法

分层总和法是将地基沉降计算深度范围内的土层划分成若干薄层，分别计算每一薄层土的变形量，最后总和起来，即得基础的沉降量。

1. 计算基本假设

①地基土是均质、各向同性的半无限线形变形体，因而可按弹性理论计算土中应力。

②假定地基土在压力作用下不产生侧向膨胀，土层在竖向附加应力作用下只产生竖向变形，即可以采用完全侧限条件下的室内压缩指标计算土层的变形量。

③采用基础底面中心点下的附加应力计算各分层的变形量，地基总沉降量即为各分层变形量之和。

2. 计算公式

将基础底面下沉降计算深度范围内的土层划分为若干层。现分析第 i 分层的压缩量的计算。

如图 3-4 所示，在建筑建造前，第 i 分层仅受到土的自重应力作用，在建筑建造之后，该分层除受到自重应力作用外，还受到建筑荷载所产生的附加应力作用。

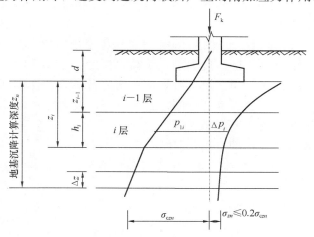

图 3-4　分层总和法计算沉降量示意图

一般地，土在自重应力作用下产生的变形早已结束，而只有附加应力才会使土层产生新的变形，从而使基础发生沉降。因假定地基土受荷后不产生侧向变形，所以其受力状况与土

的室内压缩试验一样，故第 i 层土的沉降量按式（3.2）计算得

$$s_i = \frac{e_{1i} - e_{2i}}{1 + e_{1i}} h_i \tag{3.9}$$

则基础总沉降量为

$$s = \sum_{i=1}^{n} s_i = \sum_{i=1}^{n} \frac{e_{1i} - e_{2i}}{1 + e_{1i}} h_i \tag{3.10}$$

式中　s_i——第 i 分层土的沉降量，mm；

　　　s——基础最终沉降量，mm；

　　　e_{1i}——第 i 分层土在建筑物建造前，所受平均自重应力作用下的孔隙比；

　　　e_{2i}——第 i 分层土在建筑物建造后，所受平均自重应力与平均附加应力共同作用下的孔隙比；

　　　h_i——第 i 分层土的分层厚度，mm；

　　　n——沉降计算深度范围内土层分层数目。

公式（3.10）是采用分层总和法计算的基本公式，它适用于采用压缩曲线时的计算。若在计算中采用压缩模量 E_s 作为计算指标，则公式（3.10）由公式（3.5）和公式（3.6）可改写为

$$s = \sum_{i=1}^{n} \frac{\overline{\sigma}_{zi}}{E_{si}} h_i \tag{3.11}$$

式中　E_{si}——第 i 分层土的压缩模量；

　　　$\overline{\sigma}_{zi}$——第 i 分层土上下层面所受附加应力的平均值。

3. 计算步骤

综上所述，采用分层总和法计算基础沉降量的具体步骤如下：

①计算基础底面中心点下的自重应力和附加应力，并绘自重应力和附加应力分布曲线，如图 3-4 所示。

②确定地基沉降计算深度 z_n。

地基沉降计算深度 z_n 是指由基础底面向下计算压缩变形所要求的深度。从图 3-4 可知，附加应力随深度递减，自重应力随深度递增，至某一深度 z_n 后，附加应力相对于自重应力已经很小，它所引起的压缩变形可忽略不计，因此沉降计算到此深度即可。一般取对应 $\sigma_{zn} \leqslant 0.2\sigma_{czn}$ 处的深度作为沉降计算深度的下限，对于软土，取对应 $\sigma_z \leqslant 0.1\sigma_{cz}$ 处的深度。在沉降计算深度范围内存在基岩时，z_n 可取至基岩表面。

③确定沉降计算深度范围内的土层分层厚度 h_i。

每一分层厚度 h_i 一般不大于基础宽度的 0.4 倍，且不同性质的土层面和地下水位面必须作为分层的界面。

④按公式（3.9）计算各分层的沉降量。

先根据自重应力和附加应力分布曲线确定各层土的平均自重应力 $\overline{\sigma}_{czi} = \dfrac{\sigma_{czi-1} + \sigma_{czi}}{2}$ 和平均附加应力 $\overline{\sigma}_{zi} = \dfrac{\sigma_{zi-1} + \sigma_{zi}}{2}$，然后令 $p_{1i} = \overline{\sigma}_{czi}$、$p_{2i} = \overline{\sigma}_{czi} + \overline{\sigma}_{zi}$，从该土层 $e - p$ 曲线中查相应的 e_{1i} 和 e_{2i}，再按公式（3.8）计算各分层的沉降量。

⑤计算基础最终沉降量。

按公式（3.10）或公式（3.11）可计算出理论上的基础中点的最终沉降量，视为基础的平均沉降量。

【应用实例 3.1】

某厂房为框架结构独立基础，如图 3-5（a）所示，基础底面积为正方形，边长 $l=b=4m$，基础埋深 $d=1.0m$，上部结构传至基础顶面荷载 $p_k=1440kN$，地基为粉质黏土，土的天然重度 $\gamma=16.0kN/m^3$，地下水位深度为 3.4m，水下饱和重度 $\gamma_{sat}=17.2kN/m^3$，地基承载力特征值 $f_{ak}=94kPa$，土的压缩试验结果 $e—p$ 曲线如图 3-5（b）所示，试计算柱基中点的沉降量。

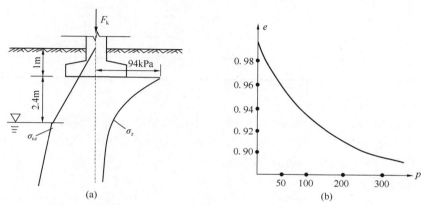

图 3-5　应用实例 3.1 附图
(a) 地基应力曲线；(b) $e—p$ 曲线

解：①分层厚度。

每分层厚度 $h_i \leqslant 0.4b = 0.4 \times 4 = 1.6m$，地下水位亦为分界面，所以水位以上分两层，每层厚度为 1.2m，水位以下按 1.6m 分层。

②计算各分层界面上地基土的自重应力。

自重应力从天然地面算起，z 的取值从基底面起算。

由 $\sigma_{cz} = \sum \gamma_i h_i$ 得

$z = 0$　　　　$\sigma_{cz}^0 = 16 \times 1 = 16kPa$

$z = 1.2m$　　　$\sigma_{cz}^1 = 16 + 16 \times 1.2 = 35.2kPa$

$z = 2.4m$　　　$\sigma_{cz}^2 = 35.2 + 16 \times 1.2 = 54.4kPa$

$z = 4.0m$　　　$\sigma_{cz}^3 = 54.4 + (17.2 - 10) \times 1.6 = 65.92kPa$

$z = 5.6m$　　　$\sigma_{cz}^4 = 65.92 + (17.2 - 10) \times 1.6 = 77.44kPa$

$z = 7.2m$　　　$\sigma_{cz}^4 = 77.44 + (17.2 - 10) \times 1.6 = 88.96kPa$

③计算基底压力。

$$G_k = \gamma_G A d = 20 \times 4 \times 4 \times 1 = 320kN$$

$$p_k = \frac{F_k + G_k}{A} = \frac{1\,440 + 320}{4 \times 4} = 110kPa$$

④计算基底附加压力。

$$p_{0k} = p - \gamma d = 110 - 16 \times 1 = 94 \text{kPa}$$

⑤计算基础中点下地基中附加应力。

利用角点法计算，计算结果如表 3-1 所示。

表 3-1　应用实例 3.1 中 σ_z 计算表

z(m)	z/b	l/b	k_c	$\sigma_z = 4K_{cI} p_0$(kPa)	σ_z/σ_{cz}
0.0	0.0		0.2500	94.0	
1.2	0.6		0.2229	83.8	
2.4	1.2	1.0	0.1516	57.0	
4.0	2.0		0.0840	31.6	
5.6	2.8		0.0502	18.9	0.24
7.2	3.6		0.0326	12.3	0.14

⑥确定沉降计算深度 z_n。

在 $z = 5.6 \text{m}$ 处，$\sigma_{cz} = 77.44 \text{kPa}$，$\sigma_z = 18.9 \text{kPa}$，$\sigma_z/\sigma_{cz} = 0.24 > 0.2$。

在 $z = 7.2 \text{m}$ 处，$\sigma_{cz} = 88.96 \text{kPa}$，$\sigma_z = 12.3 \text{kPa}$，$\sigma_z/\sigma_{cz} = 0.14 < 0.2$。

所以，根据 z_n 确定原则，可取 $z_n = 7.2 \text{m}$。

⑦最终沉降量计算。

由图 3-5 (b) 所示 e—p 曲线，根据 $s_i = \left(\dfrac{e_{1i} - e_{2i}}{1 + e_{1i}} \right) h_i$ 计算各分层变形量，计算结果如表 3-2所示。

表 3-2　应用实例 3.1 中各分层变形量计算表

z (m)	σ_{cz} (kPa)	σ_z (kPa)	h_i (mm)	$\bar{\sigma}_{czi}$ (kPa)	$\bar{\sigma}_{zi}$ (kPa)	$\bar{\sigma}_{czi} + \bar{\sigma}_{zi}$ (kPa)	e_{1i}	e_{2i}	$\dfrac{e_{1i} - e_{2i}}{1 + e_{1i}}$	s_i (mm)
0.0	16.0	94.0								
1.2	35.2	83.8		25.6	88.9	114.5	0.970	0.937	0.0168	20.2
2.4	54.4	57.0	1200	44.8	70.4	115.2	0.960	0.936	0.0122	14.6
4.0	65.9	31.6		60.2	44.3	104.5	0.954	0.940	0.0072	11.5
5.6	77.4	18.9		71.7	25.3	97.0	0.948	0.942	0.0031	5.0
7.2	89.0	12.3		83.2	15.6	98.8	0.944	0.940	0.0021	3.4

则基础最终沉降量为

$$s = \sum_{i=1}^{n} s_i = 20.2 + 14.6 + 11.5 + 5.0 + 3.4 = 54.7 \text{mm}$$

3.2.2　规范法

采用分层总和法计算基础沉降量时需将地基土分为若干层计算，工作量繁杂。规范法是《建筑地基基础设计规范》（GB50007—2011）在分层总和法计算的基础上提出的一种较为简便的计算方法。该方法仍然采用前述分层总和法的假设前提，但在计算中采用了平均附加应力系数，并引入了地基沉降计算经验系数，对各种因素造成的沉降计算误差进行修正，以使计算结果更接近实际值。

从分层总和法计算公式（3.11）可以看出，$\bar{\sigma}_{zi}$ 与 h_i 的乘积为附加应力图的面积 S_{3456}（见图 3-6），此面积是曲线面积 S_{1234} 与曲线面积 S_{1256} 之差。曲线面积 S_{1234} 可以用矩形面积 $\bar{a}_i p_0 z_i$ 表示，而曲线面积 S_{1256} 可以用矩形面积 $\bar{a}_{i-1} p_0 z_{i-1}$ 表示，代入式（3.11）可得

$$s = \psi_s s' = \psi_s \sum_{i=1}^{n} \frac{p_0}{E_{si}} (z_i \bar{a}_i - z_{i-1} \bar{a}_{i-1}) \tag{3.12}$$

式中　ψ_s——沉降计算经验系数，根据地区沉降观测资料及经验确定，也可采用表 3-3 的数值；

　　　p_0——对应于作用的准永久组合时基础底面处的附加压力（kPa）；

　　　E_{si}——基础底面下第 i 层土的压缩模量（MPa）；

z_i、z_{i-1}——基础底面至第 i 层和第 $i-1$ 层土底面的距离；

$\bar{a}_i$、$\bar{a}_{i-1}$——基础底面至第 i 层和第 $i-1$ 层土底面范围内的平均附加应力系数，表 3-4 给出了均布矩形荷载角点下的平均附加应力系数，其值可根据 l/b 及 z/b 查得。

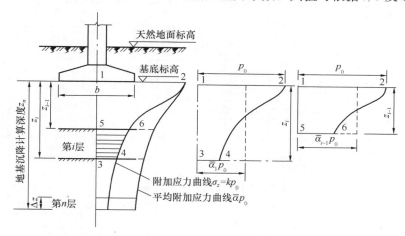

图 3-6　规范法计算沉降量示意图

表 3-3　沉降计算经验系数 ψ_s

$\overline{E}_s$（MPa） 基底附加应力	2.5	4.0	7.0	15.0	20.0
$p_0 \geq f_{ak}$	1.4	1.3	1.0	0.4	0.2
$p_0 \leq 0.75 f_{ak}$	1.1	1.0	0.7	0.4	0.2

注：$\overline{E}_s$ 为计算深度范围内压缩模量当量值，按式 $\overline{E}_s = \dfrac{\sum A_i}{\sum \dfrac{A_i}{E_{si}}}$ 计算。

式中　A_i——第 i 层土附加应力系数沿土层厚度的积分值，即第 i 层土的附加应力系数面积；

　　　f_{ak}——地基承载力特征值（kPa）。

《建筑地基基础设计规范》（GB 50007—2011）规定了地基沉降计算深度 z_n 的确定方法：

一般由该深度处向上取计算厚度 Δz 所得的计算沉降量 $\Delta s'_n$ 应满足下式（3.13）要求，即

$$\Delta s'_n \leqslant 0.025 \sum_{i=1}^{n} \Delta s'_i \qquad (3.13)$$

式中　$\Delta s'_n$——由沉降计算深度 z_n 向上取厚度为 Δz 的土层计算变形值，mm；Δz 如图 3-6 所示并按表 3-5 确定；

　　　$\Delta s'_i$——在沉降计算深度范围内，第 i 层土的计算变形值。

表 3-4　均布矩形荷载角点下的平均附加应力系数

z/b ＼ l/b	1.0	1.2	1.4	1.6	1.8	2.0	2.4	2.8	3.2	3.6	4.0	5.0	10.0
0.0	0.2500	0.2500	0.2500	0.2500	0.2500	0.2500	0.2500	0.2500	0.2500	0.2500	0.2500	0.2500	0.2500
0.2	0.2496	0.2497	0.2497	0.2498	0.2489	0.2498	0.2498	0.2498	0.2498	0.2498	0.2498	0.2498	0.2498
0.4	0.2474	0.2497	0.2481	0.2483	0.2483	0.2484	0.2485	0.2485	0.2485	0.2485	0.2485	0.2485	0.2485
0.6	0.2423	0.2437	0.2444	0.2448	0.2451	0.2452	0.2454	0.2455	0.2455	0.2455	0.2455	0.2455	0.2456
0.8	0.2346	0.2372	0.2387	0.2395	0.2400	0.2403	0.2407	0.2408	0.2409	0.2409	0.2410	0.2410	0.2410
1.0	0.2252	0.2291	0.2313	0.2326	0.2335	0.2340	0.2346	0.2349	0.2351	0.2352	0.2352	0.2353	0.2353
1.2	0.2149	0.2199	0.2229	0.2248	0.2260	0.2268	0.2278	0.2282	0.2285	0.2286	0.2287	0.2288	0.2289
1.4	0.2043	0.2102	0.2140	0.2164	0.2190	0.2191	0.2204	0.2211	0.2215	0.2217	0.2218	0.2220	0.2221
1.6	0.1939	0.2006	0.2049	0.2079	0.2099	0.2113	0.2130	0.2138	0.2143	0.2146	0.2148	0.2150	0.2152
1.8	0.1840	0.1912	0.1960	0.1994	0.2018	0.2034	0.2055	0.2066	0.2073	0.2077	0.2079	0.2082	0.2084
2.0	0.1746	0.1822	0.1875	0.1912	0.1938	0.1958	0.1982	0.1996	0.2004	0.2009	0.2012	0.2015	0.2018
2.2	0.1659	0.1737	0.1793	0.1833	0.1862	0.1883	0.1911	0.1927	0.1937	0.1943	0.1947	0.1952	0.1955
2.4	0.1578	0.1657	0.1715	0.1757	0.1789	0.1812	0.1843	0.1862	0.1873	0.1880	0.1885	0.1890	0.1895
2.6	0.1503	0.1583	0.1642	0.1686	0.1719	0.1745	0.1779	0.1799	0.1812	0.1820	0.1825	0.1832	0.1838
2.8	0.1433	0.1514	0.1574	0.1619	0.1654	0.1680	0.1717	0.1739	0.1753	0.1763	0.1769	0.1777	0.1784
3.0	0.1369	0.1449	0.1510	0.1556	0.1592	0.1619	0.1658	0.1682	0.1698	0.1708	0.1715	0.1725	0.1733
3.2	0.1310	0.1390	0.1450	0.1497	0.1533	0.1562	0.1602	0.1628	0.1645	0.1657	0.1664	0.1675	0.1685
3.4	0.1256	0.1334	0.1394	0.1441	0.1478	0.1508	0.1550	0.1577	0.1595	0.1607	0.1616	0.1628	0.1639
3.6	0.1205	0.1282	0.1342	0.1389	0.1427	0.1456	0.1500	0.1528	0.1548	0.1561	0.1570	0.1583	0.1595
3.8	0.1158	0.1234	0.1293	0.1340	0.1378	0.1408	0.1452	0.1482	0.1502	0.1516	0.1526	0.1541	0.1554
4.0	0.1114	0.1189	0.1248	0.1294	0.1332	0.1362	0.1408	0.1438	0.1459	0.1474	0.1485	0.1500	0.1516
4.2	0.1073	0.1147	0.1205	0.1251	0.1289	0.1319	0.1365	0.1396	0.1418	0.1434	0.1445	0.1462	0.1479
4.4	0.1035	0.1107	0.1164	0.1210	0.1248	0.1279	0.1325	0.1357	0.1379	0.1396	0.1407	0.1425	0.1444
4.6	0.1000	0.1070	0.1127	0.1172	0.1209	0.124	0.1287	0.1319	0.1342	0.1359	0.1371	0.1390	0.1410
4.8	0.0967	0.1036	0.1091	0.1136	0.1173	0.1204	0.1250	0.1283	0.1037	0.1324	0.1337	0.1357	0.1379
5.0	0.0935	0.1003	0.1057	0.1102	0.1139	0.1169	0.1216	0.1249	0.1273	0.1291	0.1304	0.1325	0.1348
5.2	0.0906	0.0972	0.1026	0.1070	0.1106	0.1136	0.1183	0.1217	0.1241	0.1259	0.1273	0.1295	0.1320
5.4	0.0878	0.0943	0.0996	0.1039	0.1075	0.1105	0.1152	0.1186	0.1211	0.1229	0.1243	0.1265	0.1292

z/b \ l/b	1.0	1.2	1.4	1.6	1.8	2.0	2.4	2.8	3.2	3.6	4.0	5.0	10.0
5.6	0.0852	0.0916	0.0968	0.1010	0.1046	0.1076	0.1122	0.1156	0.1181	0.1200	0.1215	0.1238	0.1266
5.8	0.0828	0.0890	0.0941	0.0983	0.1018	0.1047	0.1094	0.1128	0.1153	0.1172	0.1187	0.1211	0.1240
6.0	0.0805	0.0866	0.0916	0.0957	0.0991	0.1021	0.1067	0.1101	0.1126	0.1146	0.1161	0.1185	0.1216
6.2	0.0783	0.0842	0.0891	0.0932	0.0966	0.0995	0.1041	0.1075	0.1101	0.1120	0.1136	0.1161	0.1193
6.4	0.0762	0.0820	0.0869	0.0909	0.0942	0.0971	0.1016	0.1050	0.1076	0.1096	0.1111	0.1137	0.1171
6.6	0.0742	0.0799	0.0847	0.0886	0.0919	0.0948	0.0993	0.1027	0.1053	0.1073	0.1088	0.1114	0.1149
6.8	0.0723	0.0799	0.0826	0.0865	0.0898	0.0926	0.0970	0.1004	0.1030	0.1050	0.1066	0.1092	0.1129
7.0	0.0705	0.0761	0.0806	0.0844	0.0877	0.0904	0.0949	0.0982	0.1008	0.1028	0.1044	0.1071	0.1109
7.2	0.0688	0.0742	0.0787	0.0825	0.0857	0.0884	0.0928	0.0962	0.0987	0.1008	0.1023	0.1051	0.1090
7.4	0.0672	0.0725	0.0769	0.0806	0.0838	0.0865	0.0908	0.0942	0.0967	0.0988	0.1004	0.1031	0.1071
7.6	0.0656	0.0709	0.0752	0.0789	0.0820	0.0846	0.0889	0.0922	0.0948	0.0968	0.0984	0.1012	0.1054
7.8	0.0642	0.0693	0.0736	0.0771	0.0802	0.0828	0.0871	0.0904	0.0929	0.0950	0.0966	0.0994	0.1036
8.0	0.0627	0.0678	0.0720	0.0755	0.0785	0.0811	0.0853	0.0886	0.0912	0.0932	0.0948	0.0976	0.1020
8.2	0.0614	0.0663	0.0705	0.0739	0.0769	0.0795	0.0837	0.0869	0.0894	0.0914	0.0931	0.0959	0.1004
8.4	0.0601	0.0649	0.0690	0.0724	0.0754	0.0779	0.0820	0.0852	0.0878	0.0898	0.0914	0.0943	0.0988
8.6	0.0588	0.0636	0.0676	0.0710	0.0739	0.0764	0.0805	0.0836	0.0862	0.0882	0.0898	0.0927	0.0973
8.8	0.0576	0.0623	0.0663	0.0696	0.0724	0.0749	0.0790	0.0821	0.0846	0.0866	0.0882	0.0912	0.0959
9.2	0.0544	0.0599	0.0637	0.0670	0.0697	0.0721	0.0761	0.0792	0.0817	0.0837	0.0853	0.0882	0.0931
9.6	0.0533	0.0577	0.0614	0.0645	0.0672	0.0696	0.0734	0.0765	0.0789	0.0809	0.0825	0.0855	0.0905
10.0	0.0514	0.0556	0.0592	0.0622	0.0649	0.0672	0.0710	0.0739	0.0763	0.0783	0.0799	0.0829	0.0880
10.4	0.0496	0.0533	0.0572	0.0601	0.0627	0.0649	0.0686	0.0716	0.0739	0.0759	0.0775	0.0804	0.0857
10.8	0.0479	0.0519	0.0553	0.0581	0.0606	0.0628	0.0664	0.0693	0.0717	0.0736	0.0751	0.0781	0.0834
11.2	0.0463	0.0502	0.0535	0.0563	0.0587	0.0606	0.0644	0.0672	0.0695	0.0714	0.0730	0.0759	0.0813
11.6	0.0448	0.0486	0.0518	0.0545	0.0569	0.0590	0.0625	0.0652	0.0675	0.0694	0.0709	0.0738	0.0793
12.0	0.0425	0.0471	0.0502	0.0529	0.0552	0.0573	0.0606	0.0634	0.0656	0.0674	0.0690	0.0719	0.0774
12.8	0.0409	0.0444	0.0474	0.0499	0.0521	0.0541	0.0573	0.0599	0.0621	0.0639	0.0654	0.0682	0.0739
13.6	0.0387	0.0420	0.0448	0.0472	0.0493	0.0512	0.0543	0.0568	0.0589	0.0607	0.0621	0.0649	0.0707
14.4	0.0367	0.0398	0.0425	0.0448	0.0468	0.0486	0.0516	0.0540	0.0561	0.0577	0.0592	0.0619	0.0677
15.2	0.0349	0.0379	0.0404	0.0426	0.0446	0.0463	0.0492	0.0515	0.0535	0.0551	0.0565	0.0592	0.0650
16.0	0.0332	0.0361	0.0385	0.0407	0.0425	0.0442	0.0492	0.0469	0.0511	0.0527	0.0540	0.0567	0.0625
18.0	0.0297	0.0323	0.0345	0.0364	0.0381	0.0396	0.0422	0.0442	0.0460	0.0475	0.0487	0.0512	0.0570
20.0	0.0269	0.0292	0.0312	0.0330	0.0345	0.0359	0.0383	0.0402	0.0418	0.0432	0.0444	0.0468	0.0524

表 3-5　Δz　取　值　表

b(m)	$b \leqslant 2$	$2 < b \leqslant 4$	$4 < b \leqslant 8$	$8 < b$
Δz(m)	0.3	0.6	0.8	1.0

如确定的计算深度下部仍有较软土层时，应继续计算。

当无相邻荷载影响，且基础宽度 b 在 $1 \sim 30\text{m}$ 范围内时，基础中点的沉降计算深度可按下列简化公式估算：

$$z_n = b(2.5 - 0.4 \ln b) \tag{3.14}$$

式中　b——基础宽度（m）。

在计算深度范围内存在基岩时，z_n 可取至基岩表面。

【应用实例 3.2】

试用规范法计算应用实例 3.1 柱基中点的沉降量。已知地基土的平均压缩模量：地下水位以上 $E_{s1} = 5.5\text{MPa}$，地下水位以下 $E_{s2} = 6.5\text{MPa}$。

解： ①估算沉降计算深度 z_n。

由式（3.14）得

$$z_n = b(2.5 - 0.4 \ln b) = 4 \times (2.5 - 0.4 \ln 4) = 7.8\text{m}$$

②计算各分层沉降量。

由式 $\Delta s_i' = \dfrac{p_0}{E_{si}}(z_i \bar{a}_i - z_{i-1} \bar{a}_{i-1})$ 可求得各分层沉降量，计算结果如表 3-6 所示。

表 3-6　应用实例 3.2 计算附表

z(m)	l/b	z/b	$\bar{a}_i$	$z_i \bar{a}_i$	$z_i \bar{a}_i - z_{i-1} \bar{a}_{i-1}$	$\Delta s_i' = \dfrac{p_0}{E_{si}}(z_i \bar{a}_i - z_{i-1} \bar{a}_{i-1})$	s'
0.0		0.0	$4 \times 0.2500 = 1.000$	0.0			
2.4	1.0	1.2	$4 \times 0.2149 = 0.8596$	2.06	2.06	35.21	
7.2		3.6	$4 \times 0.1205 = 0.4820$	3.47	1.41	20.40	
7.8		3.9	$4 \times 0.1136 = 0.4544$	3.54	0.07	1.01	56.61

③确定计算沉降量 s'。

由表 3-5 中结果可知，$\Delta z = 0.6\text{m}$，相应的 $\Delta s_n' = 1.01\text{mm}$

$$\frac{\Delta s_n'}{\sum\limits_{i=1}^{n} \Delta s_i'} = \frac{1.01}{56.61} = 0.0178 < 0.025 \quad 符合要求$$

④确定修正系数 ψ_s。

由式　$\bar{E}_s = \dfrac{\sum A_i}{\sum \dfrac{A_i}{E_{si}}}$ 得

$$\bar{E}_s = \frac{2.06 + 1.41 + 0.07}{\dfrac{2.06}{5.5} + \dfrac{1.41 + 0.07}{6.5}} = 5.88\text{MPa}$$

由 $f_{ak} = p_0$ 查表 3-3 得　　　　　$\psi_s = 1.1$

⑤计算基础最终沉降量。

$$s = \phi_s s' = 1.1 \times 56.61 = 62.27\text{mm}$$

所以，由规范法计算得到该基础最终沉降量 $s = 62.27\text{mm}$。与前述分层总和法计算结果相比，可知本例中分层总和法结果偏小。

3.3　地基沉降与时间的关系

前面已讨论了地基最终沉降量的计算问题。但在实际工程中，常常因为建筑地基的非均匀性、建筑荷载分布不均以及相邻荷载影响等，致使地基产生不均匀沉降。因此，除要计算地基最终沉降量外，还必须了解建筑物在施工期间和使用期间的沉降量以及在不同时期建筑物各部位可能产生的沉降差，以便采取适当措施，如控制施工速度、合理安排施工顺序、考虑建筑物各部分之间的连接方法等，以消除沉降可能带来的不利后果。

地基沉降所需时间主要与土的渗透性大小和排水条件有关。对砂土和碎石土地基，由于土的透水性强、压缩性低，建筑物在施工期间地基变形基本完成，即施工完毕时地基沉降达到稳定；对地基，特别是饱和黏土地基，其固结变形往往要延续几年甚至几十年时间才能完成。一般地，土的压缩性越高、渗透性越小，达到沉降稳定所需要的时间越长。在工程实践中一般只考虑的变形与时间的关系。

3.3.1　土的渗透性

土的渗透性是指土的透水性能，是决定地基沉降和时间关系的关键因素之一。与其他液体一样，在水头差的作用下，水将在土体内部相互贯通的孔隙中流动，称为渗流（渗透）。

由于土体中的孔隙通道很小且很曲折，水在土中流动时受到的黏滞阻力很大，所以在多数情况下，水在土中的流速十分缓慢。1856 年，法国学者达西（H. Darcy）采用图 3-7 (a) 所示的试验装置对均匀砂样进行了大量渗流试验研究，得到了土中水的渗流速度与水力梯度之间关系的渗流规律，即达西定律：

$$v = ki \tag{3.15}$$

或

$$q = kiA \tag{3.16}$$

式中　v——渗透速度，土中单位时间内流经单位横断面的水量，cm/s；

　　　q——单位渗流量，cm^3/s；

　　　k——土的渗透系数，cm/s，反映土的透水性能；

　　　i——水力梯度，$i = \dfrac{H_1 - H_2}{L} = \dfrac{\Delta h}{L}$，指单位渗流长度上的水头损失；

　　　A——垂直于渗流方向的土样的截面积，mm^2。

对于密实黏性土，由于土粒表面存在结合水膜，阻碍着孔隙间水的通过，故只有当水力梯度 $i > i_0$ 时才产生渗流，此时达西定律可修改为

$$v = k(i - i_0) \tag{3.17}$$

式中　i_0——黏性土的起始水力梯度。

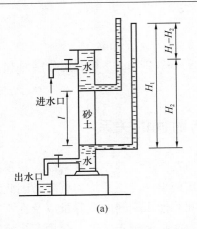
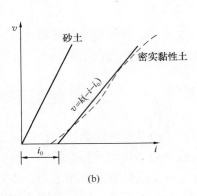

图 3-7　渗透试验与达西定律

由式（3.15）可知，当水力梯度为定值时，渗透系数越大，渗流速度就越大；当渗流速度为定值时，渗透系数越大，水力梯度越小。所以达西定律中的渗透系数 k 是表示土的透水性强弱的指标，其受到多种因素影响，包括土的颗粒级配、土的密实度、土的饱和度、土的结构和水的温度等，可通过土的室内渗透试验确定。表 3-7 中列出了几种土的渗透系数参考值。

表 3-7　土的渗透系数参考范围

土 的 类 型	渗透系数 $k(cm/s)$
砾石、粗砂	$a \times 10^{-1} \sim a \times 10^{-2}$
中　砂	$a \times 10^{-2} \sim a \times 10^{-3}$
细砂、粉砂	$a \times 10^{-3} \sim a \times 10^{-4}$
粉　土	$a \times 10^{-4} \sim a \times 10^{-6}$
粉质黏土	$a \times 10^{-6} \sim a \times 10^{-7}$
黏　土	$a \times 10^{-7} \sim a \times 10^{-10}$

3.3.2　土的渗透变形

当水在土体孔隙中流动时，由于土粒的阻力而产生水头损失，这种阻力的反作用力即为水对土颗粒施加的渗流作用力，单位体积土颗粒所受到的渗流作用力称为渗透力或动水力，按下式计算：

$$j = j' = \gamma_w i \tag{3.18}$$

由上式可见，渗透力的大小和水力梯度成正比，其方向与渗流方向一致。

土的渗透变形是指渗透力引起的土体失稳现象，主要表现为流砂和管涌。当土中形成向上渗流，并出现向上的渗透力大于向下的土体有效重力时，土颗粒就会被渗流挟带而向上浮动，出现某一范围内的土体或颗粒群同时发生悬浮、移动的现象，即流砂现象。

流砂经常发生在渗流逸出处，发生的土类多为颗粒级配均匀的饱和细、粉砂和粉土层。由于流砂从开始至破坏历时较短，且将造成地基失稳、建筑物倒塌等灾难性事故，在工程上是绝对不允许发生的。

防治流砂的关键在于控制逸出处的水力梯度，可采取减小水头差、增长渗径、平衡渗流力、加固土层等措施。

管涌是指在渗流作用下，土体中的细颗粒被从粗颗粒形成的孔隙中带走，从而导致土体内形成贯通的渗流管道，造成土体塌陷的现象。管涌破坏一般有一个发展过程，是一种渐进性的破坏。管涌一般发生在一定级配的无黏性土中，发生的部位可以在渗流逸出处，也可以在土体内部，因而也被称为渗流的潜蚀现象。

无黏性土中产生管涌必须具备下述两个条件：①土中粗颗粒所构成的孔隙直径必须大于细颗粒的直径；②渗流力能够带动细颗粒在孔隙间移动。

3.3.3　有效应力原理

土的压缩性原理揭示了饱和土的压缩主要是由于土在外荷载作用下孔隙水被挤出，以致孔隙体积减小所引起的。饱和土孔隙中自由水的挤出速度，主要取决于土的渗透性和土的厚度。土的渗透性越低或土层越厚，孔隙水挤出所需的时间就越长。这种与自由水的渗透速度有关的饱和土固结过程称为渗透固结。

图 3-8 所示为太沙基（1923 年）建立的模拟饱和土体中某点的渗透固结过程的弹簧模型。它是由充满水的圆筒、带有排水孔的活塞板和弹簧等组成。活塞板上的孔模拟土的孔隙，弹簧模拟土的固体颗粒骨架，而筒中水模孔隙中的自由水。以 u 表示由外荷载 p 在土孔隙水中所引起的超静水压力，即土体中由孔隙水所传递的压力，称为孔隙水压力。以 σ' 表示由土体骨架所传递的压力，称为有效应力，即粒间接触应力。

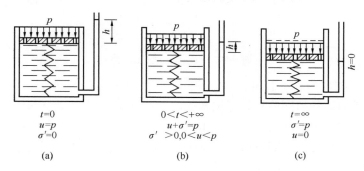

图 3-8　饱和土的渗透固结模型

当 $t=0$ 的加荷瞬间，如图 3-8（a）示，圆筒中的水来不及排出，由于水被视为不可压缩，弹簧因而尚未受力，全部压力由水所承担，即 $u=\gamma_{\mathrm{w}}h=p$，$\sigma'=0$。h 为测压管中的水柱高。

当 $0<t<\infty$ 时，如图 3-8（b）所示，孔隙水在超静水压力 u 的作用下开始排出，活塞下降，弹簧受到压缩，因而 $\sigma'>0$，测压管中水柱高 $h<\dfrac{p}{\gamma_{\mathrm{w}}}$。此时，$u=\gamma_{\mathrm{w}}h<p$。随着容器中水的不断排出，$u$ 不断减小，σ' 不断增大。

当 $t=\infty$ 时，如图 3-8（c）所示，水从孔隙中充分排出、弹簧变形达到稳定，弹簧内的应力与所加压力 p 相等而处于平衡状态，此时活塞不再下降，水停止排放，即 $u=0$，外荷

载 p 全部由土骨架承担，即 $\sigma' = p$，表示饱和土的渗透固结完成。

因此，由上述分析可知，饱和土的渗透固结过程就是孔隙水压力向有效应力转化的过程。若以外荷载 p 模拟土体中的总应力 σ，则在任一时刻，有效应力 σ' 和孔隙水压力 u 之和应始终等于饱和土体中的总应力，即

$$\sigma = \sigma' + u \tag{3.19}$$

公式（3.19）即为饱和土体的有效应力原理。在渗透固结过程中，随着孔隙水压力的逐渐消散，有效应力在逐渐增长，土的体积逐渐减小，强度随之增强。

3.3.4 饱和土的单向固结理论

单向固结理论是指土的变形和水的渗透均受限制在竖直方向上，如图 3-9 所示。由于可压缩层在自重作用下已经固结完成，现在层厚为 H 的饱和土层上面施加无限均布荷载 p，这时它引起的土中附加应力沿深度均匀分布，土层只在与外荷载作用方向相一致的竖直方向发生渗流和变形，这一过程称为单向渗透固结。

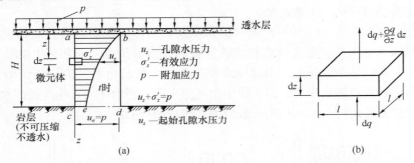

图 3-9　单向渗透固结过程

1. 单向渗透固结理论基本假定

①土层是均质的、各向同性和完全饱和的。

②在固结过程中，土粒和水都是不可压缩的。

③土中水的渗出和土的压缩只沿竖向发生。

④土中水的渗流服从达西定律。

⑤在渗透固结中，土的渗透系数 k 和压缩系数 a 保持不变。

⑥外荷载 p 一次瞬时施加。

2. 单向固结微分方程及其解析解

从压缩土层中深度 z 处取一微分体，如图 3-9（b）所示，土粒体积 $V_s = \dfrac{1}{1+e_1}\mathrm{d}z$，孔隙体积 $V_v = eV_s = \dfrac{e}{1+e_1}\mathrm{d}z$，已知 V_s 在固结过程中保持不变。

根据水流连续性原理、达西定律和有效应力原理，可建立固结微分方程为：

$$C_v \frac{\partial^2 u}{\partial z^2} = \frac{\partial u}{\partial t} \tag{3.20}$$

式中　C_v——土的固结系数，$\mathrm{m^2/年}$。

$$C_v = \frac{k(1+e_1)}{a\gamma_w} \tag{3.21}$$

式中　e_1——渗透固结前土的孔隙比；

γ_w——水的重度，$10\mathrm{kN/m^3}$；

a——土的压缩系数，$\mathrm{MPa^{-1}}$；

k——土的渗透系数，m/年。

公式（3.17）即为饱和土的渗透固结微分方程，可根据不同的初始条件和边界条件求得它的特解。对图 3-9 所示的情况，其初始条件和边界条件如下：

$t=0$ 和 $0 \leqslant z \leqslant H$ 时，$u=\sigma_z$；

$0 < t \leqslant \infty$ 和 $z=0$ 时，$u=0$；

$0 \leqslant t \leqslant \infty$ 和 $z=H$ 时，$\dfrac{\partial u}{\partial z}=0$（$z=H$ 处为不透水层，超静水压力的变形率为零）；

$t=\infty$ 和 $0 \leqslant z \leqslant H$ 时，$u=0$。

根据以上条件，采用分离变量法可求得满足上述条件的傅立叶级数解如下：

$$u_{z,t} = \frac{4}{\pi}\sigma_z \sum_{m=1}^{\infty} \frac{1}{m}\sin\frac{m\pi^2}{2H} \mathrm{e}^{\frac{-m^2\pi^2 T_v}{4}} \tag{3.22}$$

式中　m——正奇整数 1，3，5…；

e——自然对数底数；

H——固结土层的最长排水距离，m，当土层为单面排水时，H 等于土层厚度；当土层为上下层双面排水时，H 为土层厚度的一半；

T_v——时间因数，$T_v = \dfrac{C_v}{H^2}t$；

t——固结时间，年。

3. 地基固结度 U_t

根据公式（3.22）所示孔隙水压力 u 随时间 t 和深度 z 变化的函数解，即可求得地基在任一时间的固结度。地基固结度指的是地基在固结过程中任一时刻 t 的固结沉降量 s_t 与其最终固结沉降量 s 之比。

$$U_t = \frac{s_{ct}}{s_c} \tag{3.23}$$

在压缩应力、土层性质和排水条件等已定的情况下，U_t 仅是时间 t 的函数。对于竖向排水情况，由于固结沉降与有效应力成正比，所以在某一时刻有效应力图面积和最终有效应力图面积之比值即为竖向排水的平均固结度 U_{zt}，如图 3-8 所示。

$$U_t = \frac{\text{应力面积 } abce}{\text{应力面积 } abcd} = \frac{\text{应力面积 } abcd - \text{应力面积 } bed}{\text{应力面积 } abcd} = 1 - \frac{\int_0^H u_{z,t}\mathrm{d}z}{\int_0^H \sigma_z\mathrm{d}z} \tag{3.24}$$

由上式可知，地基的固结度也就是土体中孔隙水压力向有效应力转化过程的完成程度。

将公式（3.22）解得的孔隙水压力沿土层深度的分布代入公式（3.24），经积分可求得图 3-9 所示条件下土层固结度为

$$U_t = 1 - \frac{8}{\pi^2} \sum_{m=1}^{\infty} \frac{1}{m^2} e^{\frac{-\pi^2 m^2 T_v}{4}} \qquad (3.25)$$

由于公式（3.25）中级数收敛很快，故当 T_v 值较大（如 $T_v \geqslant 0.16$）时，可只取其第一项，其精确度已满足工程要求。则上式可简化为

$$U_t = 1 - \frac{8}{\pi^2} e^{\frac{-\pi^2 T_v}{4}} \qquad (3.26)$$

由此可见，固结度仅为时间因素的函数。当土性指标最 k、e、a 和土层厚度 H 已知时，针对某一具体的排水条件和边界条件，即可求得 U_t—t 关系。

根据公式（3.26），在压缩应力分布及排水条件相同的情况下，两个土质相同而厚度不同的土层，要达到相同的固结度，其时间因素 T_v 应相等，即

$$T_v = \frac{C_v}{H_1^2} t_1 = \frac{C_v}{H_2^2} t_2 \qquad (3.27)$$

$$\frac{t_1}{t_2} = \frac{H_1^2}{H_2^2} \qquad (3.28)$$

公式（3.28）表明，土质相同而厚度不同的两层土，当压缩应力分布和排水条件都相同时，达到同一固结度所需时间之比等于两土层最长排水距离的平方之比。因而对于同一地基情况，若将单面排水改为双面排水，要达到相同的固结度，所需历时应减少为原来的 1/4。

4. 各种情况下地基固结度的求解

地基固结度基本表达式（3.24）中的 $U_{z,t}$ 随地基所受附加应力和排水条件不同而不同，因此固结度与时间的关系 U_t—t 也有所不同。工程中常遇到的附加应力分布大致可分为以下五种情况，如图 3-10 所示。

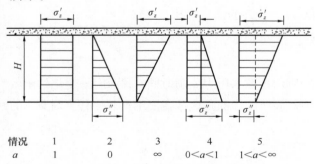

图 3-10 五种附加应力分布图

情况 1：$a=1$，适用于地基土在其自重作用下已固结完成，基底面积很大而压缩土层又较薄的情况，附加应力在压缩层范围内均匀分布。

情况 2：$a=0$，适用于地基土在其自重作用下未固结，土的自重应力等于附加应力的情况。

情况 3：$a=\infty$，适用于地基土在其自重作用下已固结完成，基底面积较小而压缩土层又较厚，外荷载在压缩层的底面引起的附加应力已接近于零的情况。

情况 4：$0<a<1$，可视为第 1、2 种附加应力分布的叠加。

情况 5：$1<a<\infty$，可视为第 1、3 种附加应力分布的叠加。

图 3-10 所示均为单面排水情况，若为双面排水，则不论土层中附加应力为何种分布，均按情况 1 计算，但最长排水距离应取土层厚度的一半。

为便于应用，可将上述各种附加应力分布下的地基固结度的解绘制成如图 3-11 所示的 $U_t - T_v$ 关系曲线，称为单向渗透固结理论曲线。曲线中 a 为描述附加应力分布的系数，定义为

$$a = \frac{透水面上的压缩应力}{不透水面上的压缩应力} = \frac{\sigma'_z}{\sigma''_z}$$

地基土层为双面排水时取 $a=1$。

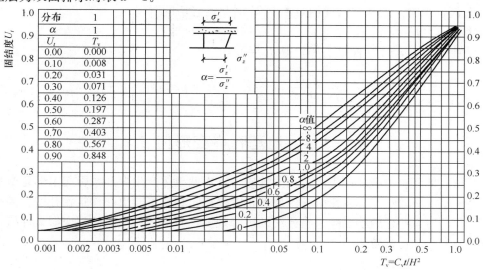

图 3-11　不同 a 值土层的 $U_t - T_v$ 关系曲线

【应用实例 3.3】

某一层，厚度为 $H=10\text{m}$，上覆透水层，下卧不透水层，其压缩应力分别为：层顶 234kPa，层底 156kPa。已知黏土层的初始孔隙比 $e_1=0.8$，压缩系数 $a=0.25\text{MPa}^{-1}$，渗透系数 $k=0.02\text{m}/$年。试求：

① 加荷一年后的沉降量 s_t；

② 地基固结度达 $U_t=0.75$ 时所需要的时间 t；

③ 若该黏土层下部也为透水层，则固结度达 $U_t=0.75$ 时所需要的时间 t 又为多少。

解： ① 求 $t=1$ 的沉降量 s_t。

地基最终变形量：

$$s = \frac{a}{1+e_1}\sigma_z H = \frac{0.25 \times 10^{-3}}{1+0.8} \times \left(\frac{234+156}{2}\right) \times 10000 = 271\text{mm}$$

固结系数：$C_v = \frac{k(1+e_1)}{a\gamma_w} = \frac{0.02 \times (1+0.8)}{0.25 \times 10^{-3} \times 10} = 14.4$ 年

时间因素：$T_v = \frac{C_v}{H^2}t = \frac{14.4}{10^2} \times 1 = 0.144$

附加应力比值：$a = \frac{234}{156} = 1.5$

由 $a=1.5$ 及 $T_v=0.144$，查图 3-10，得 $U_t=0.45$。

则 $s_t=U_tS=0.45\times271=122mm$。

② 求地基固结度达 $U_t=0.75$ 时所需经历的时间 t。

由 $U_t=0.75$，$a=1.5$，查图 3-11，得 $T_v=0.47$。

则

$$t=\frac{T_vH^2}{C_v}=\frac{0.47\times10^2}{14.4}=3.26\ 年$$

③ 双面排水时，地基固结度达 $U_t=0.75$ 时所需经历的时间 t。

此时 $a=1$，$H=5m$。

由 $U_t=0.75$，$a=1$，查图 3-10，得 $T_v=0.49$。

$$t=\frac{T_vH^2}{C_v}=\frac{0.49\times5^2}{14.4}=0.85\ 年$$

3.4 地基容许变形值

地基在上部建筑荷载作用下将产生附加应力，而使土体产生变形，引起上部建筑物的沉降。如果地基沉降较小，不会影响建筑物的正常使用；相反可能引起建筑物开裂、倾斜甚至破坏。因此，对某些建筑物必须进行系统的沉降观测，并规定相应的地基变形允许值，以确保建筑物的安全和正常使用。

3.4.1 建筑物的沉降观测

前面已介绍了地基变形的计算方法，但由于地基土的复杂性，致使理论计算值与实际值并不完全符合。为了保证建筑物的使用安全，必须对建筑物进行沉降观测，以了解地基的实际变形以及地基变形对建筑物的影响程度。根据沉降观测的资料，可以预估最终沉降量、判断不均匀沉降的发展趋势，以便控制施工速度和采取相应的加固处理措施。

《建筑地基基础设计规范》（GB 50007—2011）规定，以下建筑物应在施工期间及使用期间进行沉降观测：

① 地基基础设计等级为甲级的建筑物。

② 复合地基或软弱地基上的设计等级为乙级的建筑物。

③ 加层、扩建建筑物。

④ 受邻近深基坑开挖施工影响或受场地地下水等环境因素变化影响的建筑物。

⑤ 需要积累建筑经验或进行设计反分析的工程。

进行沉降观测时首先要设置好水准基点，水准基点的设置位置以保证其稳定可靠为原则，宜设置在基岩上或压缩性低的土层上。水准基点的位置靠近观测对象，但必须在建筑物所产生的压力影响范围以外，一般取 30～80m。在一个观测区内，水准基点不应少于 3 个，以便进行相互校核。

其次是观测点的设置，观测点的设置应能全面反映建筑物的变形并结合地质情况确定，数量不宜少于 6 个点。应尽量将其设置在建筑物有代表性的部位，如建筑物四周的角点、纵横墙的中点、转角处、沉降缝的两侧、宽度大于 15m 的建筑物内部承重墙（柱）上，同时要尽可能布置在建筑物的纵横轴线上。如有特殊要求，可以根据具体情况适当增设观测点。

为了取得完整的资料，要求从浇捣基础开始施测，施工期间可根据施工进度确定，随着建筑物荷载的逐级增加，逐次进行测量。如民用建筑每增加一层观测一次；工业建筑在不同荷载阶段分别观测。竣工后，前三个月每月测一次，以后根据沉降速率每 2～6 个月测一次，直至沉降稳定。沉降稳定标准为半年沉降量不超过 2mm。每次测量时，均应记录建筑物使用情况，并检查各部位有无裂缝出现。在正常情况下，沉降速率应逐渐减慢，如沉降速率减少到 0.05mm/d 以下时，可认为沉降趋于稳定，这种沉降称为减速沉降。如出现等速沉降，就有导致地基丧失稳定的危险。当出现加速沉降时，表示地基已丧失稳定，应及时采取措施，防止发生工程事故。

沉降观测资料应及时整理，测量后应立即算出各测点的标高、沉降量和累计沉降量，并根据观测结果绘制各种图件，并根据图件分析判断建筑物的变形状况及其变化发展趋势，及早发现和处理出现的地基问题。

3.4.2　地基容许变形值

建筑物和构筑物的类型不同，对地基变形的适应性是不同的，因此要求用不同的地基变形特征来进行比较与控制。

《建筑地基基础设计规范》（GB 50007—20011）将地基变形依其特征分为以下四种：

① 沉降量：指基础中心点的沉降量。主要用于计算比较均匀时的单层排架结构柱基的沉降量，在满足允许沉降量后可不再验算相邻柱基的沉降差值。

② 沉降差：指相邻两单独基础的沉降量之差。对于建筑物地基不均匀，有相邻荷载影响和荷载差异较大的框架结构、单层排架结构，需验算基础沉降差，并把它控制在允许值以内。

③ 倾斜：指单独基础在倾斜方向上两端点的沉降差与此两点水平距离之比。当地基不均匀或有相邻荷载影响的多层和高层建筑基础及高耸结构基础时须验算基础的倾斜。

④ 局部倾斜：指砌体承重结构沿纵墙 6～10m 内基础两点的沉降差与此两点水平距离之比。根据调查，砌体承重结构墙身开裂是由于局部倾斜超过了允许值而引起的，故由局部倾斜控制。一般将沉降计算点选择在地基不均匀、荷载相差很大或体型复杂的局部段落的纵横墙相交处作为沉降的计算点。

建筑物的不均匀沉降，除地基条件之外，还和建筑物本身的刚度和体形等因素有关。因此，建筑物地基的允许变形值的确定，除了考虑各类建筑物对地基不均匀沉降反应的敏感性及结构强度储备等有关情况外，还与建筑物的结构类型、特点、使用要求等有关。《建筑地基基础设计规范》（GB 50007—2011）根据理论分析，结合实践经验和国内外各种规范，给出了建筑物的地基变形的允许值，如表 3-8 所示。对于表中未包括的建筑物，其地基变形允许值根据上部结构对地基变形的适应能力和使用上的要求确定。

表 3-8　建筑物地基变形允许值

变　形　特　征		地基土类别	
		中、低压缩性土	高压缩性土
砌体承重结构基础的局部倾斜		0.002	0.003
工业与民用建筑相邻柱基的沉降差	框架结构	0.002l	0.003l
	砌体墙填充的边排柱	0.0007l	0.001l
	当基础不均匀沉降时不产生附加应力的结构	0.005l	0.005l
单层排架结构（柱距为 6m）柱基的沉降量（mm）		(120)	200
桥式吊车轨面的倾斜（按不调整轨道考虑）	纵向	0.004	
	横向	0.003	
多层和高层建筑的整体倾斜	$H_g \leqslant 24$	0.004	
	$24 < H_g \leqslant 60$	0.003	
	$60 < H_g \leqslant 100$	0.0025	
	$H_g > 100$	0.002	
体型简单的高层建筑基础的平均沉降量（mm）		200	
高耸结构基础的倾斜	$H_g \leqslant 20$	0.008	
	$20 < H_g \leqslant 50$	0.006	
	$50 < H_g \leqslant 100$	0.005	
	$100 < H_g \leqslant 150$	0.004	
	$150 < H_g \leqslant 200$	0.003	
	$200 < H_g \leqslant 250$	0.002	
高耸结构基础的沉降量（mm）	$H_g \leqslant 100$	400	
	$100 < H_g \leqslant 20$	300	
	$200 < H_g \leqslant 250$	200	

注：① 本表数值为建筑物地基实际最终变形允许值；

　　② 有括号者仅适用于中压缩性土；

　　③ l 为相邻柱基的中心距离（mm）；H_g 为自室外地面算起的建筑物高度（mm）。

思考题与习题

1. 什么是土的压缩性？引起土压缩的主要原因是什么？工程上如何评价土的压缩性？

2. 什么是土的固结与固结度？固结度的大小与哪些因素有关？

3. 分层总和法与《规范》法在计算地基变形时有何异同？试从基本假定、分层厚度、采用的基本计算指标、计算深度和计算结果的修正等方面加以分析。

4. 地基变形特征值有哪几种？在工程实际中如何控制？

5. 某土样的侧限压缩试验结果如表 3-9 所示。试求：（1）绘制 e—p 关系曲线、求压缩系数 a_{1-2} 并评价该土的压缩性；（2）当自重应力为 50kPa，自重应力和附加应力之和为 150kPa 时，求压缩模量 E_s。（高压缩性土、2.48MPa）。

表 3-9　某土样的侧限压缩试验结果

p（MPa）	0	50	100	200	300	400
e	0.92	0.86	0.82	0.75	0.68	0.65

6. 某柱下独立基础如图 3-12 所示，基础底面尺寸为 3m×2m，基础埋深为 1.5m，上部结构传至基础顶面荷载 F_k＝1000kN，地基承载力特征值 f_{ak}＝170kPa，试用《规范》法计算柱基中点的最终沉降量。

7. 某饱和土层的厚度为 8m，在大面积荷载 p_0＝120kPa 作用下，该土层的初始孔隙比 e_1＝0.8，压缩系数 a＝0.3MPa^{-1}，压缩模量 E_s＝6.0MPa，渗透系数 k＝0.018m/年。对该黏土层在单面排水和双面排水的条件下，分别求：

① 加荷一年后的沉降量 s_t；

② 沉降量达 156mm 所需时间。

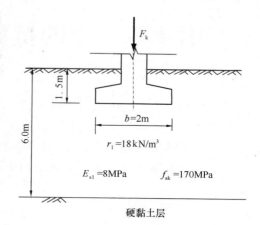

F_k

1.5m

6.0m

$b=2m$

$r_1=18kN/m^3$

$E_{s1}=8MPa$　　$f_{ak}=170MPa$

硬黏土层

图 3-12　思考题与习题 6 附图

第 4 章　土的抗剪强度和地基承载力

多数工程中土体的破坏属于剪切破坏，如基坑和堤坝边坡的滑动、挡土墙后填土的滑动、地基失稳等，都是一部分土体相对另一部分土体发生滑动，土体沿着滑裂面发生剪切破坏。因此，土体的强度实质上是由土的抗剪强度决定。实际工程中土体抗剪强度的问题主要有三个方面即地基的承载力、土压力和土坡稳定性。本章将主要介绍地基的强度和稳定性问题。

4.1　土的抗剪强度

当土体中的某点切应力达到土体的抗剪强度时，该点即发生剪切破坏。土的抗剪强度是指土体抵抗剪切破坏的极限能力，土的抗剪强度的数值等于剪切破坏滑动面上的切应力大小，它是土的一个重要力学指标。地基承载力、挡土墙压力、边坡稳定等都与土的抗剪强度有密切的关系。

4.1.1　库仑定律

1776 年，法国科学家库仑根据一系列砂土剪切试验，提出了砂土抗剪强度的表达式，即

$$\tau_f = \sigma \tan\varphi \tag{4.1}$$

后来又通过试验进一步提出了黏性土的抗剪强度表达式

$$\tau_f = c + \sigma \tan\varphi \tag{4.2}$$

式中　τ_f——土的抗剪强度，kPa；

　　　σ——作用于剪切面上的正应力，kPa；

　　　φ——土的内摩擦角，(°)；

　　　c——土的黏聚力，kPa。

公式（4.1）和公式（4.2）称为库仑定律或土的抗剪强度定律。根据库仑定律可以绘制出图 4-1 所示的库仑直线，其中库仑直线与横轴的夹角称为土的内摩擦角 φ，库仑直线在纵轴上的截距 c 为黏聚力。φ 和 c 称为土的抗剪强度指标。从库仑定律可知，对无黏性土，其抗剪强度仅取决于土粒之间的摩擦力 $\sigma \tan\varphi$，而对于黏性土，其抗剪强度由黏聚力 c 和摩擦力 $\sigma \tan\varphi$ 两部分构成。抗剪强度的摩擦力除了与剪切面上的法向总应力有关以外，还与土的原始密度、土粒的形状、表面粗糙程度以及颗粒级配等因素有关。抗剪强度的黏聚力通常与土中黏粒含量、矿物成分、含水量、土的结构等因素密切相关。

一般情况下，土体内摩擦角 φ 取值为：粉细砂 $20°\sim35°$；中砂、粗砂及砾砂 $30°\sim52°$；粉土 $0°\sim30°$；黏聚力 c 的变化范围为 $5\sim100\mathrm{kPa}$。

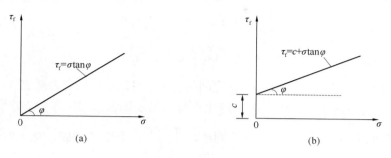

图 4-1　库仑直线

应当注意，抗剪强度指标 φ 和 c 不仅与土的性质有关，而且随试验方法和土体的排水条件等不同有较大差异。

4.1.2　土的极限平衡理论

1. 土中某点的应力状态

当土中某点任一方向的剪应力 τ 达到土的抗剪强度 τ_f 时，称该点处于极限平衡状态。因此，若已知土体的抗剪强度 τ_f，则只要求得土体中某点各个面上的剪应力 τ 和法向正应力 σ，即可判断土体所处的状态。

现从土体中任取一单元体，如图 4-2（a）所示。设作用在该单元体上的大、小主应力分别为 σ_1 和 σ_3，其可以由材料力学得到：

$$\left.\begin{array}{c}\sigma_1\\\sigma_3\end{array}\right\} = \frac{\sigma_z + \sigma_x}{2} \pm \sqrt{\frac{(\sigma_z - \sigma_x)^2}{4} + \tau_{xz}^2}$$

在单元体内与大主应力 σ_1 作用面成任意角 a 的 mn 平面上有正应力 σ 和切应力 τ。为建立 σ、τ 与 σ_1、σ_3 之间的关系，取楔形脱离体 abc，如图 4-2（b）所示，将各力分别在水平和竖直方向分解。根据静力平衡条件，得

$$\sigma_3 \mathrm{d}s\sin\alpha - \sigma \mathrm{d}s\sin\alpha + \tau \mathrm{d}s\cos\alpha = 0$$

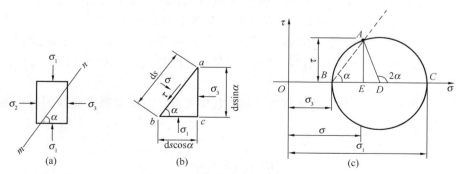

图 4-2　土中任意点的应力状态

（a）单元体上的应力；（b）脱离体上的应力；（c）摩尔应力圆

$$\sigma_1 ds\cos\alpha - \sigma ds\cos\alpha + \tau ds\sin\alpha = 0$$

将以上方程联立求解，得 mn 平面上的应力为：

$$\sigma = \frac{1}{2}(\sigma_1 + \sigma_3) + \frac{1}{2}(\sigma_1 - \sigma_3)\cos2\alpha$$

$$\tau = \frac{1}{2}(\sigma_1 - \sigma_3)\sin2\alpha \qquad (4.3)$$

从材料力学可知，以上 σ、τ 与 σ_1、σ_3 之间的关系也可以用摩尔应力圆表示，如图 4-2（c）所示，即在 σ—τ 与直角坐标系中，按一定比例尺，沿 σ 轴截取 OB 和 OC 分别表示为 σ_3 和 σ_1，以 D 点 [坐标为 $\dfrac{(\sigma_1 + \sigma_3)}{2}$，$\tau = 0$] 为圆心，$\dfrac{(\sigma_1 - \sigma_3)}{2}$ 为半径做圆，从 DC 开始逆时针旋转 2α 角，使 DA 线与圆周交于 A 点。则 A 点的坐标为

$$OE = OD - ED = \frac{1}{2}(\sigma_1 + \sigma_3) + \frac{1}{2}(\sigma_1 - \sigma_3)\cos2\alpha$$

$$EA = AD\sin2\alpha = \frac{1}{2}(\sigma_1 - \sigma_3)\sin2\alpha$$

故 A 点的横坐标即斜面上 mn 上的正应力 σ，而纵坐标即斜面 mn 上的切应力 τ。即单元体与摩尔应力圆的对应关系是："点面对应，转角两倍，转向相同"。意思是：圆周上任一点的横坐标与纵坐标分别代表单元体上任一截面的正应力 σ 和切应力 τ，若该截面与大主应力面的夹角等于 $\overset{\frown}{CA}$ 所含圆心角的一半。由图 4-2 可知，最大剪应力 $\tau_{\max} = \dfrac{1}{2}(\sigma_1 - \sigma_3)$，作用面与大主应力 σ_1 作用面的夹角 $\alpha = 45°$。

2. 土的极限平衡条件

为了判断土中某点是否处于极限平衡状态，可将土的抗剪强度线与描述土中某点应力状态的摩尔应力圆绘于同一直角坐标系上，图 4-3 中Ⅰ、Ⅱ、Ⅲ个应力圆表示作用于土中某点的最小主应力 σ_3 不变，而最大主应力 σ_1 有三个不同的数值。按其相对位置判断该点所处状态，有以下三种：

① 圆Ⅰ位于抗剪强度线的下方，表示土中某点在任何截面的切应力 τ 都小于土的抗剪强度 τ_f，即 $\tau < \tau_f$，该点处于弹性平衡状态，因此土体不会发生剪切破坏。

② 圆Ⅱ与抗剪强度线在 A 点相切，表明 A 点所代表的平面上的切应力 τ 等于土的抗剪强度 τ_f，即 $\tau = \tau_f$，该点处于极限平衡状态，故圆Ⅱ亦称为极限应力圆。

③ 圆Ⅲ与抗剪强度线相割，割线以上的点所代表的平面上的切应力 τ 超过了土的抗剪强度 τ_f，即 $\tau > \tau_f$，该点"已被剪破"，实际上这是不可能存在的，因为对任何材料，都不可能超过其强度。

图 4-4 表示极限应力圆与抗剪强度线之间的几何关系。设抗剪强度曲线的延长线与 σ 轴交于 R 点，由 $\triangle ARD$ 得

$$AD = RD\sin\varphi$$

因

$$AD = \frac{1}{2}(\sigma_1 - \sigma_3)$$

$$RD = c\cot\varphi + \frac{1}{2}(\sigma_1 + \sigma_3)$$

故
$$\frac{1}{2}(\sigma_1 - \sigma_3) = \left[c\cot\varphi + \frac{1}{2}(\sigma_1 - \sigma_3)\right]\sin\varphi \qquad (4.4)$$

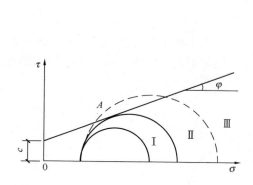

图 4-3　摩尔应力圆与抗剪强度线的关系　　　　图 4-4　土的极限平衡条件

利用三角函数关系转换后可得

$$\sigma_1 = \sigma_3 \tan^2\left(45° + \frac{\varphi}{2}\right) + 2c\tan\left(45° + \frac{\varphi}{2}\right) \qquad (4.5)$$

或

$$\sigma_3 = \sigma_1 \tan^2\left(45° - \frac{\varphi}{2}\right) - 2c\tan\left(45° - \frac{\varphi}{2}\right) \qquad (4.6)$$

当土中某点处于极限平衡状态时，破坏面与最大主应力作用面的夹角为 α_f，由图 4-4 中的几何关系可得

$$\alpha_f = \frac{1}{2}(90° + \varphi) = 45° + \frac{\varphi}{2} \qquad (4.7)$$

破坏面与最小主应力作用面的夹角为

$$90° - \left(45° + \frac{\varphi}{2}\right) = 45° - \frac{\varphi}{2}$$

公式（4.5）～公式（4.7）为土的极限平衡条件。若土为无黏性土，由于 $c=0$，所以无黏性土的极限平衡条件为

$$\sigma_1 = \sigma_3 \tan^2\left(45° + \frac{\varphi}{2}\right) \qquad (4.8)$$

或

$$\sigma_3 = \sigma_1 \tan^2\left(45° - \frac{\varphi}{2}\right) \qquad (4.9)$$

【应用实例 4.1】

地基土中某一单元体上的最大主应力 $\sigma_1 = 400\text{kPa}$，最小主应力 $\sigma_3 = 170\text{kPa}$。经测定该土的抗剪强度指标 $c = 18\text{kPa}$，$\varphi = 20°$。试问：①该单元土体处于何种状态？②是否会沿切应力最大的面发生破坏？

解： ①该单元土体所处状态的判别。

设达到极限平衡状态时所需最小主应力为 σ_{3f}，则由式（4.6）得

$$\sigma_{3f} = \sigma_1 \tan^2\left(45° - \frac{\varphi}{2}\right) - 2c\tan\left(45° - \frac{\varphi}{2}\right)$$

$$= 400 \times \tan^2\left(45° - \frac{20°}{2}\right) - 2 \times 18 \times \tan\left(45° - \frac{20°}{2}\right)$$

$$= 170.9\text{kPa}$$

因为 σ_{3f} 大于该单元土体的实际最小主应力 σ_3，所以极限应力圆半径将小于实际应力圆半径，如图 4-5 所示，理论上实际应力圆将与抗剪强度线相割，所以该单元土体处于剪破状态。

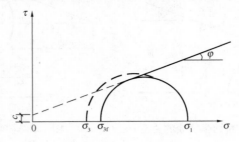

图 4-5　极限应力 O 圆半径小于实际应力圆半径

若设达到极限平衡状态时所需最大主应力为 σ_{1f}，则由式（4.5）得

$$\sigma_{1f} = \sigma_3 \tan^2\left(45° + \frac{\varphi}{2}\right) + 2c\tan\left(45° + \frac{\varphi}{2}\right)$$

$$= 170 \tan^2\left(45° + \frac{20°}{2}\right) + 2 \times 18 \times \tan\left(45° + \frac{20°}{2}\right)$$

$$= 398.1\text{kPa}$$

按照极限应力圆半径与实际应力圆半径相比较的判别方式同样可以得出上述结论。

② 是否沿切应力最大的面剪破。

最大切应力为

$$\tau_{max} = \frac{1}{2}(\sigma_1 - \sigma_3) = \frac{1}{2}(400 - 170) = 115\text{kPa}$$

切应力最大面上的正应力为

$$\sigma = \frac{1}{2}(\sigma_1 + \sigma_3) + \frac{1}{2}(\sigma_1 - \sigma_3)\cos 2\alpha$$

$$= \frac{1}{2} \times (400 + 170) + \frac{1}{2} \times (400 - 170)\cos 90°$$

$$= 285\text{kPa}$$

该面上的抗剪强度为。

$$\tau_f = c + \sigma\tan\varphi = 18 + 285 \times \tan 20° = 121.7\text{kPa}$$

因为在切应力最大面上 $\tau_f > \tau_{max}$，所以不会沿该面发生剪破。

4.2　土的抗剪强度试验方法

测定土的抗剪强度的试验称为剪切试验。剪切试验的方法很多，可以通过室内试验，也

可以通过室外现场原位试验。室内试验的方法根据加荷方式不同分为直接剪切试验、三轴剪切试验和无侧限抗压试验；根据剪切试验时的排水条件的不同又分为不排水剪、固结不排水剪和排水剪。室外现场原位试验有十字板剪切试验等。

4.2.1　直接剪切试验

测定土的抗剪强度的最简便和最常用的方法是直接剪切试验，它可以直接测出预定剪切破裂面上的抗剪强度。直接剪切试验所使用的仪器称为直剪仪，可分为应力控制式和应变控制式两种。下面主要介绍应变控制式直剪仪的试验方法。应变控制式直剪仪的构造如图 4-6 所示，主要由可装土样的剪切盒（由上、下盒构成），竖直及水平加荷装置，量测剪切和竖直变形大小的量测装置等三个部分构成。试验时，先将剪切盒的上、下盒对正，然后用环刀切取土样，然后将其推入剪切盒中，土样上下各垫一块透水石。试验时，先通过杠杆对土样施加竖向压力 F，再由推动座匀速推进对下盒施加一水平推力 T，此时土样在上下盒之间固定的水平面上受剪，直到破坏，从而可以直接测得破坏面上的水平推力 T。若试样的水平截面积为 A，则竖向压应力 $\sigma = F/A$，此时土的抗剪强度（土样破坏时对此水平推力的极限抵抗能力）为 $\tau_f = T/A$。

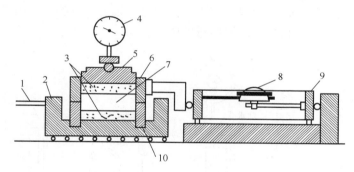

图 4-6　应变控制式直剪仪的构造

1—轮轴；2—底座；3—透水石；4—测微百分表；5—活塞；6—上盒；
7—土样；8—测微百分表；9—量力环；10—下盒

试验时，对同一种土，至少取 3～4 个土样，分别施加不同的竖向压应力 σ，使其在剪力的作用下发生剪切破坏，测出相应的抗剪强度 τ_f，然后根据试验结果绘制出库仑直线，由此可求出土的抗剪强度指标 φ 和 c。

由于直接剪切试验只能测定作用在受剪面上的总应力，不能测定有效应力或孔隙水应力，所以试验中常模拟工程实际选择快剪、慢剪和固结快剪三种试验方法。

快剪：试验时在土样的上、下两面与透水石之间都用蜡纸薄膜隔开，竖向压力施加后立刻施加水平推力进行剪切，而且剪切的速度快，一般从加荷到剪坏只用 3～5min。可以认为，土样在短暂的时间内来不及排水，所以又称不排水剪。

慢剪：试验时在土样上、下两面与透水石之间不放蜡纸或塑料薄膜。在整个试验过程中允许土样有充分的时间排水和固结。

固结快剪：试验时，土样先在竖向压力作用下使其排水固结。待固结"完毕"后，再施加水平推力，并快速将土样剪坏（约 3~5min）。因此，土样在竖向压力作用下充分排水固结，而在施加推力时不让其排水。

由于试验过程中土样排水条件和固结程度不同，三种试验方法所得的抗剪强度指标也不同，一般慢剪的指标大，快剪的指标小，工程中要根据具体情况选择适当的强度指标。

直接剪切试验的优点是仪器构造简单，价格便宜，操作较易，但也存在如下不足：

① 不能严格控制排水条件，不能量测试验过程中试样的孔隙水应力。

② 试验中人为限定剪切破坏面为上、下盒的接触面，而不是土样最薄弱的面。

③ 剪切过程中剪切面上的应力分布不均，剪切面积随剪切位移的增加而减小。

因此，直接剪切试验不宜作为深入研究土体抗剪强度特性的手段。

4.2.2 三轴剪切试验

1. 三轴压缩仪的构造

三轴剪切试验是直接量测土样在不同周围压力下的抗压强度，然后利用土的极限平衡理论间接求得土的抗剪强度。三轴剪切试验所用的仪器为三轴剪力仪，其结构如图 4-7 所示。它由放置土样的压力室、垂直压力控制系统及量测系统、围压控制及量测系统、土样孔隙水压力及体积变化量测系统等部分组成。其中压力室是三轴剪力仪的核心组成部分，它是一个由金属上盖、底座和透明有机玻璃圆筒组成的密闭容器。

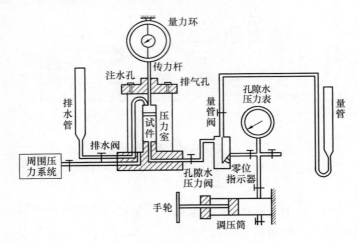

图 4-7　三轴剪力仪的构造

2. 三轴剪切试验原理

试验时先将土样切成圆柱体，套在橡皮膜内放入密室的压力室中，然后由压力室注入液压或气压，使试件在各个方向都受到周围压力 σ_3 作用，并使该周围压力在整个试验过程中保持不变。然后由竖向压力系统施加竖向应力 $\Delta\sigma$，并不断增加 $\Delta\sigma$，此时水平向主应力保持不变，而竖向主应力逐渐增大，直到试件受剪破坏为止。根据量测系统的周围压力 σ_3 和竖向应力增量 $\Delta\sigma$ 可得试件破坏时的最大主应力 $\sigma_1=\sigma_3+\Delta\sigma$，如图 4-8（a）、（b）所示，并由此可绘出破坏时的极限应力圆。同一种土应取 3~4 个土样，分别施加不同的周围压力 σ_3 进行试验，即可得相应的 3~4 极限应力圆，其公切线就是土样的库仑直线，如图 4-8（c）所示。由此即可求得土的抗剪强度指标 c 和 φ。

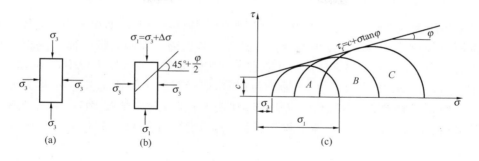

图 4-8　三轴剪切试验

（a）土样受周围压应力；（b）破坏时土样应力；（c）摩尔应力圆破坏包线

3. 三轴剪切试验的优缺点

与直接剪切试验相比，三轴剪切试验的突出优点是能严格地控制试样的排水条件，从而测出试样中的孔隙水压力，以定量获得土中有效应力的变化情况；试件中的应力状态较明确，没有人为的限定剪切破坏面，剪切破坏面发生在试件的最弱部位；试件受压比较符合地基的实际受力情况，试验结果更加可靠、准确；还可用于测定土的其他力学性质，如土的弹性模量。

但三轴剪力仪比较复杂，价格较贵，操作技术要求也较高，且试样制作较麻烦，土样易受扰动；试验是在轴对称情况下进行的，即 $\sigma_2 = \sigma_3$，这与一般土体实际受力有所差异。

4. 不同排水条件的三轴剪切试验

三轴剪切试验过程中排水与不排水由排水阀控制，需要排水时打开排水阀，不排水时关闭排水阀。所以三轴剪切试验按排水的情况不同亦分为不固结不排水剪、固结不排水剪、固结排水剪三种。

（1）不固结不排水剪（UU 试验）

不固结不排水剪简称不排水剪，在三轴剪切试验过程中自始至终不让试样排水固结，即施加周围压力 σ_3 和随后施加竖向应力 $\Delta\sigma$ 直至试样剪损的整个过程中都关闭排水阀，使土样的含水量不变。该试验指标适用于地基排水条件不好，地基土透水性差而施工速度较快的工程。

（2）固结不排水剪（CU 试验）

试验时在周围压力 σ_3 作用下，先打开排水阀门，让试样充分排水固结，即试样中的孔隙水应力逐渐减小至零。然后关闭排水阀门，再施加竖向应力 $\Delta\sigma$，使试样在不排水的条件下剪切破坏。该试验指标适用于施工期间能够排水固结，但在建筑物竣工后荷载又突然增大（如房屋加层）的情况。

（3）固结排水剪（CD 试验）

固结排水剪简称排水剪，在三轴剪切试验过程中始终打开排水阀门，让试样充分排水固结，即试样中的孔隙水应力始终接近于零，再让试样在充分排水的条件下，缓慢施加竖向应力 $\Delta\sigma$ 直至试样剪损。该试验指标适用于地基排水条件较佳，地基土透水性好而施工速度较慢的工程。

4.2.3　无侧限抗压强度试验

无侧限抗压强度试验实际上是三轴剪切试验的一种特殊情况，即在三轴压缩仪中进行不施加周围压力（$\sigma_3=0$）的不排水剪切试验，又称单剪试验。无侧限抗压强度试验一般是在无侧限压力仪中进行，如图 4-9 所示。将圆柱形式试件放在无侧限压力仪中，不加侧向压力只加竖向压力，直到试样剪切破坏，破坏时试样所能承受的最大轴向压力 q_u 称为无侧限抗压强度。利用无侧限抗压强度试验可以测定饱和软黏土的不排水抗剪强度，并可以测定饱和黏性土的灵敏度 S_t。由于饱和黏性土的不排水抗剪强度线为直线，即 $\varphi_u=0$，由此可得

$$\tau_f = c_u = \frac{q_u}{2} \tag{4.10}$$

式中　τ_f——土的不排水抗剪强度，kPa；

　　　c_u——土的不排水黏聚力，kPa；

　　　q_u——无侧限抗压强度，kPa。

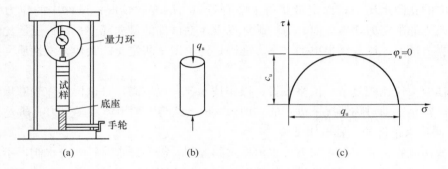

图 4-9　无侧限抗压试验

（a）无侧限压力仪；（b）试样；（c）无侧限抗压试验结果

饱和黏性土的强度与土的结构有关，当土的结构遭受破坏时，其强度会迅速降低，工程上常用灵敏度 S_t 来反映土的结构性的强弱。

$$S_t = \frac{q_u}{q_0} \tag{4.11}$$

式中　q_u——原状土的无侧限抗压强度，kPa；

　　　q_0——重塑土的无侧限抗压强度，kPa。

根据灵敏度的大小，可将饱和分为低灵敏度土（$1<S_t\leqslant2$）、中灵敏度土（$2<S_t\leqslant4$）和高灵敏度土（$S_t>4$）三类。土的灵敏度越高，其结构性越强，受扰动后土的强度降低得越多，对工程不利。所以在基坑开挖过程中，应尽量减少因施工而可能造成的对坑底土的扰动而使地基强度降低。

4.2.4　十字板剪切试验

十字板剪切试验是一种现场测定饱和的抗剪强度的原位试验方法。与室内无侧限抗压强

度试验一样，十字板剪切所测得的成果亦相当于不排水抗剪强度。

十字板剪切仪主要由十字板（板头）、扭力装置和量测装置等三部分组成，如图 4-10 所示。试验时预先钻孔到接近预定施测深度，清理孔底后将十字板固定在钻杆下端下至孔底，压入到孔底以下约 750mm。然后通过安放在地面上的设备施加扭矩，使十字板按一定速率扭转直至土体发生剪切破坏。由剪切破坏时的扭矩 M_{max} 可推算土的抗剪强度。

土体的抗扭力矩由 M_1 和 M_2 两部分组成，即

$$M_{max} = M_1 + M_2 \qquad (4.12)$$

$$M_1 = 2 \times \frac{\pi D^2}{4} \times \frac{2}{3} \times \frac{D}{2} \tau_{fh} = \frac{1}{6} \pi D^3 \tau_{fh}$$
$$(4.13)$$

$$M_2 = \pi DH \frac{D}{2} \tau_{fv} = \frac{1}{2} \pi D^2 H \tau_{fv} \qquad (4.14)$$

式中　M_1——柱体上下面的抗剪强度对圆心所产生的抗扭力矩，kN·m；

τ_{fh}——水平面上的抗剪强度，kPa；

D——十字板直径，m；

M_2——圆柱侧面上的切应力对圆心所产生的抗扭力矩，kN·m；

H——十字板高度，m；

τ_{fv}——竖直面上的抗剪强度，kPa。

假定土体为各向同性体，即 $\tau_f = \tau_{fh} = \tau_{fv}$，则将式（4.13）和式（4.14）代入式（4.12）中，可得

$$\tau_f = \frac{2M_{max}}{\pi D^2 \left(H + \dfrac{D}{3} \right)} \qquad (4.15)$$

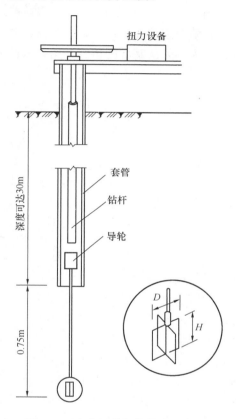

图 4-10　十字板剪切仪构造示意图

十字板剪切试验具有无需钻孔取样和使土少受扰动的优点，且仪器结构简单、操作方便，因而在软黏土地基中有较好的适用性，亦常用以在现场对软黏土的灵敏度测定。但这种原位测试方法中剪切面上的应力条件十分复杂，排水条件也不能严格控制，因此所测的不排水强度与原状土室内的不排水剪切试验成果可能会有一点差别。

4.3　地基的临塑荷载及极限荷载

4.3.1　地基变形的三个阶段

对地基进行静荷载试验时，一般可得如图 4-11 所示荷载和沉降的关系曲线（p—s 曲线）。从图 4-11 可见地基变形的发展分为三阶段：

（1）线性变形阶段（压密阶段）

相应于 p—s 曲线的 oa 段。由于荷载较小，地基土主要产生压密变形，此时土中各点的切应力均小于土的抗剪强度，土体处于弹性平衡状态，此段荷载和沉降的关系曲线接近于直线。

（2）塑性变形阶段（剪切阶段）

相应于 p—s 曲线的 ab 段。当荷载增大到超过 a 点的压力时，土中局部范围内产生剪切破坏，即出现塑性变形区，此时荷载和沉降之间成曲线关系。随着荷载增加，塑性变形区域逐渐扩大，先从基础的边缘开始，继而向深度和宽度方向发展。

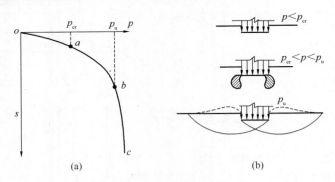

图 4-11　地基静载荷试验的 p—s 曲线

（3）破坏阶段

相应于 p—s 曲线的 bc 段。当施加的荷载继续增加，超过极限荷载，地基中塑性区形成连续贯通的滑动面，土从荷载板下被挤出，在基坑底面形成隆起的土堆，基础急剧下沉，地基完全丧失稳定，产生滑动破坏。

相应于上述地基变形的三个阶段，在 p—s 曲线上有两个转折点 a 和 b，如图 4-11（a）所示。a 点所对应的荷载称为临塑荷载，以 p_{cr} 表示。当基底压力等于该荷载时，基础边缘的土体开始出现剪切破坏，但塑性区尚未发展。b 点所对应的荷载称为极限荷载，以 p_u 表示，是使地基发生整体剪切破坏的荷载。荷载从 p_{cr} 增加到 p_u 的过程是地基剪切破坏区逐渐发展的过程，如图 4-11（b）所示。

4.3.2　临塑荷载

临塑荷载指地基土中将要出现但尚未出现塑性变形区时的基底压力。其计算的基本公式是以弹性理论计算土中附加应力以及以强度理论的极限平衡条件为依据导出的。

设在地表作用一条形均布荷载 p_0，如图 4-12 所示，在地表下任一深度的 M 点处产生的最大、最小主应力可利用材料力学公式求得

$$\begin{matrix} \sigma_1 \\ \sigma_3 \end{matrix} = \frac{p_0}{\pi}(\beta_0 \pm \sin\beta_0) \tag{4.16}$$

实际上基础都具有一定的埋置深度 d，此时 M 点的应力除了由上述荷载产生的地基附加应力外，还受到土的自重应力的作用。因为 M 点上土的自重应力在各个方向是不等的，因此上述两项在 M 点产生的应力在数值上不能叠加。为简化计算起见，假定土的自重应力在各

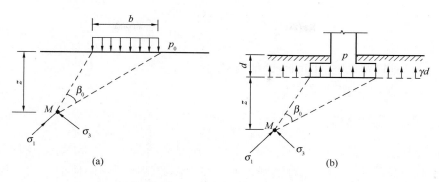

图 4-12　均布条形荷载作用下地基中的应力

(a) 无埋置深度；(b) 有埋置深度

个方向相等，即相当于土的侧压力系数 K_0 取 1.0，因此土的水平和竖向自重应力取值均为 $(\gamma_0 d + \gamma z)$。则地基中任一点 M 的最大、最小主应力为

$$\begin{array}{c} \sigma_1 \\ \sigma_3 \end{array} = \frac{p_0}{\pi}(\beta_0 \pm \sin\beta_0) + \gamma_0 d + \gamma z \tag{4.17}$$

根据极限平衡理论，当 M 点处于极限平衡状态时，该点的最大、最小主应力应满足式 (4.5) 极限平衡条件。将式 (4.17) 代入式 (4.5)，并整理后可得

$$z = \frac{p - \gamma_0 d}{\pi\gamma}\left(\frac{\sin\beta_0}{\sin\varphi_0} - \beta_0\right) - \frac{c}{\gamma\tan\varphi} - \frac{\gamma_0}{\gamma}d \tag{4.18}$$

上式为塑性区的边界方程，表示塑性区边界上任一点的 z 与 β_0 之间的关系。如果基础的埋置深度 d、荷载 p 以及土的性能指标 γ、c、φ 均已知，根据式 (4.18) 可绘出塑性区的边界线，如图 4-13 所示。

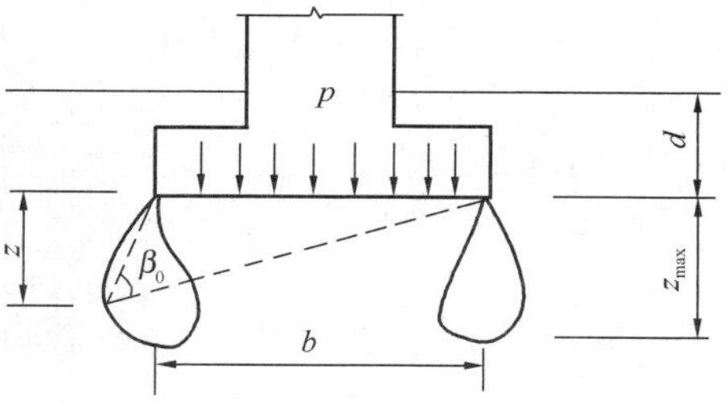

在荷载 p 作用下，塑性区开展的最大深度 z_{max} 可由 $\dfrac{\mathrm{d}z}{\mathrm{d}\beta_0}$ 的条件求得，即

$$\frac{\mathrm{d}z}{\mathrm{d}\beta_0} = \frac{p - \gamma_0 d}{\pi\gamma}\left(\frac{\cos\beta_0}{\sin\varphi} - 1\right) = 0 \quad (4.19)$$

图 4-13　条形基底边缘的塑性区

则

$$\cos\beta_0 = \sin\varphi \tag{4.20}$$

因此

$$\beta_0 = \frac{\pi}{2} - \varphi$$

将式 (4.19) 代入式 (4.18) 得塑性区开展最大深度 z_{max} 的表达式为

$$z_{max} = \frac{p - \gamma_0 d}{\pi\gamma}\left[\cot\varphi - \left(\frac{\pi}{2} - \varphi\right)\right] - \frac{c}{\gamma\tan\varphi} - \frac{\gamma_0}{\gamma}d \tag{4.21}$$

由式 (4.21) 可见，在其他条件不变的情况下，荷载 p 增大时，z_{max} 也增大（即塑性变形区发展）。若 $z_{max} = 0$，表示地基将要出现但尚未出现塑性变形区，与此相应的基底压力 p 即为临塑荷载 p_{cr}，因此，令 $z_{max} = 0$，得临塑荷载的计算式为

$$p_{cr} = \frac{\pi(\gamma_0 d + c\cot\varphi)}{\cot\varphi + \varphi - \frac{\pi}{2}} + \gamma_0 d \tag{4.22}$$

式中　γ_0——基础埋置深度范围内土的加权平均重度，kN/m^3；

φ——地基土的内摩擦角，($°$)。

4.3.3　地基的临界荷载

临界荷载是指允许地基产生一定范围塑性区所对应的荷载。一般情况下将临塑荷载 p_{cr} 作为地基承载力是偏保守的。工程实践表明，在大多数情况下，即使地基发生局部剪切破坏，地基的塑性区有所发展，但只要塑性区范围不超过某一允许范围，就不影响建筑物的安全和正常使用。而地基塑性区的允许发展深度，与建筑物类型、荷载的大小及性质、基础形式和土的物理力学性质等因素有关。一般认为，在中心荷载作用下，塑性区的最大发展深度 z_{max} 可控制在基础宽度的 $1/4$，其相应的荷载 $p_{1/4}$ 称为界限荷载。因此，在式（4.21）中令 $z_{max} = b/4$，可得到 $p_{1/4}$ 的计算公式

$$p_{1/4} = \frac{\pi\left(\gamma_0 d + c\cot\varphi + \frac{1}{4}\gamma b\right)}{\cot\varphi + \varphi - \frac{\pi}{2}} + \gamma_0 d \tag{4.23}$$

对偏心荷载作用下的基础，可取 $z_{max} = b/3$ 相应的荷载 $p_{1/3}$ 作为地基的承载力，即

$$p_{1/3} = \frac{\pi\left(\gamma_0 d + c\cot\varphi + \frac{1}{3}\gamma b\right)}{\cot\varphi + \varphi - \frac{\pi}{2}} + \gamma_0 d \tag{4.24}$$

式（4.23）、式（4.24）也可改写为

$$p_{1/4} = N_{1/4}\gamma b + N_d\gamma_0 d + N_c c \tag{4.25}$$

$$p_{1/3} = N_{1/3}\gamma b + N_d\gamma_0 d + N_c c \tag{4.26}$$

式中　$N_{1/4}$、$N_{1/3}$、N_d、N_c——承载力系数，仅与土的内摩擦角有关，即

$$N_{1/4} = \frac{\pi}{4\left(\cot\varphi + \varphi - \frac{\pi}{2}\right)}, \ N_{1/3} = \frac{\pi}{3\left(\cot\varphi + \varphi - \frac{\pi}{2}\right)}$$

$$N_d = \frac{\left(\cot\varphi + \varphi + \frac{\pi}{2}\right)}{\left(\cot\varphi + \varphi - \frac{\pi}{2}\right)}, \ N_c = \frac{\pi\cot\varphi}{\left(\cot\varphi + \varphi - \frac{\pi}{2}\right)}$$

以上地基承载力是针对条形基础在均布荷载作用下导出的，对于矩形和圆形基础，其结果偏于安全。此外，在公式的推导中采用了线性变形体的弹性理论的解答，与实际地基中已出现塑性区的塑性变形阶段有一定不同，所以利用式（4.23）和式（4.24）确定地基承载力时仅满足地基强度条件，还必须进行地基变形计算。

【应用实例 4.2】

已知某条形基础宽度 $b = 2.6m$，埋深 $d = 1.2m$，其地基土的指标为 $\gamma = 18kN/m^3$，$c = 16kPa$，$\varphi = 20°$，试求地基的临塑荷载 p_{cr} 及地基承载力 $p_{1/4}$。

解：① 求临塑荷载 p_{cr}。

由

$$p_{cr} = \frac{\pi(\gamma_0 d + c\cot\varphi)}{\cot\varphi + \varphi - \dfrac{\pi}{2}} + \gamma_0 d$$

得

$$p_{cr} = \frac{\pi(18 \times 1.2 + 16 \times \cot 20°)}{\cot 20° + \dfrac{\pi}{180°} \times 20° - \dfrac{\pi}{2}} + 18 \times 1.2 = 156.23\text{kPa}$$

② 求地基承载力 $p_{1/4}$。

由

$$p_{1/4} = \frac{\pi\left(\gamma_0 d + c\cot\varphi + \dfrac{1}{4}\gamma b\right)}{\cot\varphi + \varphi - \dfrac{\pi}{2}} + \gamma_0 d$$

得

$$p_{1/4} = \frac{\pi\left(18 \times 1.2 + 16 \times \cot 20° + \dfrac{1}{4} \times 18 \times 2.6\right)}{\cot 20° + \dfrac{\pi}{180°} \times 20° - \dfrac{\pi}{2}} + 18 \times 1.2 = 180.24\text{kPa}$$

4.3.4 地基的极限荷载

地基的极限荷载是指使地基发生剪切破坏失去整体稳定时的基底压力，即地基所能承受的基底压力极限值，常以 p_u 表示。地基极限荷载的计算理论，根据不同的破坏模式有所不同，但目前的计算公式均是按整体剪切破坏模式推导，即极限荷载是地基形成连续滑动面时的基底压力，但有的公式根据经验进行修正，亦可用于其他破坏模式的计算。

将地基的极限荷载除以安全系数 K 即为地基承载力特征值 f_a，即

$$f_a = \frac{p_u}{K} \tag{4.27}$$

1. 地基土的破坏模式

地基在荷载作用下的破坏与土的性质、加荷速度、基础埋深、基础形状和大小有关。根据地基土剪切破坏的特征，可将地基的破坏分为整体剪切破坏、局部剪切破坏和冲切剪切破坏三种类型，如图 4-14 所示。

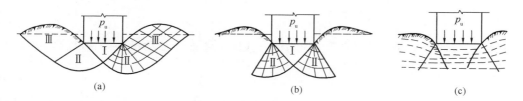

图 4-14　地基的破坏模式

（a）整体剪切破坏；（b）局部剪切破坏；（c）冲剪破坏

（1）整体剪切破坏

在荷载较小时，地基处于压密状态。随着荷载的增加，地基中局部剪切破坏的区域不断

扩大，直至在地基中形成连续的滑动面，达到完全剪切破坏，基础急剧下沉并可能向一侧倾斜，地基丧失稳定性，基础四周的地面明显隆起，如图 4-14（a）所示。对压缩性比较小的如紧密砂土、硬黏性土地基常发生这种破坏形式。

（2）局部剪切破坏

随着荷载的增加，塑性区只发展到地基内某一范围，滑动面并不延伸到地面而是终止于地基内某一深度，基础周围地面有微小隆起，但基础不会出现明显的倾斜，房屋一般不会倒塌，如图 4-14（b）所示。中等密实的砂土地基中常发生这种破坏形式。

（3）冲剪破坏

基础下软弱土发生垂直剪切破坏，使基础连续下沉。破坏时地基中无明显滑动面，基础四周地面无隆起而是下陷，即基础似"刺入"土中一样，基础无明显倾斜，但发生较大沉降，如图 4-14（c）所示。对压缩性较大的如松砂、软土地基常发生这种破坏形式。

2. 地基的极限荷载公式

极限荷载的求解有两种途径：一是通过基础的模型试验，研究地基的滑动面形状，并简化为假定的滑动面，再根据简化滑动面上的静力平衡条件求解；二是根据土的极限平衡方程，由已知的边界条件用数学方法求解，此法因较烦琐，未广泛采用。由于不同的假设，计算极限荷载的公式有多种，下面主要介绍几种常见的计算公式。

（1）太沙基公式

太沙基公式是国内外常用的计算极限荷载的公式，它应用极限平衡理论的成果与形式，考虑了基础有埋深、基底是粗糙的、地基土有质量等实际情况，并进行了半经验性假定，适用于基础底面粗糙的条形基础。

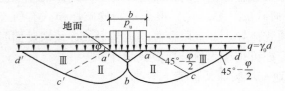

图 4-15　太沙基公式假定的滑动面

太沙基假定地基中滑动面的形状如图 4-15所示，滑动土体共分三个区。

Ⅰ区——基础下的楔形弹性压密区。由于土与粗糙基底的摩擦力作用，该区的土不进入剪切状态而处于弹性平衡状态，在地基破坏时有一锥形断面土体（称为"弹性核"）与基础一起向下移动，弹性核边界与基底所成角度为 φ。

Ⅱ区——过渡区。滑动面按对数螺旋线曲线变化。b 点处螺旋的切线垂直地面，c 点处的切线与水平线夹角为 $\left(45°-\dfrac{\varphi}{2}\right)$。

Ⅲ区——朗肯（Rankine）被动土压力区。该区土体处于被动极限平衡状态，滑动面是平面，与水平面的夹角为 $\left(45°-\dfrac{\varphi}{2}\right)$。

太沙基公式不考虑基底以上基础两侧土体抗剪强度的影响，以均布超载 $q=\gamma_0 d$ 来代替埋深范围内的土体自重。根据弹性土楔体 $aa'b$ 的静力平衡条件，可求得的太沙基极限荷载计算公式为

$$p_u = cN_c + qN_q + \frac{1}{2}\gamma b N_r \tag{4.28}$$

式中　N_c、N_q、N_r——承载力系数，仅与土的内摩擦角 φ 有关，可由图 4-16 的实线查得；

　　　　q——基底面以上基础两侧超载，kPa，$q = \gamma_0 d$；

　　　b、d——分别为基底宽度和埋深，m。

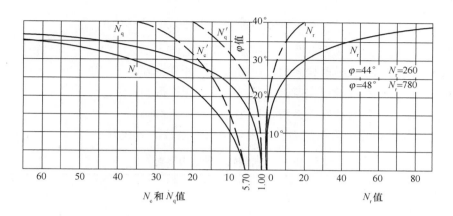

图 4-16　太沙基公式假定的滑动面

公式（4.28）适用于条形荷载作用下地基土整体剪切破坏情况，即适用于坚硬黏土和密实砂土。对于局部剪切破坏（软黏土、松砂），可用调整抗剪强度指标 φ、c 的方法修正，即令

$$c' = \frac{2}{3}c$$

$$\varphi' = \arctan\left(\frac{2}{3}\tan\varphi\right)$$

代替式（4.28）中的 c 和 φ，因此式（4.28）变为

$$p_u = \frac{2}{3}cN'_c + qN'_q + \frac{1}{2}\gamma b N'_r \qquad (4.29)$$

式中　N'_c、N'_q、N'_r——局部剪切破坏时的承载力系数，可由图 4-16 的虚线查得。

对于方形和圆形均布荷载整体剪切破坏情况，太沙基建议采用经验系数进行修正，修正后公式为

对宽度为 b 的正方形基础

$$p_u = 1.2cN_c + qN_q + 0.4\gamma b N_r \qquad (4.30)$$

对直径为 d 的圆形基础

$$p_u = 1.2cN_c + qN_q + 0.6\gamma d N_r \qquad (4.31)$$

对宽度为 b、长度为 l 的矩形基础，可按 b/l 值，在条形基础（$b/l = 10$）和方形基础（$b/l = 1$）的极限荷载之间以插入法求得。

由图 4-16 中曲线可以看出，当 $\varphi > 25°$ 后，N_r 增加很快，说明对砂土地基，基础的宽度对极限荷载影响很大。而当地基为饱和软黏土时，$\varphi_u = 0$，此时 $N_r \approx 0$，$N_q \approx 1.0$，$N_c \approx 5.7$，按式（4.28）可得到软黏土的地基极限荷载为

$$p_u \approx q + 5.7c \qquad (4.32)$$

即软黏土地基的极限荷载与基础宽度无关。

按式（4.28）确定地基承载力时，安全系数 K 值一般可取 2～3。

（2）魏西克公式

魏西克在考虑基础底面的形状、倾斜荷载、基础埋深等对极限荷载的影响，在不计基础两侧土体抗剪强度影响而用均布超载 $q=\gamma_0 d$ 代替的情况下，得出魏西克极限荷载基本公式为

$$p_u = cN_c s_c d_c i_c + qN_q s_q d_q i_q + \frac{1}{2}\gamma b N_r s_r d_r i_r \qquad (4-33)$$

式中　N_c、N_q、N_r——承载力系数，可按表 4-1 确定；

　　　s_c、s_q、s_r——基础形状系数，可按表 4-2 计算得到；

　　　d_c、d_q、d_r——基础埋深系数，可按表 4-2 计算得到；

　　　i_c、i_q、i_r——荷载倾斜系数，可按表 4-2 计算得到。

表 4-2 所示为魏西克极限承载力公式中各项修正系数计算式。

表 4-1　普朗特尔承载力系数

$\varphi/（°）$	N_c	N_q	N_r	$\varphi/（°）$	N_c	N_q	N_r
0	5.14	1.00	0.00	26	22.25	11.85	12.54
2	5.63	1.20	0.15	28	25.80	14.72	16.72
4	6.19	1.45	0.34	30	30.14	18.40	22.40
6	6.81	1.72	0.57	32	35.49	23.18	30.22
8	7.53	2.06	0.86	34	42.16	29.44	41.06
10	8.55	2.47	1.22	36	50.59	37.75	56.31
12	9.28	2.97	1.69	38	61.35	48.93	78.03
14	10.37	3.59	2.29	40	75.31	64.20	109.41
16	11.63	4.35	3.06	42	93.71	85.38	155.55
18	13.10	5.26	4.07	44	118.37	115.31	224.64
20	14.83	6.40	5.39	46	152.10	158.51	330.35
22	16.88	7.82	7.13	48	266.89	222.31	496.01
24	19.32	9.60	9.44	50	266.89	319.07	762.89

表 4-2　魏西克极限承载力公式中各项修正系数计算式

	基础形状系数	基础埋深系数	荷载倾斜系数
矩形基础	$s_c=1+\dfrac{l}{b}\dfrac{N_q}{N_c}$ $s_q=1+\dfrac{l}{b}\tan\varphi$ $s_r=1-0.4\dfrac{l}{b}$	当 $d/b\leqslant 1$ 时 $d_q=1+2\tan\varphi(1-\sin\varphi)^2\dfrac{d}{b}$ $d_r=1.0$ $d_c=d_q-\dfrac{1-d_q}{N_c\tan\varphi}$ 或 $d_c=1+0.4\dfrac{d}{b}$	$i_c=1-\dfrac{mp}{b'l'cN_c}(\varphi=0)$ $i_c=i_q-\dfrac{1-i_q}{N_c\tan\varphi}(\varphi>0)$ $i_q=\left(1-\dfrac{p_h}{p_v+b'l'c\cdot\cot\varphi}\right)^m$ $i_r=\left(1-\dfrac{p_h}{p_v+b'l'c\cdot\cot\varphi}\right)^{m+1}$
方形基础	$s_c=1+\dfrac{N_q}{N_c}$ $s_q=1+\tan\varphi$ $s_r=0.6$	当 $d/b>1$ 时 $d_q=1+2\tan\varphi(1-\sin\varphi)^2\arctan\dfrac{d}{b}$ $d_r=1.0$ $d_c=d_q-\dfrac{1-d_q}{N_c\tan\varphi}$ 或 $d_c=1+0.4\arctan\dfrac{d}{b}$	

注：① p_h、p_v 为倾斜荷载在基础底面上的垂直分力和水平分力。

　　② l'、b' 为基础的有效长度和宽度，$l'=l-2e_l$，$b'=b-2e_b$。

　　③ e_l、e_b 为荷载在长与宽方向的偏心距。

　　④ m 为倾斜系数，对于条形基础 $m=2$。

按魏西克公式确定地基承载力时，安全系数 K 值一般可取 2～4。

（3）影响地基极限荷载的因素

综上所述，极限荷载的影响因素归纳如下：

① 土的内摩擦角 φ、黏聚力 c 和重度 γ 越大，极限荷载也越大。

② 基础底面宽度 b 增加，一般情况极限荷载 p_u 将增大，特别是当土的 φ 值较大时影响越显著。但在饱和软土地基中，b 增加后对 p_u 几乎没有影响。

③ 基础埋深 d 增加，极限荷载 p_u 值亦随之提高。

④ 在其他条件相同的情况下，竖向荷载作用的极限荷载比倾斜荷载作用的极限荷载大。

【应用实例 4.3】

某条形基础，基础宽度 $b=1.8$m，基础埋深 $d=1.5$m，地基土的指标为 $\gamma=18$kN/m³，$c=16$kPa，$\varphi=30°$，试按太沙基公式确定地基的极限荷载 p_u。若取安全系数 $K=3.0$，试确定地基承载力 f_a。

解：① 地基的极限荷载。

应用太沙基极限荷载公式

$$p_u = cN_c + qN_q + \frac{1}{2}\gamma b N_r$$

由 $\varphi=30°$ 查图 4-16 得承载力系数

$$N_c=37 \quad N_q=20 \quad N_r=19$$

则

$$p_u = 16 \times 37 + 18 \times 1.5 \times 20 + \frac{1}{2} \times 18 \times 1.8 \times 19$$

$$= 592 + 540 + 307.8 = 1439.8\text{kPa}$$

② 地基承载力。

$$f_a = \frac{p_u}{K} = \frac{1439.8}{3.0} \approx 480\text{kPa}$$

【应用实例 4.4】

在实例 4.3 中，若地基的内摩擦角为 $\varphi=20°$，其余条件不变，试计算其极限荷载 p_u 与地基承载力 f_a。

解：① 地基的极限荷载 p_u。

由 $\varphi=20°$ 查图 4-16 得承载力系数。

$$N_c=17 \quad N_q=6.5 \quad N_r=4$$

代入太沙基极限荷载公式得

$$p_u = 16 \times 17 + 18 \times 1.5 \times 6.5 + \frac{1}{2} \times 18 \times 1.8 \times 4$$

$$= 272 + 175.5 + 64.8 = 512.3\text{kPa}$$

② 地基承载力。

$$f_a = \frac{p_u}{K} = \frac{512.3}{3.0} \approx 171\text{kPa}$$

由以上两例题可以看出，φ 值大小对极限荷载 p_u 与地基承载力 f_a 的影响很大。

4.4　地基承载力的确定

在进行地基基础设计时，必须先明确地基承载力特征值。地基承载力特征值 f_a 是指在保证地基强度和稳定的前提下，建筑物不产生过大沉降和不均匀沉降时地基所能承受的最大荷载。

影响地基承载力的因素很多，它不仅与土的物理、力学性质有关，而且还与基础的形式、底面尺寸、埋深、建筑类型、结构特点和施工速度等有关。目前确定地基承载力的方法有：

① 按现场载荷试验或其他原位测试方法确定。

② 根据地基土的抗剪强度指标以理论公式确定地基承载力。

③ 经验方法确定地基承载力。

4.4.1 按现场载荷试验确定地基承载力

现场载荷试验主要有浅层平板载荷试验和深层平板载荷试验。浅层平板载荷试验的承压板面积不应小于 $0.25m^2$，对于软土不应小于 $0.5m^2$，可测定浅部地基土层在承压板下应力主要影响范围内的承载力。深层平板载荷试验的承压板一般采用直径为 $0.8m$ 的刚性板，紧靠承压板周围外侧土层高度应不少于 $80cm$，可测定深部地基土层在承压板下应力主要影响范围内的承载力。

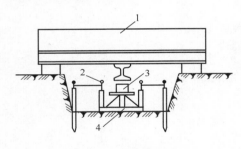

图 4-17　静载荷试验

1—堆重；2—百分表；3—千斤顶；4—承压板

载荷试验用重物或液压千斤顶均匀加载，如图 4-17所示。试验过程中，荷载分级增加，加荷分级不应少于 8 级，最大加载量不小于设计要求的 2 倍。每级加载后，按间隔时间 10min、10min、10min、15min、15min，以后为每隔 30min 测读一次沉降量，当在连续 2h 内，每小时的沉降量小于 0.1mm，则认为沉降已趋于稳定，可加下一级荷载。当出现下列情况之一时，即认为土体已达到破坏，可终止加载，其对应的前一级荷载即为极限荷载：

① 承压板周围的土明显地侧向挤出。

② 荷载 p 增加很小，但沉降量 s 却急剧增大，荷载和沉降的关系曲线（$p—s$ 曲线）出现陡降段。

③ 在某一级荷载下，24h 内沉降速率不能达到稳定标准。

④ 沉降量与承压板宽度或直径之比大于或等于 0.06。

根据载荷试验的 $p—s$ 曲线，可用以下三种方法确定地基承载力特征值：

① 当 $p—s$ 曲线上有明显的比例界限时，取该比例界限所对应的荷载 p_0 值作为地基承载力特征值 f_{ak}，如图 4-18（a）所示。

② 当极限荷载 p_u 小于对应比例界

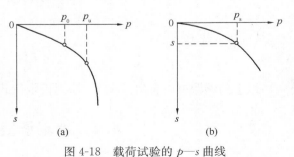

图 4-18　载荷试验的 $p—s$ 曲线

（a）有明显的 p_0、p_u 值；（b）p_0、p_u 值不明显

限的荷载 p_0 值的 2 倍时，取极限荷载 p_u 值的一半作为地基承载力特征值 f_{ak}。

③ 当不能按上述两点要求确定时，当承压板面积为 $0.25\sim0.5m^2$，可取 $s/b=0.01\sim$ 0.015 所对应的荷载值作为地基承载力特征值 f_{ak}，但其值不应大于最大加载量的一半，如图 4-18（b）所示。

同一土层参加统计的试验点不应少于三点，当试验实测值的极差不超过其平均值的 30% 时，取此平均值作为该土层的地基承载力特征值 f_{ak}。

4.4.2　按理论公式计算确定地基承载力

（1）临塑荷载公式

$$f_a = p_{cr} = \frac{\pi(\gamma_0 d + c\cot\varphi)}{\cot\varphi + \varphi - \dfrac{\pi}{2}} + \gamma_0 d$$

（2）临界荷载公式

$$f_a = p_{1/4} = \frac{\pi\left(\gamma_0 d + c\cot\varphi + \dfrac{1}{4}\gamma b\right)}{\cot\varphi + \varphi - \dfrac{\pi}{2}} + \gamma_0 d$$

（3）极限荷载除以安全系数

$$f_a = \frac{p_u}{K} = \frac{1}{K}\left(cN_c + qN_q + \frac{1}{2}\gamma b N_r\right)$$

（4）《建筑地基基础设计规范》（GB 50007—2011）公式

当偏心距 e 小于或等于 0.033 倍基础底面宽度时，通过试验和统计得到土的抗剪强度指标标准值后，可按下式计算地基土承载力特征值。

$$f_a = M_b\gamma b + M_d\gamma_0 d + M_c c_k$$

式中　M_b、M_d、M_c——承载力系数，按表 4-3 采用；

　　　　b——基础底面宽度，m。当基础底面宽度大于 6m 时按 6m 考虑；对砂土小于 3m 时按 3m 考虑；

　　　　c_k——基底下一倍基础底面短边宽深度内土的黏聚力标准值。

表 4-3　承载力系数 M_b、M_d、M_c 表

土的内摩擦角标准值 φ_k/（°）	M_b	M_d	M_c	土的内摩擦角标准值 φ_k/（°）	M_b	M_d	M_c
0	0	1.00	3.14	22	0.61	3.44	6.04
2	0.03	1.12	3.22	24	0.80	3.87	6.45
4	0.06	1.25	3.51	26	1.10	4.37	6.90
6	0.10	1.39	3.71	28	1.40	4.93	7.40
8	0.14	1.55	3.93	30	1.90	5.59	7.95
10	0.18	1.73	4.17	32	2.60	6.35	8.55
12	0.23	1.94	4.42	34	3.40	7.21	9.22
14	0.29	2.17	4.69	36	4.20	8.25	9.97
16	0.36	2.43	5.00	38	5.00	9.44	10.80
18	0.43	2.72	5.31	40	5.80	10.84	11.73
20	0.51	3.06	5.66				

4.4.3　经验方法确定地基承载力

1. 间接原位测试的方法

平板载荷试验是直接测定地基承载力的原位测试方法，而其他的原位测试方法，即静力触探、动力触探、标准贯入试验等不能直接测定地基承载力，但是可以将其结果与各地区的载荷试验结果相比较，积累一定数量的数据，建立经验关系，间接地确定地基承载力，这种方法广泛地应用于工程实际中。但是当地基基础设计等级为甲级和乙级时，应结合室内实验成果综合分析，不宜单独使用。

（1）动力触探试验

动力触探是利用一定的锤击能量，使触探杆打入土层一定深度，根据其所需的锤击数来判断土的工程性质。利用锤击数与地基承载力之间的关系，可以确定地基承载力。

（2）静力触探试验

静力触探试验适用于软土、一般、粉土、砂土和含少量碎石的土。试验时，用静压力将装有探头的触探器压入土中，通过压力传感器及电阻应变仪测出土层对探头的贯入阻力。探头贯入阻力的大小直接反映了土的强度的大小，利用贯入阻力与地基承载力之间的关系可以确定地基承载力。

（3）标准贯入试验

标准贯入试验适用于砂土和粉土。试验时，先行钻孔，再把上端接有钻杆的标准贯入器放至孔底，然后用质量为 63.5kg 的锤子，以 76cm 的高度自由下落将贯入器先打入土中15cm，然后测出累计打入 30cm 的锤击数，该击数称为标准贯入锤击数。利用标准贯入锤击数与地基承载力之间的关系可以确定地基承载力。

2. 利用地基承载力表来确定地基承载力

在一些设计规范或勘察设计规范中，常给出一些可根据土的物理性质指标确定地基承载力的表，这些是各地区根据建筑工程实践经验、现场载荷试验、标准贯入试验等数据进行统计分析得到的，具有很强的地域性，不能不顾条件生搬硬套，需不断进行试验复核与工程检验工作，可以在本地区得到验证的条件下，作为一种推荐性的经验方法使用。

4.4.4　地基承载力特征值的修正

当实际工程中基础宽度 $b>3$m 或基础埋深 $d>0.5$m 时，按照现场载荷试验或其他原位测试、经验值等方法确定的地基承载力特征值，尚应按下式修正。

$$f_a = f_{ak} + \eta_b \gamma(b-3) + \eta_d \gamma_0(d-0.5)$$

式中　f_a——修正后的地基承载力特征值，kPa；

f_{ak}——地基承载力特征值，kPa；

γ——基础底面以下土的重度，地下水位以下取有效重度，kN/m^3；

γ_0——基础底面以上土的加权平均重度，地下水位以下取有效重度，kN/m^3；

b——基础底面宽度，m。当基础底面宽度小于 3m 时按 3m 考虑，大于 6m 时按 6m 考虑；

η_b、η_d——基础宽度和埋深的地基承载力修正系数，按基底下土的类别查表 4-4 取值；

d——基础埋置深度，m；宜自室外地面标高算起，当埋深小于 0.5m 时按 0.5m 取值。在填方整平地区，可自填土地面标高算起，但填土在上部结构施工后完成时，应从天然地面标高算起。对地下室，如采用箱形基础或筏基时，基础埋深自室外地面标高算起；当采用独立基础或条形基础时，应从室内地面标高算起。

表 4-4　承载力修正系数

土　的　类　别		η_b	η_d
淤泥和淤泥质土		0	1.0
人工填土、e 或 I_L 大于等于 0.85 的黏性土		0	1.0
红黏土	含水比 $a_w > 0.8$	0	1.2
	含水比 $a_w \leqslant 0.8$	0.15	1.4
大面积压实填土	压实系数大于 0.95 的黏质粉土	0	1.5
	最大干密度大于 2.1t/m³ 的级配砂石	0	2.0
粉土	黏粒含量 $\rho_c \geqslant 10\%$ 的粉土	0.3	1.5
	黏粒含量 $\rho_c < 10\%$ 的粉土	0.5	2.0
e 及 I_L 均小于 0.85 的黏性土		0.3	1.6
粉砂、细砂（不包括很湿和饱和时的稍密状态）		2.0	3.0
中砂、粗砂、砾砂和碎石土		3.0	4.4

注：① 强风化和全风化的岩石，可参照所风化的相应土类取值，其他状态下的岩石不做修正；
　　② 按平板载荷试验确定地基承载力特征值时，η_d 取 0；
　　③ 含水比是指土的天然含水量与液限的比值；
　　④ 大面积压实填土是指填土范围大于两倍基础宽度的填土。

思考题与习题

1. 何谓土的抗剪强度？砂土与黏性土的抗剪强度表达式有何不同？同一土样的抗剪强度是不是一个定值？

2. 测定土的抗剪强度指标主要有哪几种方法？试比较它们的优缺点。

3. 土体中发生剪切破坏的平面是不是切应力最大的平面？在什么情况下，破裂面与最大切应力面是一致的？一般情况下，破裂面与最大主应力面成什么角度？

4. 为什么土颗粒越粗，内摩擦角 φ 越大？相反，土颗粒越细，其黏聚力 c 越大？

5. 试述三轴压缩试验的基本原理。三轴压缩试验有哪些优点？如何应用三轴压缩试验求得抗剪强度指标 c、φ 值？

6. 地基土的临塑荷载 p_{cr} 和临界荷载 $p_{1/4}$ 的物理意义是什么？在工程上有何实用意义？中心荷载与偏心荷载作用下，临界荷载有何区别？

7. 什么是地基承载力特征值？有几种测定方法？

8. 已知某土样的一组直剪试验成果，在法向应力为 50kPa、100kPa、200kPa 和 300kPa

时，测得的抗剪强度 τ_f 分别为 41.6kPa、71kPa、123.5kPa 和 177kPa。试用作图求该土的抗剪强度指标 c、φ 值。若作用在此土样中某平面上的正应力和切应力分别是 230kPa 和 120kPa，试问该面是否会剪切破坏？（答案：16kPa，28°；不会剪切破坏）

9. 某条形基础下地基土体中一点的应力为：$\sigma_z = 250$kPa，$\sigma_x = 100$kPa，$\tau_{zx} = 40$kPa。已知地基土为砂土，内摩擦角为 $\varphi = 30°$。试问该点是否剪切破坏？如 σ_z 和 σ_x 不变，τ_{zx} 增至 60kPa，则该点状态又如何？（答案：未剪切破坏；剪切破坏）

10. 设砂土地基中一点的最大、最小主应力分别为 400kPa 和 160kPa，其内摩擦角 $\varphi = 32°$，试求：

(1) 该点最大切应力是多少？最大切应力面上的法向应力为多少？

(2) 此点是否已经达到极限平衡状态？为什么？

(3) 如果此点未达到极限平衡，令最大主应力不变，而改变最小主应力，使该点达到极限平衡状态，这时最小主应力应为多少？（答案：120kPa，280kPa；未达到极限平衡状态，122.9kPa）

11. 某条形基础宽度 $b = 12$m，基础埋深 $d = 2$m，地基土为均质黏土，$\gamma = 18$kN/m³，$\varphi = 30°$，$c = 15$kPa。试求：

(1) 临塑荷载 p_{cr} 和界限荷载 $p_{1/4}$；

(2) 按太沙基公式计算极限承载力 p_u；

(3) 若地下水位在基础底面处（$\gamma_{sat} = 19.9$kN/m³），p_{cr} 和 $p_{1/4}$ 又各是多少？

（答案：155.3kPa，225.3kPa；548.1kPa；155.3kPa，193.8kPa）

第5章 土压力与土坡稳定

挡土墙是防止土体坍塌、保证天然或人工土坡稳定的长条形构筑物，在房屋建筑、水利、铁路及桥梁工程中有着广泛的应用。图 5-1 所示为几种典型的挡土墙形式。

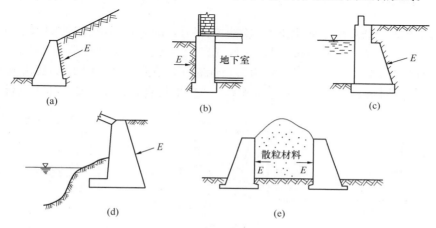

图 5-1 几种典型挡土墙的形式

（a）支撑土坡的挡土墙；（b）地下室外墙；（c）堤岸挡土墙；
（d）拱桥桥台；（e）储存散粒材料的挡土墙

土压力是指挡土墙后填土因自重或外荷载作用对墙背产生的侧向压力。由于土压力是作用在挡土墙上的主要外荷载。因此，在设计挡土墙之前就必须知道土压力的类型、大小、方向、作用点和分布。土压力的计算十分复杂，它涉及填料、挡墙和地基三者之间的相互作用。它不仅与挡土墙高度、墙背的形状、倾斜度、粗糙度以及土的物理力学性能、填土面的坡度及荷载作用情况有关，而且还与挡土墙的位移大小和方向、支撑的位置以及施工方法等有关。目前土压力的计算仍大多采用古典的朗肯理论和库仑理论。

5.1 土压力的类型

影响挡土墙土压力大小及其分布规律的因素较多，其中挡土墙的位移量及位移方向是最主要的因素。根据挡土墙的位移情况和墙后土体所处的应力状态，可将土压力分为以下三种：

5.1.1 静止土压力

当挡土墙具有足够的截面或建造在坚硬基岩上时，挡土墙在墙后填土压力作用下不产生任何方向位移移动或转动而保持原有位置不变，墙后土体处于弹性平衡状态，如图 5-2（a）所示，此时作用在墙背上的土压力称为静止土压力，一般用 E_0 表示。如地下室外墙、地下水池侧壁、涵洞的侧壁等因结构不产生位移，作用于墙背上的土压力即为静止土压力。

5.1.2 主动土压力

若挡土墙在墙后填土压力作用下背离填土方向发生位移时，则随着位移的增大，墙后土压力将逐渐减少。当位移达到一定数值时，墙后土体就处于主动极限平衡状态，土体即将沿着某一滑动面下滑，土压力达到最小值，此时作用在墙背上的土压力就称为主动土压力，用 E_a 表示，如图 5-2（b）所示。如支撑建筑物周围填土的挡土墙受到的外荷载就是主动土压力。

5.1.3 被动土压力

若挡土墙在外荷载作用下向填土方向发生位移时，随着位移增大，填土受到墙的挤压其反作用将逐渐增大。当位移达到较大量值时，墙后土体就处于被动极限平衡状态，土体即将沿某一滑动面向上滑动，土压力达到最大值，此时作用在墙背上的土压力称为被动土压力，用表示 E_p 表示，如图 5-2（c）所示。如桥梁工程中的桥台就是按被动土压力设计的。

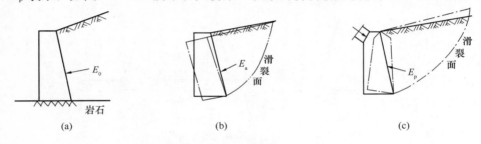

图 5-2 挡土墙上的三种土压力
（a）静止土压力；（b）主动土压力；（c）被动土压力

根据理论分析和挡土墙的模型试验表明：对同一挡土墙，在填土的物理力学性质相同的条件下，三种土压力大小的关系是：$E_a < E_0 < E_p$。由此可见，作用于挡土墙上的土压力不是一个常量，其土压力的性质、大小及沿墙高的分布规律与很多因素有关，归纳起来主要有以下几个方面：

① 挡土墙的位移量和位移的方向。

② 挡土墙的形状、墙背的光滑程度和结构形式。

③ 墙后填土的性质，包括填土的重度、含水量、内摩擦角和黏聚力的大小及填土面的倾斜程度。

5.2 静止土压力的计算

当挡土墙在墙后压力作用下，不产生任何位移和变形时，作用在墙背上的土压力就是静止土压力。由于挡土墙是长条形的，可以认为其任何一个横截面均为其对称面，因此，取 1m 作为计算单元。

静止土压力可根据半空间无限弹性体的应力状态来求解。计算时，在水平填土面以下任意深度 z 处的 M 点取一单元体，如图 5-3 所示，作用于单元体上的力有两个：一个为该处土的竖向自重应力 σ_{cz}，其值为 $\sigma_{cz} = \gamma z$；另一个为该处土的侧向自重应力 σ_{cx}，它即可看做当土体无侧向变形时，挡土墙对填土产生的静

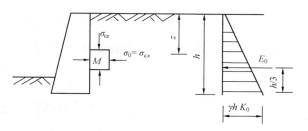

图 5-3　静止土压力计算图

压力，其反作用力就是填土对墙背产生的静止土压力强度 σ_0，计算公式为

$$\sigma_0 = \sigma_{cx} = K_0 \sigma_{cz} = K_0 \gamma z \tag{5.1}$$

式中　K_0——土的侧压力系数，即静止土压力系数；

z——计算点在填土下面的深度，m；

γ——墙后填土的重度，kN/m^3。

静止土压力系数的确定方法有：

① 通过侧限条件下的试验测定。

② 采用经验公式计算，即 $K_0 = 1 - \sin\varphi'$，式中为土的有效内摩擦角。由该式计算的 K_0 值，与砂土的试验结果较吻合，而黏性土则存在一定误差，对饱和软黏土应更慎用。

③ 按表 2-1 提供的经验值酌定。

由式（5.1）可知，静止土压力强度沿墙高呈三角形分布（见图 5-3），则 1m 墙长的单元体上，静止土压力合力 E_0（kN/m）的大小为

$$E_0 = \frac{1}{2} \times K_0 \gamma h \times h \times 1 = \frac{1}{2} K_0 \gamma h^2 \tag{5.2}$$

式中　h——挡土墙的高度，m；

E_0——单位墙长上的静止土压力（kN/m）。

静止土压力 E_0 的作用点在距离墙底 $\frac{1}{3}h$ 处，即三角形的形心处。

【应用实例 5.1】

已知某挡土墙高度为 5.0m，墙背竖直光滑，墙后填土面水平，墙后填土重度为 $\gamma = 18.0 kN/m^3$，静止土压力系数 $K_0 = 0.65$，试计算作用在墙背的静止土压力大小及其作用点，并绘出土压力沿墙高的分布图。

解：按静止土压力计算公式，墙顶（如图 5-4 中点 1）的静止土压力强度为

$$\sigma_{01} = K_0 \gamma z = 0.65 \times 18.0 \times 0 = 0 kPa$$

墙底处（如图 5-4 中点 2）的静止土压力强度为

$$\sigma_{02} = K_0 \gamma z = 0.65 \times 18.0 \times 5 = 58.5 kPa$$

土压力沿墙高分布图如图 5-4 所示，静止土压力合力 E_0 的大小可通过三角形面积求得

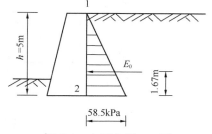

图 5-4　应用实例 5.1 图

101

$$E_0 = \frac{1}{2} \times 58.5 \times 5 = 146.25 \text{kN/m}$$

静止土压力 E_0 的作用点离墙底的距离为

$$h/3 = 5/3 = 1.67 \text{m}$$

5.3 朗肯土压力理论

朗肯（Rankine，1857）土压力理论属古典土压力理论之一，它是根据弹性半空间土体内的应力状态和土的极限平衡理论导出的土压力计算方法。

朗肯土压力理论的前提条件是：①墙体为刚体；②墙背垂直、光滑；③墙后填土面水平。因为墙背垂直光滑才能保证沿墙背方向不存在切应力。根据切应力互等定理，水平面和竖直面上切应力亦为零，这样水平面与竖直面上的正应力正好分别为最大、最小主应力。

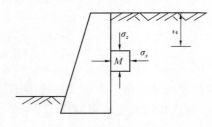

图 5-5 土中某点的应力

如图 5-5 所示，在离填土面深度为 z 处任取一单元体，作用于该点竖直方向的主应力就是土的竖直自重应力，$\sigma_z = \sigma_{cz} = \gamma z$，而水平方向的主应力由土体所处的应力状态而定。若挡土墙不发生位移，土体就处于弹性平衡状态，水平方向的主应力就是土的侧向自重应力，这就是静止土压力，因静止土压力系数小于 1，它也是最小主应力，即 $\sigma_x = \sigma_{cx} = \sigma_0 = \sigma_3 = K_0 \gamma z$。

如果挡土墙发生位移，墙后土体就会才主动伸展或被迫压缩，此时竖直方向的主应力仍为 γz，而水平方向的主应力就会减小或增大，达到极限平衡状态时，就成为主动土压力或被动土压力。

5.3.1 主动土压力

当挡土墙离开土体向前移动时，墙后土体主动伸展。如图 5-6（a）所示，竖直方向的主应力 σ_z 保持不变，仍为 $\sigma_z = \gamma z$，而水平方向的主应力 σ_x 逐渐减小，当达到极限平衡状态时，土体将沿着与最大主应力作用面（即水平面）成（$45° + \varphi/2$）的滑裂面下滑，此时 σ_x 达到最小值，这个最小值即为主动土压力强度 σ_a。

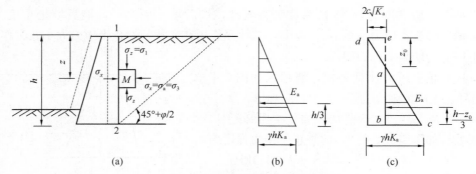

图 5-6 朗肯主动土压力分布图
（a）主动土压力图示；（b）无黏性土；（c）黏性土

根据土的强度理论，当土中某点处于极限平衡状态时，其最大、最小主应力 σ_1 和 σ_3 应满足的关系式是

$$\sigma_1 = \sigma_3 \tan^2\left(45° + \frac{\varphi}{2}\right) + 2c\tan\left(45° + \frac{\varphi}{2}\right)$$

$$\sigma_3 = \sigma_1 \tan^2\left(45° - \frac{\varphi}{2}\right) - 2c\tan\left(45° - \frac{\varphi}{2}\right)$$

由上述分析可知，竖直方向的主应力 $\sigma_z = \gamma z$ 为最大主应力 σ_1，水平方向的主应力 $\sigma_x = \sigma_a$ 为最小主应力 σ_3，因此主动土压力的计算公式为

$$\sigma_a = \sigma_3 = \gamma z \tan^2\left(45° - \frac{\varphi}{2}\right) - 2c\tan\left(45° - \frac{\varphi}{2}\right)$$
$$= \gamma z K_a - 2c\sqrt{K_a} \tag{5.3}$$

式中　σ_a——主动土压力强度，kPa；

γ——墙后填土的重度，kN/m³；

K_a——朗肯主动土压力系数，$K_a = \tan^2\left(45° - \frac{\varphi}{2}\right)$；

c——填土的黏聚力，kPa；

φ——填土的内摩擦角，(°)。

（1）无黏性土主动土压力

对无黏性土，$c = 0$，所以主动土压力计算公式为 $\sigma_a = \gamma z K_a$。如图 5-6（b）所示，主动土压力强度与深度 z 成正比，沿挡土墙高度呈三角形分布，墙背单位长度所受总主动土压力 E_a 为三角形面积，即

$$E_a = \frac{1}{2} K_a \gamma h^2 \tag{5.4}$$

主动土压力 E_a 作用点通过三角形形心，距墙底 $h/3$ 处。

（2）黏性土主动土压力

黏性土主动土压力由两部分组成：一部分是由土的自重应力引起的土压力 $\gamma z K_a$，另一部分是由于黏聚力的存在而引起的拉应力 $2c\sqrt{K_a}$。这两部分叠加的结果如图 5-6（c）所示，其中 ade 部分是拉应力，会使填土与墙背脱离，应略去这部分应力不计，黏性土土压力的计算仅考虑 abc 部分。

a 点离填土面的深度 z_0 称为临界深度，一般可由式（5.3）令 $\sigma_a = 0$ 求得

$$\sigma_a = \gamma z_0 K_a - 2c\sqrt{K_a} = 0$$
$$z_0 = \frac{2c}{\gamma \sqrt{K_a}} \tag{5.5}$$

挡土墙墙背单位长度所受总主动土压力 E_a 为三角形 abc 面积，即

$$E_a = \frac{1}{2}(h - z_0)(\gamma h K_a - 2c\sqrt{K_a}) \tag{5.6}$$

主动土压力 E_a 作用点通过三角形 abc 形心，距墙底 $(h - z_0)/3$ 处。

5.3.2 被动土压力

当挡土墙在外力作用下，产生向填土方向位移时，墙后土体被动压缩。如图5-7（a）所示，竖直方向的主应力 σ_z 仍保持不变，为 $\sigma_z = \gamma z$，而水平方向的主应力 σ_x 逐渐增大，当达到极限平衡状态时，土体将沿着与最小主应力作用面（即水平面）成（$45° - \varphi/2$）的滑裂面向上滑动，此时 σ_x 达到最大值，这个最大值即为被动土压力强度 σ_p。

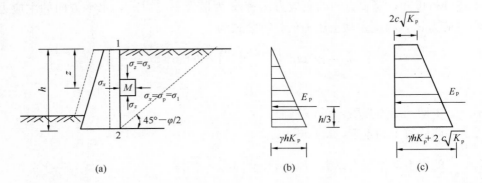

图 5-7 朗肯被动土压力分布图

（a）被动土压力图示；（b）无黏性土；（c）黏性土

综上述，竖直方向的主应力 $\sigma_z = \gamma z$ 为最小主应力 σ_3，水平方向的主应力 $\sigma_x = \sigma_p$ 为最大主应力 σ_1，因此由极限平衡条件得被动土压力的计算公式为

$$\sigma_p = \sigma_1 = \gamma z \tan^2\left(45° + \frac{\varphi}{2}\right) + 2c\tan\left(45° + \frac{\varphi}{2}\right)$$
$$= \gamma z K_p + 2c\sqrt{K_p} \tag{5.7}$$

式中　σ_p——被动土压力强度，kPa；

K_p——朗肯被动土压力系数，$K_p = \tan^2\left(45° + \frac{\varphi}{2}\right)$。

由式（5.7）得被动土压力的分布如图5-7（b）和（c）所示。无黏性土为三角形分布，黏性土仍由两部分组成，呈梯形分布。

挡土墙墙背单位长度所受总被动土压力 E_p 为

无黏性土

$$E_p = \frac{1}{2}K_p\gamma h^2 \tag{5.8}$$

黏性土

$$E_p = \frac{1}{2}K_p\gamma h^2 + 2ch\sqrt{K_p} \tag{5.9}$$

被动土压力 E_p 作用点通过三角形或梯形压力分布图的形心。

【应用实例5.2】

有一挡土墙高5m，墙背垂直光滑，墙后填土面水平。墙后填土的物理力学性能指标为：$\gamma = 18.0\text{kN/m}^3$，$c = 12.0\text{kPa}$，$\varphi = 20°$。试计算主动土压力 E_a 大小及作用点位置，并绘出主动土压力强度沿墙高的分布图。

解：因挡土墙墙背光滑，墙后填土面水平，满足朗肯土压力条件，故可按下式计算土压力

$$\sigma_a = \gamma z K_a - 2c\sqrt{K_a}$$

主动土压力系数为

$$K_a = \tan^2\left(45° - \frac{\varphi}{2}\right) = \tan^2\left(45° - \frac{20°}{2}\right) = 0.49$$

挡土墙顶面 1 点处的主动土压力强度为

$$\begin{aligned}
\sigma_{a1} &= \gamma z_1 K_a - 2c\sqrt{K_a} \\
&= 18.0 \times 0 \times 0.49 - 2 \times 12.0 \times \sqrt{0.49} \\
&= -16.80 \text{kPa}
\end{aligned}$$

挡土墙底面 2 点处的主动土压力强度为

$$\sigma_{a2} = \gamma z_2 K_a - 2c\sqrt{K_a} = 18.0 \times 5.0 \times 0.49 - 2 \times 12.0 \times \sqrt{0.49} = 27.30 \text{kPa}$$

由于 σ_{a1} 为拉应力，墙背与填土脱开，临界深度 z_0 为

$$z_0 = \frac{2c}{\gamma\sqrt{K_a}} = \frac{2 \times 12.0}{18.0 \times \sqrt{0.49}} = 1.90 \text{m}$$

土压力分布图形如图 5-8 所示，主动土压力大小为

$$E_a = \frac{1}{2} \times 27.3 \times (5.0 - 1.9) = 42.32 \text{kN/m}$$

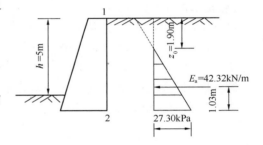

图 5-8　应用实例 5.2 主动土压力分布图

主动土压力 E_a 的作用点离挡土墙底面距离为

$$\frac{h - z_0}{3} = \frac{5.0 - 1.90}{3} = 1.03 \text{m}$$

5.4　常见情况下土压力计算

在工程实际中，挡土墙后填土可能是由多层土体构成，填土面上可能有外荷载作用，土中还可能存在地下水，现对如上几种常见情况分析挡土墙后土压力的计算。

5.4.1　填土面上作用有均布外荷载

当挡土墙后填土面上有连续均布外荷载 q 作用时，通常可将均布外荷载换算成与地表以下土层性质完全相同的当量土重，即用假想的土重代替均布外荷载对填土表面的作用。

如图 5-9 所示，当填土面水平时，按照替换前后填土面上所受应力相等的原则，即 $q = \gamma h_d$，可得当量土层厚度 h_d 为

$$h_d = \frac{q}{\gamma} \tag{5.10}$$

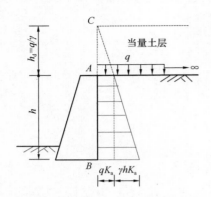

图 5-9 填土面上作用均布荷载

替换后，可以以 $h+h_d$ 为墙高，按填土面上无外荷载作用的情形计算土压力。以墙后填土为无黏性土为例，则墙顶 A 点处的主动土压力强度为

$$\sigma_{aA} = \gamma h_d K_a = q K_a$$

墙底 B 点处的主动土压力强度为

$$\sigma_{aB} = \gamma(h_d + h)K_a = (q + \gamma h)K_a$$

土压力强度分布图形是从图 5-9 中 C 点开始的，但仅实际墙高 h 范围内有效，即图中阴影部分。主动土压力 E_a 的大小为图中梯形面积，作用点通过梯形形心。

由上述 A、B 两点的土压力表达式可知，作用于填土表面下深度为 z 处的主动土压力强度 σ_a 等于该处土的竖向应力乘以主动土压力系数 K_a。

【应用实例5.3】

已知某挡土墙高 6m，墙背垂直光滑，墙后填土面水平。填土面上有均布荷载 $q = 15\text{kPa}$，墙后填土的物理力学性能指标为：$\gamma = 19.0\text{kN/m}^3$，$c = 12.0\text{kPa}$，$\varphi = 10°$。试计算主动土压力 E_a 大小及作用点位置，并绘出主动土压力强度沿墙高的分布图。

解： 因挡土墙墙背垂直光滑，墙后填土面水平，故按朗肯土压力理论计算。

先将均布荷载换算成当量土层

$$h_d = \frac{q}{\gamma} = \frac{15}{19} = 0.789\text{m}$$

主动土压力系数为

$$K_a = \tan^2\left(45° - \frac{10°}{2}\right) = 0.704$$

挡土墙顶面 1 点处的主动土压力强度为

$$\sigma_{a1} = \gamma h_d K_a - 2c\sqrt{K_a} = q K_a - 2c\sqrt{K_a}$$

$$= 15.0 \times 0.704 - 2 \times 12.0 \times \sqrt{0.704} = -9.58\text{kPa}$$

挡土墙底面 2 点处的主动土压力强度为

$$\sigma_{a2} = \gamma(h_d + h)K_a - 2c\sqrt{K_a} = (q + \gamma h)K_a - 2c\sqrt{K_a}$$

$$= (15.0 + 19.0 \times 6.0) \times 0.704 - 2 \times 12.0 \times \sqrt{0.704}$$

$$= 70.68\text{kPa}$$

由于 σ_{a1} 为拉应力，故应求临界深度 z_0。

令 $\sigma_a = (q + \gamma z_0)K_a - 2c\sqrt{K_a} = 0$ 得

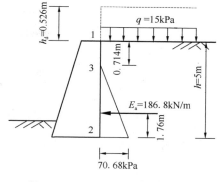

$$z_0 = \frac{2c - q\sqrt{K_a}}{\gamma\sqrt{K_a}}$$

$$= \frac{2 \times 12.0 - 15.0 \times \sqrt{0.704}}{19.0 \times \sqrt{0.704}}$$

$$= 0.714\text{m}$$

主动土压力强度 σ_a 分布图形如图 5-10 所示，主动土压力大小为

$$E_a = \frac{1}{2} \times 70.68 \times (6.0 - 0.714) = 186.8\text{kN/m}$$

图 5-10　实例 5.3 土压力强度分

主动土压力 E_a 的作用点离挡土墙底面距离为

$$\frac{h - z_0}{3} = \frac{6.0 - 0.714}{3} = 1.76\text{m}$$

5.4.2　成层填土

当墙后填土有几种不同种类的水平土层时，仍可采用朗肯土压力理论计算。以墙后填土为无黏性土为例，先求出各层土的土压力系数，其次求出各层面处的竖向应力，某层土的土压力强度 σ_a 等于各层面处的竖向应力乘以相应土层的主动土压力系数 K_a。如图 5-11 所示，墙后各层面的主动土压力强度为

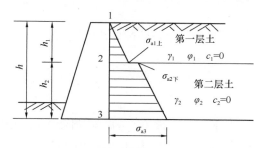

图 5-11　成层填土的土压力计算

$$\sigma_{a1} = 0$$

$$\sigma_{a2上} = \gamma_1 h_1 K_{a1}$$

$$\sigma_{a2下} = \gamma_1 h_1 K_{a2}$$

$$\sigma_{a3} = (\gamma_1 h_1 + \gamma_2 h_2) K_{a2}$$

由图 5-11 可见，因不同土层主动土压力系数不同，使得在土层交界面上主动土压力强度值发生突变。

【应用实例 5.4】

已知某挡土墙高 5m，墙背垂直光滑，墙后填土面水平。填土分两层，各层土的物理力学性能指标如图 5-12 所示。试计算主动土压力 E_a 大小，并绘出主动土压力强度沿墙高的分布图。

解： 因挡土墙墙背垂直光滑，墙后填土面水平，故按朗肯土压力理论计算。

各层土的主动土压力系数为

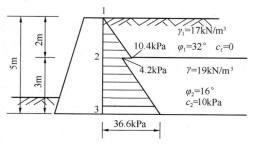

图 5-12　应用实例 5.4 土压力强度分布

$$K_{a1} = \tan^2\left(45° - \frac{32°}{2}\right) = 0.307$$

$$K_{a2} = \tan^2\left(45° - \frac{16°}{2}\right) = 0.568$$

计算第一层填土的土压力强度

$$\sigma_{a1} = 0$$

$$\sigma_{a2上} = \gamma_1 h_1 K_{a1} = 17 \times 2 \times 0.307 = 10.4 \text{kPa}$$

计算第二层填土的土压力强度

$$\sigma_{a2下} = \gamma_1 h_1 K_{a2} - 2c_2\sqrt{K_{a2}}$$

$$= 17 \times 2 \times 0.568 - 2 \times 10 \times \sqrt{0.568}$$

$$= 4.2 \text{kPa}$$

$$\sigma_{a3} = (\gamma_1 h_1 + \gamma_2 h_2)K_{a2} - 2c_2\sqrt{K_{a2}}$$

$$= (17 \times 2 + 19 \times 3) \times 0.568$$

$$- 2 \times 10 \times \sqrt{0.568}$$

$$= 36.6 \text{kPa}$$

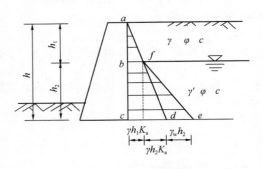

图 5-13 墙后填土有地下水

主动土压力 E_a 为

$$E_a = \frac{1}{2} \times 10.4 \times 2 + \frac{1}{2} \times (4.2 + 36.6) \times 3 = 71.6 \text{kN/m}$$

主动土压力强度分布如图 5-12 所示。

5.4.3　墙后填土有地下水

挡土墙后的回填土常会部分或全部处于地下水位以下，由于地下水的存在将使土的含水量增加，抗剪强度降低，同时还会产生静水压力，使墙背受到土压力和水压力的双重作用，作用在墙背上的侧压力会增加，因此挡土墙应有良好的排水措施。

在计算土压力时，通常假设水位以上和水位以下土的内摩擦角 φ 和黏聚力 c 都保持不变。但水位以下取土的有效重度，而水位以上土压力的计算仍取土的天然重度，因此可按成层填土的情况计算土压力，墙背上的总侧压力应是土压力与水压力的和。图 5-13 中 $abcdf$ 部分为无黏性填土时主动土压力强度分布图，def 为水压力分布图。

应当注意的是，由于水位以上和水位以下土的内摩擦角 φ 和黏聚力 c 保持不变，主动土压力系数也就保持不变，因此在地下水位面处土压力强度没有突变。

【应用实例5.5】

已知某挡土墙高7m，墙背垂直光滑，墙后填土面水平，并作用有均布荷载 $q = 20 \text{kPa}$，墙后填土分两层，上层土：$h_1 = 3\text{m}$，$\gamma_1 = 18.0 \text{kN/m}^3$，$c_1 = 12.0 \text{kPa}$，$\varphi_1 = 20°$，下层土位于地下水位以下，$h_2 = 4\text{m}$，$\gamma_{sat} = 19.2 \text{kN/m}^3$，$c_2 = 6.0 \text{kPa}$，$\varphi_2 = 26°$。试计算墙背总侧压力 E 大小及作用点位置，并绘出侧压力分布图。

解：因挡土墙墙背垂直光滑，墙后填土面水平，故按朗肯土压力理论计算。

各层土的主动土压力系数为

$$K_{a1} = \tan^2 \left(45° - \frac{20°}{2} \right) = 0.49$$

$$K_{a2} = \tan^2 \left(45° - \frac{26°}{2} \right) = 0.39$$

填土表面

$$\sigma_{a1} = qK_{a1} - 2c_1\sqrt{K_{a1}} = 20 \times 0.49 - 2 \times 12.0 \times \sqrt{0.49} = -7.0\text{kPa}$$

计算第一层填土底部的土压力强度

$$\sigma_{a2上} = (q + \gamma_1 h_1)K_{a1} - 2c_1\sqrt{K_{a1}}$$

$$= (20 + 18.0 \times 3) \times 0.49 - 2 \times 12.0 \times \sqrt{0.49}$$

$$= 19.46\text{kPa}$$

$$\sigma_{a2下} = (q + \gamma_1 h_1)K_{a2} - 2c_2\sqrt{K_{a2}}$$

$$= (20 + 18.0 \times 3) \times 0.39 - 2 \times 6.0 \times \sqrt{0.39}$$

$$= 21.37\text{kPa}$$

计算第二层填土底部的土压力强度

$$\sigma_{a3} = (q + \gamma_1 h_1 + \gamma'_2 h_2)K_{a2} - 2c_2\sqrt{K_{a2}}$$

$$= [20 + 18.0 \times 3 + (19.2 - 10) \times 4] \times 0.39 - 2 \times 6.0 \times \sqrt{0.39}$$

$$= 35.72\text{kPa}$$

水压力　　　　　　　　$$\sigma_w = \gamma_w h_2 = 10 \times 4 = 40\text{kPa}$$

由于 σ_{a1} 为拉应力，故应求临界深度 z_0。

令 $\sigma_a = (q + \gamma_1 z_0)K_{a1} - 2c_1\sqrt{K_{a1}} = 0$ 得

$$z_0 = \frac{2c_1 - q\sqrt{K_{a1}}}{\gamma_1 \sqrt{K_{a1}}}$$

$$= \frac{2 \times 12.0 - 20 \times \sqrt{0.49}}{18.0 \times \sqrt{0.49}}$$

$$= 0.794\text{m}$$

主动土压力强度 σ_a 及水压力分布图形如图 5-14所示。

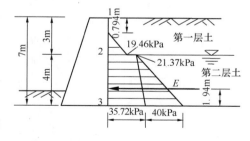

图 5-14　应用实例 5.5 土压力强度分布

总侧压力 E 为

$$E = \frac{1}{2} \times 19.46 \times (3 - 0.794) + 21.37 \times 4 + \frac{1}{2} \times (40.0 + 35.72 - 21.37) \times 4$$

$$= 21.46 + 85.48 + 108.70 = 215.64\text{kN/m}$$

总侧压力 E 作用点离墙底的距离 y_0 可按求截面形心的方法计算

$$y_0 = \frac{\frac{1}{2} \times 19.46 \times (3 - 0.794) \times \left[\frac{(3-0.794)}{3} + 4\right] + 21.37 \times 4 \times 2}{215.64}$$

$$+ \frac{\frac{1}{2} \times (40.0 + 35.72 - 21.37) \times 4 \times \frac{4}{3}}{215.64} = 1.94\text{m}$$

5.5 库仑土压力理论

库仑（Coulomb，1776）土压力理论亦属古典土压力理论，它是假定墙后土体处于极限平衡状态并形成一滑动楔体，然后从楔体的静力平衡条件导出土压力的计算方法。其基本假定是：①墙后的填土是理想的散粒体（黏聚力 $c = 0$）；②滑裂面为通过墙踵的平面；③滑动土楔为刚体，即本身无变形。

库仑土压力理论适用于砂土或碎石土，可以考虑墙背倾斜、粗糙及填土面倾斜等各种因素的影响。分析计算时，取挡墙后滑动楔体进行分析，并以 1m 墙长为计算单元。当墙发生位移时，墙后的滑动土楔随挡土墙的位移而达到主动或被动极限平衡状态，根据滑动土楔的静力平衡条件，可分别求得主动土压力和被动土压力。

5.5.1 库仑主动土压力

如图 5-15（a）所示，墙背与铅直线之间的夹角为 α，填土表面与水平面之间夹角为 β，墙与填土间的摩擦角为 δ。当挡土墙离开填土向前位移使得墙后土体处于主动极限平衡状态时，土体沿某一滑裂面向下滑动，假设滑裂面 AC 与水平面的夹角为 θ。作用在滑动土楔体 ABC 上的作用力有：

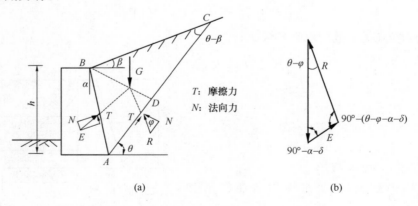

图 5-15　库仑主动土压力计算
（a）土楔体 ABC 上的作用力；（b）力三角形

① 土楔体 ABC 的自重：

$$G = \frac{1}{2} AC \times BD \times \gamma = \frac{1}{2}\gamma h^2 \times \frac{\cos(\alpha - \beta)\cos(\theta - \alpha)}{\cos^2\alpha \sin(\theta - \beta)}$$

② 滑裂面 AC 上的反力 R：R 是滑裂面上土楔体 ABC 自重的法向分力和该面上土体间

摩擦力的合力，其方向与 AC 面法线间的夹角等于土的内摩擦角 φ，而大小未知。由于土楔体 ABC 在主动极限平衡状态时，相对于 BC 面向下滑，所以 R 在法线的下方。

③ 墙背对土楔体的反力 E：是作用于墙背上土楔体自重的法向分力和该面上土体间摩擦力的合力，它与墙背法线间夹角等于填土与墙背之间的摩擦角 δ，δ 又称外摩擦角。由于土楔体 ABC 向下滑，所以 E 在法线的下方。

由于土楔体 ABC 在以上三力作用下处于静力平衡状态，因此必构成一闭合的力三角形，如图 5-15（b）所示。现已知三力的方向和力 G 的大小，则根据正弦定理可得

$$\frac{E}{\sin(\theta-\varphi)} = \frac{G}{\sin\left[180°-(\theta-\varphi)-(90°-\alpha-\delta)\right]}$$

将 G 的表达式代入后，可得

$$E = \frac{1}{2}\gamma h^2 \times \frac{\cos(\alpha-\beta)\cos(\theta-\alpha)\sin(\theta-\varphi)}{\cos^2\alpha\sin(\theta-\delta)\cos(\theta-\varphi-\alpha-\delta)} \tag{5.11}$$

在上式中，γ、h、α、β、φ 和 δ 是已知的，而滑裂面 AC 与水平面的夹角 θ 则是任意假定的，因此，假设不同的 θ 角可得相应的土压力 E 值，即 E 是 θ 的函数。E 的最大值 E_{max} 即是作用于墙背的主动土压力 E_a，其对应的滑裂面即是土楔体最危险的滑裂面。

为求 E_a，可用微分学中求极值的方法求 E 的极大值，即令 $\dfrac{\mathrm{d}E}{\mathrm{d}\theta}=0$，可解得使 E 取得极大值的驻点 θ_{cr}，θ_{cr} 就是 E 成为 E_a 时滑裂面 AC 的倾角，将驻点 θ_{cr} 的值代入式（5.11），整理后可得库仑主动土压力的计算公式

$$E_a = \frac{1}{2}\gamma h^2 \frac{\cos^2(\varphi-\alpha)}{\cos^2\alpha\cos(\alpha+\delta)\left[1+\sqrt{\dfrac{\sin(\delta+\varphi)\sin(\varphi-\beta)}{\cos(\alpha+\delta)\cos(\alpha-\beta)}}\right]^2} \tag{5.12}$$

令

$$K_a = \frac{\cos^2(\varphi-\alpha)}{\cos^2\alpha\cos(\alpha+\delta)\left[1+\sqrt{\dfrac{\sin(\delta+\varphi)\sin(\varphi-\beta)}{\cos(\alpha+\delta)\cos(\alpha-\beta)}}\right]^2} \tag{5.13}$$

则

$$E_a = \frac{1}{2}K_a\gamma h^2 \tag{5.14}$$

式中　K_a——库仑主动土压力系数，按式 5-13 计算或查表 5-1；

　　　γ——墙后填土的重度，kN/m^3；

　　　h——挡土墙高度；

　　　α——墙背的倾斜角（°），俯斜为正，仰斜为负；

　　　φ——墙后填土的内摩擦角，（°）；

　　　β——墙后填土面的倾角，（°）；

　　　δ——土与挡土墙墙背之间的摩擦角，（°），可按表 5-2 选用。

表 5-1　库仑主动土压力系数

δ	α	β ╲ φ	15°	20°	25°	30°	35°	40°	45°	50°
0°	0°	0°	0.589	0.490	0.406	0.333	0.271	0.217	0.172	0.132
		10°	0.704	0.569	0.462	0.374	0.300	0.238	0.186	0.142
		20°		0.883	0.573	0.441	0.344	0.267	0.204	0.154
		30°			0.750	0.436	0.318	0.235	0.172
	10°	0°	0.652	0.560	0.478	0.407	0.343	0.288	0.238	0.194
		10°	0.784	0.655	0.550	0.461	0.383	0.318	0.261	0.211
		20°		1.015	0.685	0.548	0.444	0.360	0.291	0.231
		30°				0.925	0.566	0.433	0.337	0.262
	20°	0°	0.736	0.648	0.569	0.498	0.434	0.375	0.332	0.274
		10°	0.896	0.768	0.663	0.572	0.492	0.421	0.358	0.302
		20°		1.205	2.834	0.688	0.576	0.484	0.405	0.337
		30°				1.169	0.740	0.586	0.474	0.385
	−10°	0°	0.540	0.433	0.344	0.270	0.209	0.158	0.117	0.083
		10°	0.644	0.500	0.389	0.301	0.229	0.171	0.125	0.088
		20°		0.785	0.482	0.353	0.261	0.190	0.136	0.094
		30°				0.614	0.333	0.226	0.155	0.104
	−20°	0°	0.497	0.380	0.287	0.212	0.153	0.106	0.070	0.043
		10°	0.595	0.439	0.323	0.234	0.166	0.114	0.074	0.045
		20°		0.707	0.401	0.274	0.188	0.125	0.080	0.047
		30°				0.498	0.239	0.147	0.090	0.051
10°	0°	0°	0.533	0.447	0.373	0.309	0.253	0.204	0.163	0.127
		10°	0.664	0.531	0.431	0.350	0.282	0.225	0.177	0.136
		20°		0.897	0.549	0.420	0.326	0.254	0.195	0.148
		30°				0.762	0.423	0.306	0.226	0.166
	10°	0°	0.603	0.520	0.448	0.384	0.326	0.275	0.230	0.189
		10°	0.759	0.626	0.524	0.440	0.369	0.307	0.253	0.206
		20°		1.064	0.674	0.534	0.432	0.351	0.284	0.227
		30°				0.969	0.564	0.427	0.332	0.258
	20°	0°	0.659	0.615	0.543	0.478	0.419	0.365	0.316	0.271
		10°	0.890	0.752	0.646	0.558	0.482	0.414	0.354	0.300
		20°		1.308	0.844	0.687	0.573	0.481	0.403	0.337
		30°				1.268	0.758	0.594	0.478	0.388
	−10°	0°	0.477	0.385	0.309	0.245	0.191	0.146	0.106	0.078
		10°	0.590	0.455	0.354	0.275	0.211	0.159	0.116	0.082
		20°		0.773	0.450	0.328	0.242	0.177	0.127	0.088
		30°				0.605	0.313	0.212	0.146	0.098
	−20°	0°	0.427	0.330	0.252	0.188	0.137	0.096	0.064	0.039
		10°	0.529	0.388	0.286	0.209	0.149	0.103	0.068	0.041
		20°		0.675	0.364	0.248	0.170	0.114	0.073	0.044
		30°				0.475	0.220	0.135	0.082	0.047

续表

δ	α	β \ φ	15°	20°	25°	30°	35°	40°	45°	50°
15°	0°	0°	0.518	0.434	0.363	0.301	0.248	0.201	0.160	0.125
		10°	0.656	0.522	0.423	0.343	0.277	0.222	0.174	0.135
		20°		0.914	0.546	0.415	0.323	0.251	0.194	0.147
		30°				0.777	0.422	0.305	0.225	0.165
	10°	0°	0.592	0.511	0.441	0.378	0.323	0.273	0.228	0.189
		10°	0.760	0.623	0.520	0.437	0.366	0.305	0.252	0.206
		20°		1.103	0.679	0.535	0.432	0.351	0.284	0.228
		30°				1.005	0.571	0.430	0.334	0.260
	20°	0°	0.690	0.611	0.540	0.476	0.419	0.366	0.317	0.273
		10°	0.904	0.757	0.649	0.560	0.484	0.416	0.357	0.303
		20°		1.383	0.862	0.697	0.579	0.486	0.408	0.341
		30°				1.341	0.778	0.606	0.487	0.395
	−10°	0°	0.458	0.371	0.298	0.237	0.186	0.142	0.106	0.076
		10°	0.576	0.422	0.344	0.267	0.205	0.155	0.114	0.081
		20°		0.776	0.441	0.320	0.237	0.174	0.125	0.087
		30°				0.607	0.308	0.209	0.143	0.097
	−20°	0°	0.405	0.314	0.240	0.180	0.132	0.093	0.062	0.038
		10°	0.509	0.372	0.275	0.201	0.144	0.100	0.066	0.040
		20°		0.667	0.352	0.239	0.164	0.110	0.071	0.042
		30°				0.470	0.214	0.131	0.080	0.046
20°	0°	0°			0.357	0.297	0.245	0.199	0.160	0.125
		10°			0.419	0.340	0.275	0.220	0.174	0.135
		20°			0.547	0.414	0.322	0.251	0.193	0.147
		30°			0.798	0.425	0.306	0.225	0.166	
	10°	0°			0.438	0.377	0.322	0.273	0.229	0.190
		10°			0.521	0.438	0.367	0.306	0.254	0.208
		20°			0.690	0.540	0.436	0.354	0.286	0.230
		30°				1.051	0.582	0.437	0.338	0.264
	20°	0°			0.543	0.479	0.422	0.370	0.321	0.277
		10°			0.659	0.568	0.490	0.423	0.363	0.309
		20°			0.891	0.715	0.592	0.496	0.417	0.349
		30°				1.434	0.807	0.624	0.501	0.406
	−10°	0°			0.291	0.232	0.182	0.140	0.105	0.076
		10°			0.337	0.262	0.202	0.153	0.113	0.080
		20°			0.437	0.316	0.233	0.171	0.124	0.086
		30°				0.614	0.306	0.207	0.142	0.096

续表

δ	α	β / φ	15°	20°	25°	30°	35°	40°	45°	50°
20°	−20°	0°			0.231	0.174	0.128	0.090	0.061	0.038
		10°			0.266	0.195	0.140	0.097	0.064	0.039
		20°			0.344	0.233	0.160	0.108	0.069	0.042
		30°			0.468	0.210	0.129	0.079	0.045	

表 5-2　土对挡土墙墙背的摩擦角

挡 土 墙 情 况	摩 擦 角 δ	挡 土 墙 情 况	摩 擦 角 δ
墙背平滑、排水不良	$(0 \sim 0.33)\varphi_k$	墙背很粗糙、排水良好	$(0.5 \sim 0.67)\varphi_k$
墙背粗糙、排水良好	$(0.33 \sim 0.5)\varphi_k$	墙背与填土之间不可能滑动	$(0.67 \sim 1.0)\varphi_k$

注：φ_k 为墙背填土的内摩擦角的标准值。

由式（5.14）可知，主动土压力 E_a 的大小与挡土墙高 h 的平方成正比。这与朗肯无黏性土主动土压力计算公式的形式是一样的（只是 K_a 不同）。为求离墙顶为任意深度 z 处的主动土压力强度 σ_a，可将 E_a 对 z 求导而得，即

$$\sigma_a = \frac{dE_a}{dz} = \frac{d}{dz}\left(\frac{1}{2}K_a\gamma z^2\right) = \gamma z K_a \qquad (5.15)$$

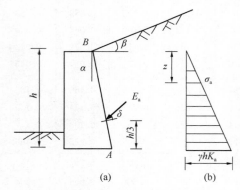

图 5-16　库仑主动土压力分布
（a）E_a 作用点和方向；（b）土压力强度分布图

由上式可知，主动土压力强度 σ_a 沿墙高仍呈三角形分布，如图 5-16 所示。主动土压力的合力作用点在离墙底 $h/3$ 处，方向与墙背法线顺时针成 δ 角，与水平面成 $(\alpha + \delta)$ 角。由于式（5.15）是对垂直深度 z 微分得来的，因而在图 5-16（b）中所示的土压力强度分布图只是表示沿墙垂直高度的大小，而不代表作用方向。

当墙背垂直、光滑、填土面水平时，将 $\alpha = 0$，$\delta = 0$，$\beta = 0$ 代入式（5.13），可得

$$K_a = \tan^2\left(45° - \frac{\varphi}{2}\right)$$

可见在此条件下，库仑主动土压力公式和朗肯主动土压力公式相同，也即若墙后填土为无黏性土时，朗肯理论是库仑理论的特例。

5.5.2　库仑被动土压力

当挡土墙在外力作用下推向土体，使得墙后土体处于被动极限平衡状态时，土楔体 ABC 将沿滑裂面 AC 向上滑动，此时土楔体 ABC 在自重 G、反力 R 和 E 的作用下处于静力平衡状态，R 和 E 的方向位于法线的上方。按求主动土压力同样的方法，可得库仑被动土

压力计算公式为

$$E_p = \frac{1}{2} K_p \gamma h^2 \tag{5.16}$$

其中

$$K_p = \frac{\cos^2(\varphi + \alpha)}{\cos^2 \alpha \cos(\alpha - \delta) \left[1 + \sqrt{\dfrac{\sin(\delta + \varphi)\sin(\varphi + \beta)}{\cos(\alpha - \delta)\cos(\alpha - \beta)}}\right]^2} \tag{5.17}$$

被动土压力强度的计算公式为

$$\sigma_p = \frac{dE_p}{dz} = \gamma z K_p \tag{5.18}$$

E_p 的作用点在离墙底 $h/3$ 处，作用线位于过该点法线的下方，与法线成 δ 角。

【应用实例 5.6】

已知某挡土墙高 6.0m，墙背倾斜角 $\alpha = 10°$（俯斜），填土面倾斜角 $\beta = 15°$，填土重度为 $\gamma = 18.0\text{kN/m}^3$，$c = 0$，$\varphi = 30°$，填土与墙背摩擦角 $\delta = 20°$，试计算主动土压力 E_a 及作用点。

解： 由 $\alpha = 10°$，$\beta = 15°$，$\varphi = 30°$，$\delta = 20°$，查表得主动土压力系数为 $K_a = 0.480$，则

$$E_a = \frac{1}{2} K_a \gamma h^2 = \frac{1}{2} \times 0.48 \times 18.0 \times 6.0^2$$

$$= 112.32\text{kN/m}$$

土压力作用点在距墙底 $h/3 = 6.0/3 = 2.0\text{m}$ 处；方向与墙背垂线的夹角为 $\delta = 20°$，如图 5-17 所示。

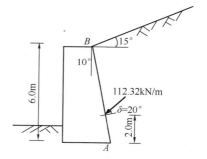

图 5-17　库仑主动土压力

5.5.3　朗肯理论与库仑理论的比较

朗肯土压力理论与库仑土压力理论是在不同假定条件下，根据不同分析方法来计算土压力的，只有当挡土墙墙背垂直光滑、墙后填土面水平，且墙后填土为无黏性土时，这两种理论计算出的结果才完全相同，其他情况下，两者则不一样。

朗肯土压力理论是根据半空间无限体中的应力状态和土的极限平衡条件来计算土压力的，概念明确，公式简单，在工程中应用广泛。由于计算时忽略了墙背与填土间的摩擦力，使计算出的主动土压力值偏大，被动土压力值偏小。但朗肯理论必须在墙背垂直、光滑、墙后填土面水平的条件下才能应用。

库仑土压力理论是根据墙后土体处于极限平衡状态并形成一滑裂面时，由滑裂面上土楔体的静力平衡条件来计算土压力的，可用于墙背倾斜、粗糙、填土面不水平等情况，但仅适用于无黏性填土。对黏性填土须采用规范推荐的计算公式。另外，在库仑理论推导中，假定滑裂面是平面，而实际中滑裂面为一曲面，只有当墙背倾角 α 及墙背与填土间摩擦角 δ 很小时，滑裂面才接近于平面。由此使计算的主动土压力值偏小而被动土压力值很大，被动土压力值的偏差不被工程所允许，因此库仑理论在工程中只用于求主动土压力。

5.5.4 规范法计算土压力

《建筑地基基础设计规范》（GB 5007—2011）根据库仑理论，并考虑黏性土的黏聚力 c 和填土表面外荷载对土压力的影响，推荐了主动土压力 E_a 的计算公式为

$$E_a = \psi_a \frac{1}{2} K_a \gamma h^2 \tag{5.19}$$

式中　　ψ_a——主动土压力增大系数，系考虑高大挡土墙实测土压力值大于理论值的结果。当挡土墙高 $h<5\text{m}$ 时，ψ_c 宜取 1.0；$5\text{m}\leqslant h\leqslant 8\text{m}$ 时，ψ_c 宜取 1.1；$h>8\text{m}$ 时，ψ_c 宜取 1.2；

　　　　K_a——主动土压力系数。

$$K_a = \frac{\sin(\alpha+\beta)}{\sin^2\alpha \sin^2(\alpha+\beta-\varphi-\delta)} K_q \{[\sin(\alpha+\beta)\sin(\alpha-\delta)+\sin(\varphi+\delta)\sin(\varphi-\beta)]$$

$$+ 2\eta\sin\alpha\cos\varphi\cos(\alpha+\beta-\varphi-\delta) - 2[(K_q\sin(\alpha+\beta)\sin(\varphi-\beta)+\eta\sin\alpha\cos\varphi)$$

$$\times (K_q\sin(\alpha-\delta)\sin(\varphi+\delta)+\eta\sin\alpha\cos\varphi)]^{1/2}\}$$

$$K_q = 1 + \frac{2q\sin\alpha\cos\beta}{\gamma h\sin(\alpha+\beta)}$$

$$\eta = \frac{2c}{\gamma h}$$

　　　　q——作用于填土表面的连续均布荷载，kPa，工程上可用单位水平投影面积上的荷载强度来计算；

　　　　c——黏性填土的黏聚力，kPa；

　　　　α——墙背的倾斜角，（°）。

其余符号意义同前。

当填土为无黏性土时，K_a 可按库仑土压力理论确定。当挡土墙满足朗肯条件时，K_a 可按朗肯土压力理论确定。黏性土或粉土的 K_a 值也可采用试算法图解求得。

对于 $h\leqslant 5\text{m}$ 的挡土墙，当排水条件符合挡土墙设计要求，填土符合表 5-3 要求时，其主动土压力系数 K_a 可按图 5-18 查得。当地下水丰富时，应考虑水压力的作用。

表 5-3　查主动土压力系数图的填土质量要求

类　别	填　土　名　称	密　实　度	干　密　度（t/m³）
I	碎石土	中密	$\rho_d\geqslant 2.0$
II	砂土（包括砾砂、粗砂、中砂）	中密	$\rho_d\geqslant 1.65$
III	黏土夹块石		$\rho_d\geqslant 1.90$
IV	粉质黏土		$\rho_d\geqslant 1.65$

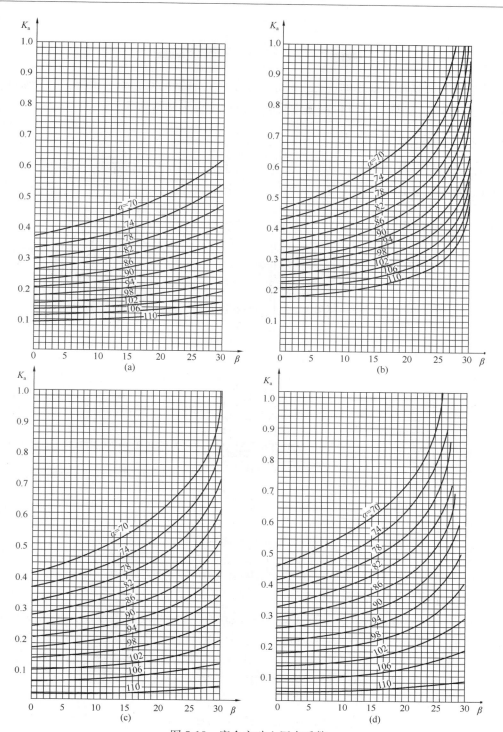

图 5-18　库仑主动土压力系数

(a) Ⅰ类土土压力系数 ($\delta=1/2\varphi$、$q=0$)；(b) Ⅱ类土土压力系数 ($\delta=1/2\varphi$、$q=0$)；(c) Ⅲ类土土压力系数 ($\delta=1/2\varphi$、$q=0$、$H=5\mathrm{m}$)；(d) Ⅳ类土土压力系数 ($\delta=1/2\varphi$、$q=0$、$H=5\mathrm{m}$)

5.6 挡土墙设计

挡土墙设计包括挡土墙类型选择、稳定性验算（包括抗倾覆稳定、抗滑稳定、圆弧滑动稳定）、地基承载力验算、墙身材料强度验算以及构造要求和措施等。

5.6.1 挡土墙的类型

挡土墙是防止土体坍塌的构造物，常见的类型有：重力式、悬臂式、扶壁式、锚杆式、锚定板式、板桩式和加筋土挡土墙等，如图 5-19 所示。

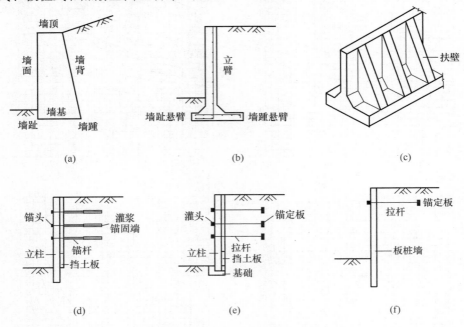

图 5-19 挡土墙主要类型
（a）重力式挡土墙；（b）悬臂式挡土墙；（c）扶壁式挡土墙；
（d）锚杆式挡土墙；（e）锚定板式挡土墙；（f）板桩式挡土墙

（1）重力式挡土墙

重力式挡土墙一般由块石、毛石或素混凝土砌筑而成，其依靠自身重力来维持自身稳定性，故截面尺寸较大，如图 5-19（a）所示。由于采用的材料抗拉强度低，一般用于墙高小于8m、地层稳定、开挖土石方时不会危及相邻建筑物的地段。重力式挡土墙具有结构简单、施工方便、能就地取材等优点，因而在工程中应用较为广泛。

（2）悬臂式挡土墙

悬臂式挡土墙由钢筋混凝土建造，它由立臂、墙趾悬臂和墙踵悬臂三部分组成。主要靠墙踵悬臂上的土重来维持挡土墙的稳定性，而土压力在立壁中产生的拉应力靠墙中钢筋来承受，因此墙身截面较小，如图 5-19（b）所示。它适用于地基承载力较低、墙高 6m 左右且缺乏石料的地区。多用于市政工程和仓库中。

（3）扶壁式挡土墙

当墙高大于 6m 时，挡土墙立臂所受的弯矩和产生的变形都较大，为增强立臂的抗弯能力和减少用钢量，常沿墙长纵向每隔一定距离（0.3～0.6）h 设置一道扶壁，墙体稳定主要靠扶壁间土重维持。如图 5-19（c）所示。

（4）锚杆式和锚定板式挡土墙

锚杆式挡土墙通常是由立柱、钢筋混凝土挡板及锚固于稳定土层（岩层）中的锚杆三部分组成，作用于挡土板上的土压力是靠锚杆提供的拉力来承受，如图 5-19（d）所示。锚杆可通过钻孔灌注水泥砂浆的方法进行设置，材料一般为高强钢丝束或热轧钢筋。锚杆结构可作为边坡或深基坑的支护，适用墙高超过 12m。

锚定板式挡土墙是由预制的钢筋混凝土挡土板、立柱、钢拉杆和土中的锚定板组成。钢拉杆将挡土板和锚定板连接成整体，如图 5-19（e）所示。作用于挡土板上的土压力通过拉杆传至锚定板，再由锚定板的拉拔力来平衡，其适用于大型填方工程，在城市交通工程中多用。这两种挡土墙有时联合使用。

（5）板桩式挡土墙

板桩式挡土墙是由板桩和锚杆组成，板桩一般常用预制钢筋混凝土板桩或钢板桩，锚栓可以是锚杆或锚定板，在墙较低也可不用锚栓。作用在板桩上的土压力是通过锚栓和墙前的土体来支撑。如图 5-19（f）所示。一般作为开挖深基坑时的临时性支护使用，亦可用于永久工程。

5.6.2　重力式挡土墙的设计计算

设计挡土墙时，一般先根据工程地质条件、墙后填土性质、填土面荷载情况以及建筑材料和施工条件等，凭经验初步拟定挡土墙的截面尺寸，然后进行验算。如不满足要求，则应改变截面尺寸或采用其他措施。

1. 挡土墙受力分析

作用于挡土墙上的力主要有墙身自重、土压力和地基反力。

（1）墙身自重 G

计算墙身自重时，取 1m 墙长进行计算，常将挡土墙划分为几个简单的几何图形，如矩形和三角形等，将每个图形的面积 A_i 乘以墙体材料的重度 γ 即得到相应部分的墙重 G_i，G_i 作用在每一部分的重心上，方向竖直向下；

（2）土压力 E

土压力时挡土墙上的主要荷载，根据墙与填土的相对位移确定土压力类型。如挡土墙向前移动，墙背受主动土压力 E_a 作用；若挡土墙有一定埋深时，墙面埋深部分会受到被动土压力 E_p 作用，但该力通常较小，可忽略不计且偏于安全。

（3）基底反力 R

基底反力是基底压力的反作用力，可分解为垂直分力及水平分力。沿基底的分布可假设为直线形。

2. 挡土墙抗倾覆稳定性验算

倾覆破坏是指挡土墙在土压力作用下绕墙趾 o 点（见图 5-20）向外转动而失稳，是挡土墙最易发生的破坏。为方便计算，将主动土压力 E_a 分解为水平分力 E_{ax} 和垂直分力 E_{az}，则使墙体发生倾覆的力矩为 $E_{ax}z_f$，而抵抗倾覆的力矩是 $Gx_0 + E_{az}x_f$。抗倾覆力矩与倾覆力矩的比值称为抗倾覆安全系数 K_t，为了保证挡土墙的稳定，要求 K_t 不得小于 1.6，即

$$K_t = \frac{Gx_0 + E_{az}x_f}{E_{ax}z_f} \geqslant 1.6 \tag{5.20}$$

式中　G——挡土墙每沿米自重，kN/m；

　　　E_{ax}——E_a 的水平分力，$E_{ax} = E_a\cos(\alpha+\delta)$，kN/m；

　　　E_{az}——E_a 的垂直分力，$E_{az} = E_a\sin(\alpha+\delta)$，kN/m；

　　　x_0——挡土墙重心离墙趾 O 点的水平距离，m；

　　　x_f——土压力作用点离墙趾 O 点的水平距离，$x_f = b - z\tan\alpha$，m；

　　　z_f——土压力作用点离墙趾 O 点的垂直距离，$z_f = z - b\tan\alpha_0$，m；

　　　b——基底的水平投影宽度，m；

　　　α_0——挡土墙基底逆坡倾角，(°)；

　　　z——土压力作用点离墙踵的垂直距离，m。

如果验算结果不能满足要求，应采取以下措施：

① 伸长墙趾，加大 x_0，必要时可在墙趾处配筋以防止其破坏；

② 加大挡土墙截面，增大 G，使抗倾覆力矩加大；

③ 墙背做成仰斜或在墙背上做卸载平台，使土压力 E_a 减小；

④ 在墙踵后加拖板，利用拖板上的土重增加抗滑力。

3. 挡土墙抗滑移稳定性验算

滑移是指挡土墙在土压力作用下沿基底滑动而失稳。如图 5-21 所示，将 E_a 和 G 均分解为平行和垂直于基底切向分力和法向分力。切向分力的合力即为滑动力，法向分力合力在基底产生的摩擦力为抗滑力，抗滑力与滑动力的比值称为抗滑安全系数 K_s，为了保证挡土墙稳定，K_s 应不小于 1.3，即

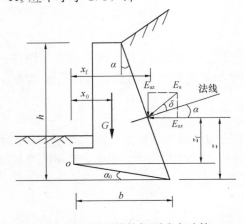

图 5-20　挡土墙抗倾覆稳定验算

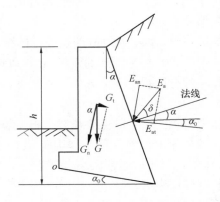

图 5-21　挡土墙抗滑移稳定验算

$$K_s = \frac{(G_n + E_{an})\mu}{E_{at} - G_t} \geqslant 1.3 \tag{5.21}$$

式中 G_n——G 在垂直于基底方向的法向分力，$G_n = G\cos\alpha_0$，kN/m；

   G_t——G 在平行于基底方向的切向分力，$G_t = G\sin\alpha_0$，kN/m；

   E_{an}——E_a 在垂直于基底方向的法向分力，$E_{an} = E_a\sin(\alpha + \alpha_0 + \delta)$，kN/m；

   E_{at}——E_a 在平行于基底方向的切向分力，$E_{at} = E_a\cos(\alpha + \alpha_0 + \delta)$，kN/m；

   μ——土对挡土墙基底的摩擦系数，可按表 5-4 采用。

如果验算结果不能满足要求，应采取以下措施：

① 基底做砂、石垫层，增加 μ；

② 加大挡土墙底面逆坡，以增加滑动面抗滑力；

③ 加大挡土墙截面，增大 G，使挡土墙底与地基间的摩擦力加大；

④ 参照抗倾覆部分的措施③、④项。

表 5-4 土对挡土墙基底的摩擦系数

土的类别		摩擦系数 μ	土的类别	摩擦系数 μ
黏 性 土	可 塑	0.25～0.30	中砂、粗砂、砾砂	0.40～0.50
	硬 塑	0.30～0.35	碎 石 土	0.40～0.60
	坚 硬	0.35～0.45	软 质 岩	0.40～0.60
粉 土		0.30～0.40	表面粗糙的硬质岩	0.65～0.75

注：① 对易风化的软质岩石和塑性指数 I_p 大于 22 的黏性土，基底的摩擦系数应通过试验确定；

  ② 对碎石土，可根据其密实度、填充物状况、风化程度等确定。

4. 地基强度的验算

为保证地基土不因剪切破坏而失稳，要求挡土墙的基底压力小于地基的承载力。挡土墙基底一般受偏心荷载作用，因此可按条形基础单向偏心受压情况计算基底压力。如图 5-22 所示，产生基底压力的外力 F_n 为 G 和 E_a 对基底产生的法向分力的合力，即

$$F_n = G_n + E_{an}$$

F_n 的作用点可通过合力矩定理求得。设 F_n 离 o 点的距离为 c，则合力 F_n 对 o 点的力矩为 $F_n c$；分力 G 和 E_a 对 o 点的力矩和可通过图 5-21 求得，为 $Gx_0 + E_{az}x_f - E_{ax}x_f$。因此有：

$$c = \frac{Gx_0 + E_{az}x_f - E_{ax}z_f}{F_n}$$

设 b 为基底倾斜方向的宽度，则 F_n 的偏心距 e 为

$$e = \frac{b'}{2} - c$$

而

$$b' = \frac{b}{\cos\alpha_0}$$

地基强度验算的公式为

$$p_k = \frac{F_n}{b'} \leqslant f_a \qquad (5.22)$$

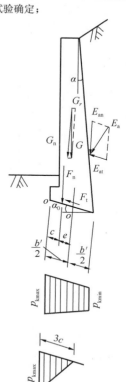

图 5-22 挡土墙
基底压力分布

$$e \leqslant \frac{b'}{6} \qquad (5.23)$$

$$p_{kmax} = \frac{F_n}{b}\left(1 + \frac{6e}{b}\right) \leqslant 1.2f_a \qquad (5.24)$$

当偏心距 $e > \frac{b'}{6}$ 时，可按 $p_{kmax} = \frac{2F_n}{3c} \leqslant 1.2f_a$ 进行验算，但必须满足 $e \leqslant \frac{b'}{4}$ 的条件。

式中　　p_k——相应于作用的标准组合时，基础底面处的平均压应力值，kPa；

　　　　p_{kmax}——相应于作用的标准组合时，基础底面边缘的最大压应力值，kPa；

　　　　f_a——修正后的地基承载力特征值，kPa。

5. 墙身强度的验算

挡土墙在土压力和自重作用下自身应具备足够的强度和刚度，因此应验算挡土墙墙身强度。验算项目包括抗压强度和抗剪强度，计算时荷载应按设计值考虑。验算截面通常取最危险截面如截面急剧变化或转折处、基础底面等处。验算时先计算出所选计算截面以上墙体所受的土压力和自重，再根据墙身材料，按《混凝土结构设计规范》（GB 50010）和《砌体结构设计规范》（GB 50003）进行。

5.6.3　重力式挡土墙的构造要求

1. 选择挡土墙墙型

重力式挡土墙根据墙背倾斜角度的不同，可分为仰斜（$\alpha < 0$）、垂直（$\alpha = 0$）和俯斜（$\alpha > 0$）三种形式，如图 5-23 所示。在相同的墙高和填土条件下，用同一种理论计算主动土压力时，最小的是仰斜式，最大的是俯斜式，垂直式居于两者之间。因此，仅从减小土压力因素方面考虑，宜优先采用仰斜式。

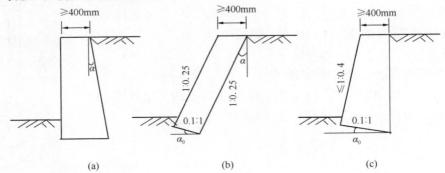

图 5-23　重力式挡土墙形式

(a) 俯斜式；(b) 仰斜式；(c) 垂直式

如果挡土墙用于护坡工程，也宜采用仰斜式。因仰斜墙背可与边坡紧密贴合，而俯斜式墙背后就必须回填土。反之，如果是填方工程，则宜用俯斜式或垂直式，以便于填土的夯实。

当墙前地形比较平坦时，用仰斜式比较合理。若地形较陡，宜用垂直式，因为采用仰斜式，为了保持挡土墙必要的基础埋深，就必须增高墙体，使得材料用量加大，而俯斜式的主动土压力较大，不宜采用。

2. 截面尺寸要求

重力式挡土墙的截面尺寸随墙型、墙高和墙身材料而变。当采用混凝土砌块和毛石砌筑时，墙顶宽度不宜小于 0.4m；整体现浇的混凝土挡土墙，墙顶宽不应小于 0.2m。设计时，墙顶宽可取为 $(1/10 \sim 1/12)h$，墙底宽约 $(1/2 \sim 1/3)h$，最后尺寸通过计算确定。

挡土墙墙背和墙面坡度一般选用 $1:0.2 \sim 1:0.3$；仰斜墙背坡度越缓，主动土压力越小。但为了避免施工困难，墙背坡度不宜缓于 $1:0.25$，且墙面与墙背尽量平行。

对于垂直墙背，当墙前的地形较陡时，墙面坡度可取为 $1:0.05 \sim 1:0.2$，对于中、高挡土墙，在墙前地形平坦时，墙面坡度可较缓，但不宜缓于 $1:0.4$。

为增加挡土墙抗滑能力，可将基底做成逆坡形式，如图 5-24 所示。对于土质地基，基底逆坡坡度不宜大于 $1:10$；对于岩质地基，基底逆坡坡度不宜大于 $1:5$。

为了扩大基础地面尺寸，减少作用在地基上的基底压力，可沿墙底加设墙趾台阶，如图 5-25 所示。墙趾台阶的宽高比为 $h:a = 2:1$，其中 a 不得小于 20cm。

土质地基 $n:l=1:10$
岩石地基 $n:l=1:5$

图 5-24　基底逆坡坡度

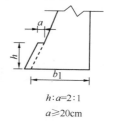

$h:a=2:1$
$a \geq 20cm$

图 5-25　墙趾台阶尺寸

3. 挡土墙基础埋深的要求

重力式挡土墙底部一般位于地面以下，墙前地面到基础底面的距离称为基础埋深，应根据地基承载力、水流冲刷（挡土墙用于护岸时）、岩石裂隙发育及风化程度等因素确定。在特强冻胀、强冻胀地区应考虑冻胀的影响。在土质地基中，基础埋深不宜小于 0.5m；在软质岩地基中，埋深不宜小于 0.3m。

4. 挡土墙后排水措施

挡土墙常因排水不良而导致墙后填土大量积水，使土的抗剪强度下降，侧压力增大，导致挡土墙破坏。因此，挡土墙后应沿墙高和墙长方向设置泄水孔，如图 5-26 所示。泄水孔眼一般采用 $100mm \times 100mm$、$150mm \times 200mm$ 的矩形孔或直径不小于 100mm 的圆孔，孔眼间距宜为 $2 \sim 3m$，外斜 5%，处于最下一排的泄水孔应高出地面 0.3m。为避免地表水渗入填土和土中积水流进墙底地基中，宜在墙顶和墙底处铺设黏土防水层。为方便填土中积水排出，墙后要设置滤水层和必要的排水盲沟，当墙后有山坡时，还应在坡下设置截水沟。

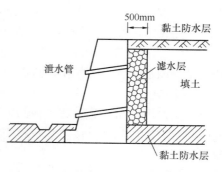

图 5-26　挡土墙的排水措施

123

此外，重力式挡土墙应每隔 10～20m 应设置一道伸缩缝，当地基有变化时宜加设。在结构拐角处，应适当采取加强措施。

5. 填土质量

挡土墙墙后填土宜选用透水性较强的填料，如砂土、砾石、碎石等；当采用黏性土作为填料时，宜掺入适量的块石，以增大透水性和抗剪强度；在季节性冻土地区，墙后填土应选择非冻胀性填料，如炉渣、碎石、粗砂等；墙后填土还应分层夯实，以确保质量。

5.7 边坡稳定性分析

5.7.1 滑坡的形式和原因

简单土坡系指土坡的顶面和底面水平，土坡由均质土组成，且无地下水。图 5-27 表示土坡各部分名称。

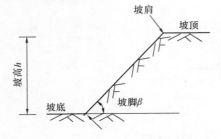

图 5-27 简单土坡各部位名称

土坡滑动一般是指土坡在一定范围内整体地沿某一滑动面向下和向外滑动而丧失其稳定性。滑坡会造成严重的工程事故，并危及人身安全。因此应验算土坡的稳定性，必要时可考虑采用挡土墙。

1. 滑坡的破坏形式

根据滑动面形状不同，滑坡破坏通常有以下两种形式：

① 滑动面为平面的滑坡，常发生在均质的无黏性土坡中。

② 滑动面为近似圆弧面的滑坡，常发生在黏性土坡中。

2. 滑坡原因

导致滑坡的原因是外界某些不利因素的影响，主要有以下几种。

① 作用于土坡上的力发生变化。如在坡顶堆放材料、建造建筑物，或因打桩、车辆行驶、爆破地震等原因，使得侧向水平力增加，破坏了原来的受力平衡状态。

② 土体抗剪强度降低。如降雨使含水量增加、振动使饱和细砂、粉砂液化等。

③ 静水压力的作用。如降水或人为因素引起地下水位升高。土坡排水条件不良时，边坡就增加了侧向静水压力的作用，从而导致滑坡。

3. 滑坡防治

在建设场区内，由于施工或其他的因素影响有可能形成滑坡的地段，必须采取可靠的防治措施。对具有发展趋势并威胁建筑物安全使用的滑坡，应及早采取综合整治措施，防止滑坡继续发展。

应根据工程地质、水文地质条件以及施工影响等因素，分析滑坡可能发生或发展的主要原因，采取必要的防治滑坡的处理措施：

① 排水。应设置排水沟以防止地面水浸入滑坡地段，必要时尚应采取防渗措施。在地下水影响较大的情况下，应根据地质条件，设置地下排水系统。

② 支挡。根据滑坡推力的大小、方向及作用点，可选用重力式抗滑挡墙、阻滑桩及其他抗滑结构。抗滑挡墙的基底及阻滑桩的桩端应埋置于滑动面以下的稳定土（岩）层中，必要时，应验算墙顶以上的土（岩）体从墙顶滑出的可能性。

③ 卸载。在保证卸载区上方及两侧岩土稳定的情况下，可在滑体主动区卸载，但不得在滑体被动区卸载。

④ 反压。在滑体的阻滑区段增加竖向荷载以提高滑体的阻滑安全系数。

5.7.2　边坡开挖的要求

在山坡整体稳定的条件下，土质边坡的开挖应符合下列规定：

① 边坡坡度的允许值，应根据当地经验，参照同类土层的稳定坡度确定。当土质良好且均匀、无不良地质现象、地下水不丰富时，可按表5-5确定。

表 5-5　土质边坡坡度的允许值

土的类别	密实度或状态	坡度允许值（高宽比）	
		坡高在5m以内	坡高在5～10m
碎石土	密　实	1：0.35～1：0.50	1：0.50～1：0.75
	中　密	1：0.50～1：0.75	1：0.75～1：1.00
	稍　密	1：0.75～1：1.00	1：1.00～1：1.25
黏性土	坚　硬	1：0.75～1：1.00	1：1.00～1：1.25
	硬　塑	1：1.00～1：1.25	1：1.25～1：1.50

注：① 表中碎石土的充填物为坚硬或硬塑状态的黏性土；
　　② 对于砂土或充填物为砂土的碎石土，其边坡坡度允许值均按自然休止角确定。

② 土质边坡开挖时，必须加强排水措施，边坡的顶部必须设置截水沟。在任何情况下不应在坡脚及坡面积水。

③ 边坡开挖时，只能由上往下开挖，依次进行。弃土应分散处理，不允许将弃土堆置在坡顶及坡面上。当必须在坡顶或坡面上设置弃土转运站时，应进行坡体稳定验算，严格控制堆栈的土方量。

④ 边坡开挖后，应立即对边坡进行防护处理。

在岩石边坡整体稳定的条件下，岩石边坡的开挖坡度允许值，应根据当地经验按工程类比原则，参照本地区已有稳定边坡的坡度值加以确定。当地质条件良好时，可按表5-6确定。

表 5-6　岩石边坡坡度的允许值

岩石类别	风化程度	坡度允许值（高宽比）	
		坡高在8m以内	坡高在8～15m
硬质岩石	微　风　化	1：0.10～1：0.20	1：0.50～1：0.75
	中等风化	1：0.20～1：0.35	1：0.75～1：1.00
	强　风　化	1：0.35～1：0.50	1：1.00～1：1.25
软质岩石	微　风　化	1：0.35～1：0.50	1：0.50～1：0.75
	中等风化	1：0.50～1：0.75	1：0.75～1：1.00
	强　风　化	1：0.75～1：1.00	1：1.00～1：1.25

遇到下列情况之一时，岩石边坡的坡度允许值应另行设计：

① 边坡的高度大于表 5-5 的规定。

② 地下裂隙比较发育或具有软弱结构面的倾斜地层。

③ 岩石主要结构面的倾斜方向与边坡的开挖面倾斜方向一致，且两者走向的夹角小于 45°。

5.7.3 土坡的稳定性分析

1. 无黏性土坡的稳定性分析

由于无黏性土颗粒间没有内聚力，只有摩擦力，因此这类土坡的稳定问题实质是单个颗粒的稳定问题，只要坡面不滑动，土坡就能保持稳定状态。其稳定平衡条件可由图 5-28 所示的力系来说明。

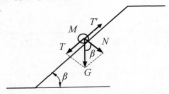

图 5-28 无黏性土坡的稳定分析

设坡面上某土颗粒 M 的自重为 G，土的内摩擦角为 φ，土坡坡角为 β。重力 G 沿坡面的切向分力 $T = G\sin\beta$，法向分力 $N = G\cos\beta$。分力 T 使土颗粒 M 向下滑动，是滑动力。而阻止土颗粒下滑的则是法向分力 N 在颗粒间产生的摩擦力：

$$T = N\tan\varphi = G\cos\beta\tan\varphi$$

抗滑力和滑动力的比值称为稳定安全系数，用 K 表示，即

$$K = \frac{T'}{T} = \frac{G\cos\beta\tan\varphi}{G\sin\beta} = \frac{\tan\varphi}{\tan\beta} \tag{5.25}$$

由式（5.22）可见，当坡角 β 等于土的内摩擦角 φ，即稳定安全系数 $K = 1$ 时，土坡处于极限平衡状态。此时无黏性土坡稳定的极限坡角 β_0 等于土的内摩擦角 φ，此坡角称为土的自然休止角。无黏性土坡的稳定性与坡高无关，只与坡角 β 有关。只要坡角 $\beta < \varphi$（$K > 1$），土坡就是稳定的，为了保证土坡有足够的安全储备，可取 $K = 1.1 \sim 1.5$。

2. 黏性土坡的稳定性分析

黏性土坡发生滑坡时，其滑动面形状多为一曲面。在理论分析中，一般将此曲面简化为圆弧面，并按平面问题处理，即取 1m 坡长为计算单元。

黏性土坡稳定分析常采用瑞典工程师费兰纽斯提出的条分法，该法是一种试算法，即将圆弧滑动体分成若干土条，计算各土条上的力系对对弧心的滑动力矩和抗滑力矩，抗滑力矩与滑动力矩的比值为安全系数 K。选择多个滑动面进行分析，其中最小安全系数 K_{min} 所对应的滑弧就是最危险的滑弧。当 $K_{min} > 1$ 时，土坡就是稳定的，工程上一般取 $K_{min} = 1.1 \sim 1.5$。其分析步骤如下：

① 按一定比例绘出剖面图，如图 5-29（a）所示。

② 任选一点 o 为圆心，以 $oA = R$ 为半径作圆弧 AC，AC 即为假定圆弧滑动面。

③ 将滑动面以上的土体竖直分成若干宽度相等的小土条。土条宽 b 通常取为 $R/10$。

④ 取其中第 i 个土条为隔离体，进行受力分析。作用于该土条上的力有土条自重 G_i，作用于滑动面 ab（简化为直线段）上的法向反力 N'_i 和切向反力 T'_i，略去 ac 和 bd 面上土条间的相互作用力，受力分析如图 5-29（b）所示。

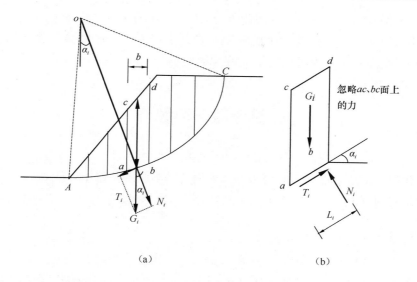

（a）　　　　　　　　　　　　　（b）

图 5-29　黏性土坡的稳定分析

（a）土坡剖面；（b）作用于 i 土条上的力

⑤ 计算下滑力和抗下滑力。

如图 5-28（a）所示，将重力 G_i 分解为垂直和平行于滑动面 ab 的分力 N_i 和 T_i，设滑动面 ab 中点处圆弧切线倾角为 a_i，则

$$N_i = N'_i = G_i \cos\alpha_i \tag{5.26}$$

$$T_i = G_i \sin\alpha_i \tag{5.27}$$

其中

$$G_i = V_i\gamma = bh_i\gamma \quad (\gamma \text{ 为土的重度}) \tag{5.28}$$

重力 G_i 的切向分力 T_i 即为土条 i 的下滑力。而土条的抗滑力为 T'_i，其由土的黏聚力和内摩擦力组成。设土坡的黏聚力为 c，内摩擦角为 φ，滑动面 ab 的长度为 l_i，则有

$$T'_i = c \times l_i \times 1 + N'_i \times \tan\varphi = cl_i + G_i \cos\alpha_i \tan\varphi \tag{5.29}$$

⑥ 计算滑动力矩和抗滑力矩。

以圆心 o 为转动中心，各土条对 o 点的滑动力矩和抗滑力矩分别为

$$M = \sum_{i=1}^{n} T_i R = R\sum_{i=1}^{n} G_i \sin\alpha_i$$

$$M' = \sum_{i=1}^{n} R(cl_i + G_i\cos\alpha_i\tan\varphi) = R\sum_{i=1}^{n} (cl_i + G_i\cos\alpha_i\tan\varphi)$$

抗滑力与滑动力之比称为稳定安全系数，用 K 表示。即计算稳定安全系数 K

$$K = \frac{M'}{M} = \frac{\displaystyle\sum_{i=1}^{n} (cl_i + G_i\cos\alpha_i\tan\varphi)}{\displaystyle\sum_{i=1}^{n} G_i\sin\alpha_i}$$

由于滑动力圆心 o 是任意假定，因此所选滑弧不一定是最危险的滑弧。为了求得最危险滑弧，需要用试算法，即选择若干个滑弧中心，分别按上述方法计算出相应的稳定安全系数，其中最小安全系数 K_{min} 所对应的滑弧就是最危险的滑弧。

思考题与习题

1. 试述土压力的类型及影响各类土压力产生的主要因素。

2. 试比较朗肯土压力理论与库仑土压力理论的基本假定和适用条件。

3. 什么是土的自然休止角？影响土坡稳定的因素有哪些？

4. 如何防止土坡产生滑坡？

5. 挡土墙设计中包含哪些基本计算？

6. 挡土墙上设置的排水孔起什么作用？如何防止排水孔失效？

7. 已知某挡土墙高 5m，墙背垂直光滑，墙后填土面水平。墙后填土的物理力学性能指标为：$\gamma=19.0 \text{kN/m}^3$，$c=12.0 \text{kPa}$，$\varphi=10°$。试计算主动土压力 E_a 大小及作用点位置，并绘出主动土压力强度沿墙高的分布图。

8. 已知某挡土墙高 5m，墙背垂直光滑，墙后填土面水平。填土面上有均布荷载 $q=15 \text{kPa}$，墙后填土的物理力学性能指标如图 5-30 所示，试计算主动土压力 E_a 大小及作用点位置，并绘出主动土压力强度沿墙高的分布图。

9. 某挡土墙如图 5-31 所示，已知墙高 5m，墙后填土的重度为 $\gamma=18.5 \text{kN/m}^3$，填土与墙背的外摩擦角 $\delta=15°$，试计算主动土压力 E_a 大小及作用点位置，并绘出主动土压力强度沿墙高的分布图。

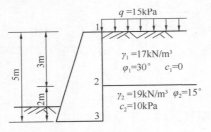

图 5-30　思考题与习题 8 附图

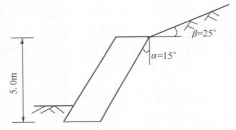

图 5-31　思考题与习题 9 附图

10. 已知某挡土墙高 4.5m，基底逆坡，墙截面尺寸如图 5-32 所示。已知 $\alpha=\beta=\delta=0°$，$\varphi=30°$，$c=0$，$\gamma=19.0 \text{kN/m}^3$，砌体的重度为 $\gamma_0=22.0 \text{kN/m}^3$，基底摩擦系数 $\mu=0.4$。试验算挡土墙的稳定性。

11. 某毛石挡土墙如图 5-33 所示，已知墙高 5m，墙背垂直光滑，墙后填土面水平。砌体的重度为 $\gamma_0=22.0 \text{kN/m}^3$，墙后填土的重度为 $\gamma=18.5 \text{kN/m}^3$，$\varphi=25°$，$c=0$，修正后地基承载力特征值为 $f_a=250 \text{kPa}$，基底摩擦系数 $\mu=0.5$。试验算此挡土墙的稳定性和地基的承载力。

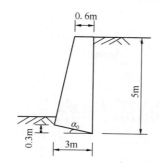

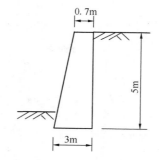

图 5-32　思考题与习题 10 附图　　　图 5-33　思考题与习题 11 附图

第6章 工程地质勘察

任何建筑物都是建造在地基之上的，地基岩土的工程地质条件将直接影响建筑物安全。因此，各项工程建设在设计和施工之前，必须运用各种勘察手段和测试方法进行地基勘察，调查研究和分析评价建筑场地的工程地质条件，从地基的强度、变形和场地的稳定性等方面为设计和施工提供必要的、详实的工程地质资料。工程地质勘察属于岩土工程勘察的范畴，必须遵守国家标准《岩土工程勘察规范》的有关规定，精心勘察、精心分析，提供资料完整、评价正确的勘察报告。

6.1 工程地质勘察的内容

一般地，场地的复杂程度不同、工程重要性不同、地基复杂程度不同，勘察的任务、内容和要求也不同。《岩土工程勘察规范》结合《建筑地基基础设计规范》的建筑物安全等级的划分，根据场地的复杂程度、工程的重要性及地基复杂程度将岩土工程勘察划分为三个等级：

甲级：指在工程重要性、场地复杂程度和地基复杂程度等级中，有一项或多项为一级，

乙级：除甲级和丙级以外的勘察项目。

丙级：指工程重要性、场地复杂程度和地基复杂程度等级均为三级。

关于场地复杂程度等级、工程重要性等级和地基复杂程度等级详如表 6-1、表 6-2 和表 6-3。

表 6-1 场地复杂程度等级的划分

项 次 内 容 等 级	一级（复杂场地）	二级（中等复杂场地）	三级（简单场地）
建筑抗震	危险	不利	设防烈度≤6 度或对抗震有利
不良地质作用	强烈发育	一般发育	不发育
地质环境	已经或可能受到强烈破坏	已经或可能受到一般破坏	基本未受影响
地形地貌	复杂	较复杂	简单
地下水	有影响工程的多层地下水、岩溶裂隙水或其他水文地质复杂，需专门研究	基础位于地下水位以下的场地	地下水对工程无影响

注：从一级开始，向二级、三级推定，以最先满足为准。

表 6-2 工程重要性等级的划分

内容 项次 \ 等级	一级	二级	三级
重要性	重要	一般	次要
后果	很重要	严重	不严重

表 6-3 地基复杂程度等级的划分

内容 项次 \ 等级	一级（复杂场地）	二级（中等复杂场地）	三级（简单场地）
岩土种类	种类多，很不均匀，性质变化大，需特殊处理	种类较多，不均匀，性质变化较大	种类单一，均匀，性质变化不大
特殊岩土	严重失陷膨胀，盐渍、污染的特殊岩土以及需要专门处理的岩土	除复杂地基所规定特殊性岩土以外的特殊性岩土	无特殊性岩土

注：从一级开始，向二级、三级推定，以最先满足为准。

工程地质勘察等级不同，工作的内容、方法和详细程度也不同，有利于对其各个工作环节按等级区别对待，以确保工程质量和安全。建筑工程的设计分为场址选择、初步设计和施工图设计三个阶段，与其相对应，岩土工程勘察也相应的分为三个阶段：选址勘察（又称可行性研究勘察）、初步勘察和详细勘察三个阶段。

建筑物的工程地质勘察应分阶段进行，选址勘察应符合选择场址方案的要求；初步勘察应符合初步设计的要求；详细勘察应符合施工图设计的要求；而且对场地条件复杂或有特殊施工要求的重大建筑物地基，如特殊地质条件，特殊土地基及动力机器基础工程等，还应进行施工勘察。

6.1.1 选址勘察

选址勘察的目的是为了取得几个场址方案的主要工程地质资料，对拟选场地的稳定性和适宜性进行工程地质评价和方案比较。场址一般应避开有不良地质作用和地质灾害，如岩溶、滑坡、泥石流、地面沉降等场地。选址勘察的主要工作：

① 搜集区域地质、地形地貌、地震、矿产、当地的工程地质、岩土工程和建筑经验等资料。

② 通过踏勘了解场地的地层、构造、岩性、不良地质作用和地下水等工程地质条件。

③ 当拟建场地工程地质条件复杂，已有资料不能满足要求时，应根据具体情况进行工程地质测绘和必要的勘探工作。

④ 当有两个或两个以上拟选场地时，应进行经济技术分析。

6.1.2　初步勘察

在选址勘察对场地稳定性给予全局性评价之后，还存在有建筑地段的包括地震效应在内的场地局部稳定性的评价问题。初步勘察的目的在于查明建筑场地不良地质现象的成因、分布范围、危害程度以及发展趋势，使主要建筑避开不良地质现象比较发育的地段；查明地层及其构造、土的物理力学性质、地下水埋藏条件以及土的冻结深度等，为建筑基础方案的选择、不良地质现象的防治提供必要依据。初步勘察的主要工作：

① 搜集拟建工程的有关文件、工程地质和岩土工程资料以及工程场地范围的地形图。

② 初步查明地质构造、地层结构、岩土工程特性、地下水埋藏条件。

③ 查明场地不良地质作用的成因、分布、规模、发展趋势，并对场地的稳定性做出评价。

④ 对季节性冻土地区，应调查场地土的标准冻结深度。

⑤ 对抗震设防烈度≥6度的场地，应对场地和地基的地震效应做出初步的评价。

⑥ 初步判定水和土对建筑材料的腐蚀性。

⑦ 高层建筑初步勘察时，应对可能采取的地基基础类型、基坑开挖与支护工程降水方案进行初步分析、评价，提出合理建议。

初步勘察勘探线的布置应垂直于地貌单元、地质构造和地层界限，勘探线间距应满足表6-4的规定。

表 6-4　初步勘查勘探线、勘探点间距（m）

地基复杂程度等级	勘探线间距	勘探点间距
一级（复杂）	50～100	30～50
二级（中等复杂）	75～150	40～100
三级（简单）	150～300	75～200

注：① 表中间距不适用于地球物理勘探。

② 控制线勘探点宜占勘探点总数的1/5～1/3，且每个地貌单元均应有控制性勘探点。

初步勘察勘探孔深度应满足表6-5规定。

表 6-5　初步勘查勘探孔深度（m）

工程重要性等级	一般性勘探孔	控制性勘探孔
一级（重要工程）	≥15	≥30
二级（一般工程）	10～15	15～30
三级（次要工程）	6～10	10～20

注：① 勘探孔包括钻孔、探井和原位测试孔等。

② 特殊用途的钻孔除外。

遇到以下特殊情况时可适当调整勘探孔深度：

① 当勘探孔的地面标高与预计整平的地面标高相差比较大时，应按其差值调整勘探孔深度。

② 在预定深度内遇到基岩时，除控制性勘探孔仍应钻入基岩适当深度外，其他勘探孔

确认到达基岩后可停止钻进。

③ 在预定深度内有厚度较大、且分布均匀的坚实土层（如碎石土、密实砂土等）时，除控制性勘探孔应达到预定深度外，一般性勘探孔的深度可适当减小。

④ 在预定深度内有软弱土层时，勘探孔深度应适当增加，部分控制性勘探孔应穿透软土层或达到预计控制深度。

⑤ 对重型工业建筑应根据结构特点和荷载条件适当增加勘探孔深度。

此外，对岩质地质地基，勘探线和勘探点的布置、勘探孔的深度，应根据地质构造、岩体特性、风化情况等，按地方标准或当地经验确定。

6.1.3　详细勘察

在对场地局部的稳定性作出评价即初步勘察结束后，应对单体建筑物或建筑群的设计和施工提供详细的岩土工程资料和必须的岩土岩土参数，对地基作出岩土工程评价，并对地基类型、地基处理、基础形式、基坑支护、工程降水和不良地质作用的防治等提出建议。详细勘察的主要工作：

① 搜集附有地形及坐标的建筑总平面图；场区的地面平整标高，建筑物的性质、规模、荷载、结构特点、基础形式、埋置深度、地基允许变形等资料。

② 查明不良地质作用的类型、成因、分布范围、发展趋势和危害程度，提出整治方案的建议。

③ 查明建筑范围内岩土层的类型、深度、分布、工程特性，分析和评价地基的稳定性、均匀性和承载力。

④ 查明对工程不利的埋藏物，如河道、墓穴、防空洞、孤石等。

⑤ 查明地下水的埋藏条件，提供地下水位及其变化幅度的资料。

⑥ 对需要进行沉降计算的建筑物，提供地基变形计算参数，预测建筑物的变形特征。

⑦ 在季节性冻土地区，提供场地土的标准冻结深度。

⑧ 对抗震设防烈度≥6 度的场地，应阐明是否有可液化的土层，确定液化指数及液化等级。

⑨ 判定水和土对建筑材料的腐蚀性。

6.1.4　施工勘察

施工勘察是施工阶段遇到异常情况进行的补充勘察，主要是配合施工开挖进行地质编录、校对、补充勘察资料，进行施工安全预报等。当遇到下列情况时，应配合设计和施工单位进行施工勘察，解决施工中的工程地质问题，并提供相应的勘察资料：

① 对高层或多层建筑，均需进行施工验槽，发现异常问题需进行施工勘察。

② 对较重要的建筑物复杂地基，需进行施工勘察。

③ 深基坑的设计和施工，需进行有关检测工作。

④ 对软弱地基处理时，需进行设计和检验工作。

⑤ 当地基中岩溶、土洞较为发育时，需进一步查明分布范围并进行处理。

⑥ 当施工中出现坑壁坍塌、滑动时，须勘测并进行处理。

6.2 工程地质勘察的方法

为获得所需的工程地质资料及设计时所需的参数，实际工程中主要采用以下的方式和方法。

6.2.1 测绘与调查

测绘与调查就是通过现场踏勘，工程地质测绘和搜集、调查有关资料，为评价场地工程地质条件及建筑场地稳定性提供依据，其中，建筑场地稳定性研究是测绘与调查的重点内容。

测绘与调查宜在初步勘察阶段或可行性研究（选址）阶段进行，查明地形地貌、地层岩性、地质构造、地下水与地表水、不良地质现象等；搜集有关的气象、水文、植被、土的标准冻结深度等资料；调查人类活动对场地稳定性的影响，如人工洞穴、古墓、地下采空等；调查已有建筑物的变形和工程经验。

常用的测绘方法是在地形图上布置观察线，并按点或沿线观察地质现象。观察点一般在不同地貌单元、地层的交接处及对工程有意义的地质构造和可能出现不良地质现象的地段。观察线垂直于岩层走向、构造线方向及地貌单元轴线。为了追索地层界线或断层等构造线，观察点也可以顺向布置。

测绘的比例尺，选址阶段可选用 1：5000～1：50000，初步勘察阶段可选用 1：2000～1：10000，详细勘察阶段可选用 1：500～1：2000，对工程有重要影响的地质单元体，可采用扩大比例尺表示。测绘的精度在图上不应低于 3mm。

6.2.2 勘探

测绘和调查工作结束后，要进一步查明地质情况，对场地的工程地质条件作定量的评价。勘探是一种必要手段，常用的勘探方法包括坑探、钻探、触探和地球物理勘探等，各种方法简述如下：

1. 坑探

坑探是直接在建筑场地人工开挖探井、探槽或平洞，或者直接观察以获取原状土样和直观资料的一种勘探方法，不需专门的机具。

探坑宜选择在具有代表性的地段，为减少土方量的开挖，断面尺寸不宜过大。一般采用 1.5m×1.0m 的矩形踏步式井坑。

探坑的深度一般为 2～3m，但不宜超过地下水位，较深的探坑必须支护坑壁。由于坑探便于直接观察地层情况，详细给出岩性和分层，能获取接近实际的原状土样，因而适用于地质条件复杂的地区，但坑探的探坑开挖深度有限，不能取到深土层的原状土样。

2. 钻探

钻探是用钻具由机械方法或人工方法成孔进行勘察的方法，也是工程地基勘察最基本的方法。

建筑场地的孔可分为技术孔和鉴别孔，若仅用钻头钻进一定深度，然后上拔取出扰动土样进行鉴别，这样的孔称为鉴别孔。若在钻到一定深度时，把钻头换成特制的取土器，用冲击沉入或压入土中，取得原状土样进行鉴别，这样的孔称为技术孔。

钻机按钻进方法可分为回转式、冲击式、振动钻探和冲洗钻探四种。不同的勘察方法适用于不同的土层及勘察要求，如表 6-6 所示。

表 6-6　钻探方法的适用范围

钻探方法		钻进地层					勘查要求	
		黏性土	粉土	沙土	碎石土	岩石	直观鉴别，采取不扰动土样	直观鉴别，采取扰动土样
回转	螺旋钻孔	＋＋	＋	＋	－	－	＋＋	＋＋
	无岩芯钻孔	＋＋	＋＋	＋＋	＋	＋＋	－	－
	岩芯钻孔	＋＋	＋＋	＋＋	＋	＋＋	＋＋	＋＋
冲击	冲击钻孔	－	＋	＋＋	＋＋	－	－	＋
	锤击钻孔	＋＋	＋	＋	＋	－	＋＋	＋＋
振动钻孔		＋＋	＋＋	＋＋	＋	－	＋	＋＋
冲洗钻孔		＋	＋＋	＋＋	－	－	－	－

注："＋＋"适用，"＋"部分适用，"－"不适用。

3. 触探

触探是通过探杆用静力或动力将金属探头贯入土层，并量测各层土对触探头的贯入阻力大小的指标，从而间接地判断土层及其性质的一类勘探方法和原位测试技术。通过触探，可划分土层，了解土层的均匀性，也可估计地基承载力和土的变形指标。由于触探法不需要取原状土样，对于水下砂土、软土等地基，更显其优越性。但触探法无法对地基土命名及绘制地质剖面图，所以无法单独使用，通常与钻探法配合，可提高勘察的质量和效率。

（1）静力触探（CPT）试验

静力触探试验是用静力匀速将标准规格的探头压在土中，同时量测探头阻力，测定土的力学特性，具有勘探和测试双重功能。孔压探头触探试验除具有静力触探功能外，在探头上附加孔隙水压力量测装置，用于量测孔隙水压力的增长与消散。

静力触探试验适用于软土、一般黏性土、粉土、砂土和含少量碎石的土。

静力触探设备的核心是探头，探头贯入土中时，同时受到锥尖阻力和侧壁的阻力的作用，这两种阻力是土的力学性质的综合反映，因而只要通过合理的内部设计，就可通过量测阻力的大小来确定土的性质。

（2）动力触探

动力触探一般是将标准质量的穿心锤提升至标准高度自由下落，将探头贯入地基土层标准深度，记录所需的锤击数值的大小，以此来判定土的工程性质的好坏。主要有标准贯入试验和轻便触探试验两种方法。

① 标准贯入试验来源于美国，试验时，先将质量为 63.5kg 的穿心锤用钻机的卷扬机提升至 76cm 高度，然后让穿心锤自由下落，将贯入器贯入土中，先打入土中 15cm 不计锤数，以后打入土层 30cm 的锤击数，即为标准贯入击数 N。当锤击数已经达到 50 击，而贯入深度未达 30cm 时，记录实际贯入深度，并终止试验。

② 轻便触探试验的设备简单，操作方便，适用于粉土、黏性土等地基，一般触探深度不超过 4m。试验时，先用轻便钻具开孔至被测土层，然后以手提质量为 10kg 的穿心锤，使其至 50cm 高度自由下落，连续冲击，将锥头打入土中，记录贯入深度为 30cm 的锤击数，称为 N_{10}。

由标准贯入试验和轻便触探试验确定的锤击数 N 和 N_{10} 可用于确定地基土的承载能力、估计土的抗剪强度及变形指标。

4. 地球物理勘探

地球物理勘探是利用仪器在地面、空中、水上或钻孔内测量物理场的分布情况，通过对测得的数据的分析判断，并结合有关的地质资料推断地质体性状的勘探方法，简称"物探"。它是一种间接勘探方法。如果作为钻探的先行手段，可以了解隐蔽的地质界线、界面或异常点；如果作为钻探的辅助手段，在钻探之间增加物探点，可以为钻探成果的内插、外推提供依据。

6.2.3　原位测试及室内土工试验

原位测试和室内土工试验是两种获取土的物理力学性质及地下水水质等定量指标的重要手段，可为设计计算提供参数。

原位测试主要包括：载荷试验、静力触探试验、圆锥动力触探试验、标准贯入试验、十字板剪切试验、旁压试验等，具体采用何种方法应根据岩土条件、设计时对参数的要求、地区经验和测试方法的适用性等因素选用。同时，分析原位测试成果资料应注意仪器设备、实验条件、试验方法等对试验结果的影响，应结合地层条件，剔除异常数据。

室内土工试验包括：土的物理力学性质试验、土的压缩固结试验、土的抗剪强度实验等，具体的试验项目、试验方法，应根据工程要求和岩土性质的特点确定。

对黏性土、粉土，一般应进行天然重度、天然含水量、液限、塑限、压缩系数及抗剪强度试验。

对砂土要求进行颗粒分析，测定天然含水量、土粒相对密度及自然休止角。

对碎石土，必要时可做颗粒分析，对含粘土较多的碎石土，宜测定黏性土的天然含水量、液限和塑限，必要时，可做现场大体积密度试验。

对岩石一般可作饱和单轴极限抗压强度试验，必要时，还需测定岩石的其他物理力学性质指标。

在需判定场地地下水对建筑材料的腐蚀性时，一般应测定 pH 值、Cl^-、SO_4^{2-}、HCO_3^-、Ca^{2+}、Mg^{2+} 等离子及游离的 CO_2 和腐蚀性 CO_2 的含量。

6.3　工程地质勘察报告

6.3.1　报告书的编制

工程地质勘察的最终成果是以报告的形式提出的，在野外勘察工作和室内土样试验完成之后，将工程地质勘察纲要、勘探孔平面布置图、钻孔记录表、原位测试记录表、土的物理力学性质试验成果，连同勘察任务委托书、建筑平面布置图及地形图等有关资料汇总，并进行整理、检查、分析、评定，经确认无误后，编制正式的工程地质勘察报告，提供建设单位、设计单位和施工单位应用，并作为长期存档保存的技术文件。

工程地质勘察报告书的编制必须配合相应的勘察阶段，针对场地的地质条件和建筑物的性质、规模以及设计和施工的要求，提出选择地基基础方案的依据和设计计算数据，指出存在的问题以及解决问题的途径和方法。工程地质勘察报告主要包括下列内容：

①　拟建工程名称、规模、用途；工程地质勘察的目的、要求和任务；勘察方法、勘察工作布置与完成的工作量。

②　建筑场地位置、地形地貌、地质构造、不良地质现象及地震基本烈度。

③　场地的地层分布、结构、岩土的颜色、密度、湿度、稠度、均匀性、厚度，地下水的埋藏深度、水质侵蚀性及当地冻结深度。

④　建筑场地稳定性与适宜性的评价，各土层的物理力学性质及地基承载力等指标的确定。

⑤　结论和建议：根据拟建工程的特点，结合场地的岩土性质，提出地基与基础方案设计的建议。

随报告所附图表根据工程的具体情况酌定，常见的图表包括下列内容：①勘察场地总平面示意图与勘察点平面布置图；②工程地质柱状图、工程地质剖面图；③原位测试成果图表；④室内土的物理力学性质试验成果表等。

对于重大工程，根据需要应绘制综合工程地质图或工程地质分区图、钻孔柱状图或综合地质柱状图、原位测试成果图表等。

6.3.2　工程地质勘察报告实例

《某开发区标准厂房的岩土工程勘察报告》实例摘录如下：

受委托，我院承担某开发区拟建标准厂房场地的岩土工程勘察（详细勘察阶段）任务。

1. 工程概况

拟建场地位于××市××街道，建筑高度 22m，基础埋深约为 2.0m，北侧隔 5.0m 左右为已建挡土墙，东、西、南侧均为空地。具体详见建筑物和勘探点位置图。根据国家标准《岩土工程勘察规范》（GB 50021—2001）的有关分类标准，本工程重要性等级为二级，场地复杂程度为二级，地基复杂程度等级为二级，岩土工程勘察等级为乙级。

根据国家标准《建筑抗震设计规范》（GB 50011—2010）及国家标准《建筑工程抗震设

防分类标准》（GB 50223—2008）的有关分类标准，拟建建筑物抗震设防类别为丙类；根据国家标准《建筑地基基础设计规范》（GB 50007—2011）的有关分类标准，建筑基础设计等级为乙级；根据行标《建筑桩基技术规范》（JGJ 94—2008）的有关分类标准，建筑桩基设计等级为乙级。

按上述规范或规程的有关要求，本次勘察目的是查明场地工程地质条件，为拟建物设计提供岩土工程资料和依据。具体任务要求如下：

① 查明拟建场地各岩土层的空间分布规律及其工程物理力学性质。

② 查明场地水文地质条件及评价地下水对建筑材料的腐蚀性。

③ 对场地稳定性和适宜性作出评价。

④ 划分场地土类型、建筑场地类别及对场地地震效应进行评价。

⑤ 推荐经济合理的基础形式及施工合理化建议，并提供基础设计参数。

⑥ 阐明施工期间可能发生的岩土工程问题，并提出治理方案。

本次岩土工程勘察方法及勘察工作量是根据上述规范要求，结合场地的岩土工程条件及拟建物的平面布置特点进行布置的，具体如下：本次勘察采用 1 台 XY-1 型油压钻机进行野外钻探作业，钻探方法采用泥浆护壁、回转钻进等多种工艺揭露岩土体。共布设 5 个钻孔，编号为 1～5 号，各孔均为控制性孔（施工时如有必要，应进行施工勘察）；场地各岩土层每层取样均不少于 6 件，其中黏性土原状样采用厚壁敞口取土器重锤少击法取样，扰动样取至岩芯；室内土工试验主要进行常规试验，主要项目为含水量 w、密度 ρ、相对密度 d_s、孔隙比 e、塑限 w_p、液限 w_L、塑性指数 I_P、液性指数 I_L、压缩系数 α、压缩模量 E_s、直接快剪（黏聚力 c、内摩擦角 φ）等；对于残积土层及扰动土样，则做颗粒分析；各主要岩土层（除厚度较薄或未全场分布的土层外）标准贯入试验次数均不少于 6 次；为进行场地地下水的腐蚀性评价，本勘取地下水 2 件做室内水质简分析试验，水样用套管隔水采取。

2. 场地工程地质条件

（1）地形地貌

拟建场地属山前冲积地貌单元，分布的（岩）土层以冲坡积、残积及风化成因为主。各孔口高程在 +10.13～+10.26m 之间，最大高差为 0.13m，地势平坦。

（2）岩土层特征及分布情况

根据野外钻探取芯，结合现场原位试验和室内土工试验，在勘探深度范围内，场地岩土层自上至下依次为：杂填土①、砂质黏土②、中粗砂③、残积砂质黏性土④、全风化花岗岩⑤、强风化花岗岩⑥等六层组成。各岩土层结构及特征详述如下：

杂填土①：黄、灰黄、褐红等色，稍湿～湿，松散状。成分以坡残积土、石英砂为主，上部为 30cm 左右的水泥地板，局部回填有块石、碎石、砖块等，含有植物根茎，回填时间约 8 年，该层为新近填土，密实度和均匀性差，工程性能差。该层全场分布，其层顶高程为 +10.13～+10.26m，层厚为 1.60～2.30m。

砂质黏土②：灰黄、灰白色，可塑状，饱和，成分以黏粒为主，局部地段含砂粒较多而成轻砂质黏土，含氧化铁、高岭土及石英中砂等，干强度中等，中等压缩性，中等韧性，无摇震反应。现场标贯击数修正后平均值 11.2 击，工程性能中等。该层全场分布，其层顶埋深为 1.60～2.30m，层顶高程为＋7.87～＋8.65m，层厚为 1.00～2.00m。

中粗砂③：灰、灰白色，饱和，中密状，局部密实状，成份以中、粗石英砂为主，下部有较多粗砾砂，含较多泥质，砂颗粒呈次棱角状，颗粒级配一般，该层为冲、洪积成因，密实度和均匀性一般，现场标贯修正击数平均值为 28.8 击，工程性能中等。该层全场分布，其层顶埋深为 3.30～3.60m，层顶高程为＋6.53～＋6.87m，层厚为 1.90～3.60m。

残积砂质黏性土④：灰黄，褐黄等色，饱和。由上至下呈可～硬塑状，由花岗岩风化残积而成，长石已全部高岭土化，含氧化铁、高岭土、云母及大量石英中粗、中细砂，具有遇水易软化及崩塌的特性。该层厚度较大，但均匀性较差，上部强度较低，自上而下强度逐渐增加，属于低压缩性土层。

考虑到该层厚度较大，本勘根据现场标贯试验结果，以修正后的击数 20 击为界，将该层细分为两亚层，详述如下：

残积砂质黏性土④-1：可塑状，现场标贯修正击数标准值为 12.8 击，工程性能中等。该亚层全场分布，其层顶埋深为 5.20～7.00m，层顶高程为＋3.16～＋4.97m，层厚为 2.00～14.30m。

残积砂质黏性土④-2：硬塑～坚硬状，现场标贯修正击数平均值为 26.6 击，工程性能良好。该亚层除 2 号孔外均有分布，其层顶埋深为 15.00～20.00m，层顶高程为－9.87～－4.75m，层厚为 3.80～5.30m。

全风化花岗岩⑤：褐黄、灰白等色，饱和，呈坚硬状。其形成的地质年代为燕山期，含氧化铁、高岭土化长石、石英粗砾砂及风化云母等，其原岩结构基本破坏，有残余结构强度。含较多中粗砂，干钻可钻进，岩芯呈砂土状，岩体呈散体状，为极软岩，岩体极破碎，岩体基本质量等级为Ⅴ级。该层修正后的标贯击数平均值为 38.8 击，工程性能良好。该层仅 2 号孔有分布，其层顶埋深为 9.00m，层顶高程为＋1.16m，层厚为 9.60m。

需指明：该层与其上部残积土层系根据修正后的标贯击数≥30 击而人为划分，两层间实际并无明显界线，故在剖面图上表示以虚线。

强风化花岗岩⑥：灰白、黄褐色，坚硬，饱和。地质年代为燕山期，含氧化铁、高岭土化长石、石英粗砾砂及风化云母等。该层为花岗岩经强烈风化而成，岩芯呈土状，下部为碎块状，为极破碎软岩，岩体基本质量等级为Ⅴ级。该层修正后的标贯击数标准值为 74.0 击，工程性能良好。该层全场分布，其层顶埋深为 18.60～23.80m，层顶高程为－13.67～－8.44m，层厚为 5.90～8.90m。

在勘探范围内，各风化岩层均未见洞穴、临空面及软弱夹层等对建筑物有影响的不良地质现象。

以上各岩土层的分布情况及厚度等详见各工程地质剖面图。

（3）岩土层物理力学参数统计、分析与选用

本次勘察采用现场标准贯入试验和室内土工试验相结合的手段来获取各（岩）土体的物理力学指标和参数。

根据现场标贯及室内土工试验成果，采用北京理正软件设计研究所的工程地质勘察 GI-CAD 软件进行自动分层和初步统计计算，经综合分析，并按正负三倍标准差法剔除个别离

散性较大的参数后作重新统计。此处略去标准贯入试验、室内土工试验以及物理力学统计成果表。

根据统计结果及钻探揭露的岩土层特征、结合当地经验和现行标准：国家标准《建筑地基基础设计规范》（GB 50007—2011）、行业标准《建筑桩基技术规范》（JGJ 94—2008）、省标《建筑地基基础技术规范》（DBJ 13—07—2006）等提供地基土的设计计算指标如表 6-7 所示。

表 6-7　地基土设计计算指标

土层名称	天然重度	压缩模量	承载力特征值	变形模量	直接快剪	
					黏聚力	内摩擦角
	γ	E_{s1-2}	f_{ak}	E_0	c	φ
	kN/m³	MPa	kPa	MPa	kPa	度（°）
杂填土①	16.0*	—	—	—	—	—
砂质黏土②	19.3	5.5	180	—	29.2	28.3
中粗砂③	19.5*	6.0*	200	—	—	—
残积砂质黏性土④-1	18.6	7.0*	220	14.0	20.2	24.3
残积砂质黏性土④-2	20.0*	7.5*	280	18.0	23.0*	24.0*
全风化花岗岩⑤	21.0*	9.0*	350	—	—	—
强风化花岗岩⑥	23.0*	15.0*	500	—	—	—

注：带 * 为参考地区经验综合取值。

3. 场地水文地质条件

（1）场地地下水的埋藏条件及分布特征

场地各土层中，中粗砂③为强透水层，强风化花岗岩⑥为中等～强透水层，其余各层均为弱透水层（属相对隔水层），各层赋水性一般。地下水类型主要为赋存于砂质黏土②、中粗砂③、残积砂质黏性土④、全风化花岗岩⑤的孔隙潜水及强风化花岗岩⑥的孔隙裂隙潜水。另，表层的杂填土①层含上层滞水（包气带水）。地下水的补给来源主要为场地的直接侧向补给以及大气降水的垂直渗透补给，其排泄方式主要为自然蒸发及沿含水层由高往低排泄。

根据该区域的水文地质资料以及拟建场地的地质情况，拟建场地近年最高水位高程为＋9.50m，地下水位的变化于高程＋7.95～＋9.50m 之间。

（2）地下水的腐蚀性评价

本场地地处湿润区，地层分布有中等～强透水层（即中粗砂③、强风化花岗岩⑥），根据国家标准《岩土工程勘察规范》（GB 50021—2001）有关场地所属环境类别的划分标准，本勘判定，本工程场地环境类别为Ⅱ类 A 型。

场地地下水对混凝土结构具微腐蚀性；长期浸水时对钢筋混凝土结构中的钢筋具微腐蚀性；干湿交替时对钢筋混凝土结构中的钢筋具微腐蚀性；对钢结构具弱腐蚀性。设计及施工时应按有关规定进行防护。

4. 场地地震效应

（1）饱和砂土液化判别

场地中 20m 以内存在的饱和砂土主要为中粗砂③，现根据国家标准《建筑抗震设计规范》（GB 50011—2010）的有关砂土液化判别公式，对中粗砂③进行液化判别计算（因拟建物建议采用桩基，故液化判别深度取 20m），结果为该层为不可液化砂层，可不用考虑砂土液化对本工程的影响。

（2）场地地段类型划分

因场地局部地段未分布有软弱土层、可液化砂土等，根据国家标准《建筑抗震设计规范》（GB 50011—2010）的有关判别标准，本场地属可进行建设的一般地段。

（3）建筑场地的类别

拟建场地深度 20m 以内覆盖层的等效剪切波速平均值 $V_{se}=240.18\text{m/s}$，该值在 $150<V_{se}\leqslant 50\text{m/s}$ 范围内，又依地区经验，强风化花岗岩剪切波速$\geqslant 500\text{m/s}$，根据国家标准《建筑抗震设计规范》（GB 50011—2010）的规定，地面至剪切波速大于 500m/s 的土层顶面的距离为覆盖层厚度，由此可知，本场地覆盖层厚度 d_{ov} 在 $18.60\sim23.80\text{m}$ 之间，处于 $3\sim50\text{m}$ 的范围内，经以上分析可知：本场地为中软场地土，建筑场地类别为Ⅱ类。

（4）抗震设防参数

根据国家标准《建筑抗震设计规范》（GB 50011—2010）的划分标准，拟建场地的抗震设防烈度为 7 度；设计基本地震加速度值为 0.10g；设计地震分组为第三组，其特征周期为0.45s。建筑物设计应避免引起共振。

5. 岩土工程分析与评价

（1）场地稳定性和适宜性评价

场地经整平地势较平坦，根据现场踏勘及钻孔揭露，未发现暗塘、暗沟、沟浜等不良地质作用，亦未发现不利于基础施工的埋藏物，根据区域地质构造资料，场地内无活动的断裂带通过，钻孔揭露深度内未发现断裂痕迹，在保证北侧挡土墙稳定的前提下，场地稳定性较好，适宜拟建物的建设。

（2）地基土评价

杂填土①：该层为新近填土，未完成自重固结，密实度和均匀性较差，力学性能差，不能作为拟建物基础持力层。

砂质黏土②：属中软土，工程力学性能中等，可作为一般建筑物的天然浅基础持力层。

中粗砂③：属于中硬土，工程力学性能中等，埋藏较深，一般不作拟建物的基础持力层。

残积砂质黏性土④：属软中硬土～硬土，工程力学性能中等～良好，埋藏较深，可作为桩基础持力层。

全风化花岗岩⑤：属极破碎极软岩，工程力学性能良好，埋藏较深，可作为桩基础持力层。

强风化花岗岩⑥：属极破碎软岩，工程力学性能良好，埋藏较深，可作为桩基础持力层。

（3）地基均匀性及稳定性评价

场地中的杂填土①、砂质黏土②、中粗砂③各处的成分、状态、密度、厚度不均一，均匀性差；残积砂质黏性土④、全风化花岗岩⑤、强风化花岗岩⑥垂直方向上标贯击数相差较大，均匀性差。综上所述，本场地的地基均匀性差。

场地岩土层除杂填土①层外，各土层均具有一定的强度，在保证北侧挡土墙稳定的前提下，按本勘提供地基承载力特征值取用时，无产生影响工程安全的滑动面的可能，地基是稳定的。

（4）持力层的选择与基础方案

根据场地地基土层结构及其工程特征，结合拟建物结构、荷载等和邻近施工经验，对可能采用的基础形式作分析建议如下：

拟建场地上部砂质黏土②工程力学性能一般，是天然浅基础的良好持力层，因此，拟建物优先考虑采用天然浅基础，取砂质黏性土②作为持力层，无法满足要求时，优先考虑采用预制桩（PHC管桩），取强风化花岗岩⑥作为持力层。也可考虑采用冲（钻）孔灌注桩，取强风化花岗岩⑥作为持力层。

6. 结论与建议

（1）结论

① 拟建场地稳定性良好，适宜拟建物的建设。

② 拟建物抗震设防类为丙类，属于标准设防类。

③ 场地岩土层依次为：杂填土①、砂质黏土②、中粗砂③、残积砂质黏性土④、全风化花岗岩⑤、强风化花岗岩⑥。

④ 场地地下水对混凝土结构具微腐蚀性；长期浸水时对钢筋混凝土结构中的钢筋具微腐蚀性；干湿交替时对钢筋混凝土结构中的钢筋具微腐蚀性；对钢结构具弱腐蚀性。

⑤ 本场地属可进行建设的一般地段。

⑥ 本场地的场地土为中软场地土，建筑场地类别为Ⅱ类。

⑦ 本工程场地位于福建省南安市柳城街道下都村，根据国家标准《建筑抗震设计规范》（GB 50011—2010）的划分标准，拟建场地的抗震设防烈度为7度；设计基本地震加速度值为0.10g；设计地震分组为第三组，其特征周期为0.45s。建筑物设计应避免引起共振。

（2）建议

① 拟建物优先考虑采用天然浅基础，取砂质黏性土②作为持力层，无法满足要求时，优先考虑采用预制桩（PHC管桩），取强风化花岗岩⑥作为持力层。也可考虑采用冲（钻）孔灌注桩，取强风化花岗岩⑥作为持力层。

② 建议施工时如有必要，应进行施工勘察。

7. 附表、附图

附表：土工试验成果总表（略）；

原位测试成果总表（略）。

附图：建筑物和勘探点位置图，如图6-1所示；

工程地质剖面图，如图6-2所示。

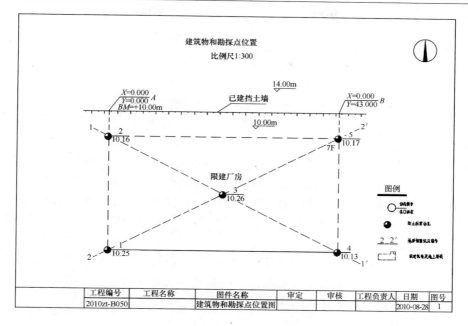

图 6-1　建筑物和勘探点位置

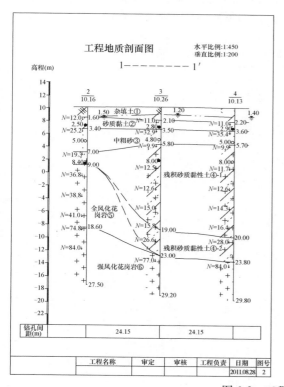

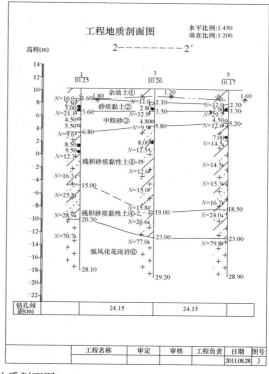

图 6-2　工程地质剖面图

143

第 7 章　浅　基　础

地基基础设计是整个建筑物设计的一个重要组成部分，它与建筑物的安全和正常使用有密切的关系。在设计过程中不仅要考虑建筑物的上部结构条件，如上部结构的形式、规模、用途、荷载大小和性质、结构的整体刚度等，还需要考虑下部场地条件，如场地的工程地质及水文地质条件等，再同时考虑施工方法及工期、造价等因素，确定一个合理的地基基础方案，使基础工程既安全可靠又经济合理，并便于施工。

基础按其埋置深度的不同，分为浅基础和深基础；地基按是否经人工加固处理分为天然地基和人工地基。一般地，在天然地基上修筑浅基础具有技术简单、工程量小、施工方便、造价较低的优点，所以尽可能优先选用。

进行基础设计时，应具备以下资料：

① 建筑场地的地形图；

② 建筑场地的工程地质勘察报告；

③ 建筑物的平、立、剖面图，作用在基础上的荷载，特殊结构物布置与标高；

④ 建筑场地环境、邻近建筑物基础类型与埋深，地下管线的分布；

⑤ 工程建设总投资、建筑材料的供应情况；

⑥ 施工单位的设备、技术力量和施工工期等。

天然地基上浅基础设计的内容及步骤：

① 选择基础的材料、结构形式，初步进行基础平面布置；

② 根据工程地质勘察报告，选择基础的埋置深度；

③ 确定地基承载力特征值 f_{ak}，并经深度和宽度的修正，计算修正后的地基承载力特征值 f_a；

④ 根据作用在基础顶面的荷载和地基承载力特征值 f_a，确定基础的底面尺寸，必要时进行软弱下卧层承载力验算；

⑤ 计算基础高度并确定基础剖面形状及尺寸；

⑥ 进行必要的地基验算（如变形、稳定性等）

⑦ 进行基础细部结构和构造设计；

⑧ 绘制基础施工图。

7.1　地基基础设计的基本规定

7.1.1　地基基础的设计等级

地基基础的设计内容和要求与建筑物的地基基础设计等级有关。根据地基复杂程度、建筑物规模和功能特征以及由于地基问题可能造成建筑物破坏或影响正常使用的程度,将地基基础设计分为三个设计等级,设计时应根据具体情况,按表 7-1 确定。

表 7-1 地基基础设计等级

设计等级	建筑和地基类型
甲级	1. 重要的工业与民用建筑物; 2. 30 层以上的高层建筑物; 3. 体形复杂,层数相差超过 10 层的高低层连成一体的建筑物; 4. 大面积的多层地下建筑物(如地下车库、商场、运动场等); 5. 对地基变形有特殊要求的建筑物; 6. 复杂地质条件下的坡上建筑物(包括高边坡); 7. 对原有工程影响较大的新建建筑物; 8. 场地和地基条件复杂的一般建筑物; 9. 位于复杂地质条件及软土地区的二层及二层以上地下室的基坑工程; 10. 开挖深度大于 15m 的基坑工程; 11. 周边环境条件复杂、环境保护要求高的基坑工程。
乙级	除甲级、丙级以外的工业与民用建筑 除甲级、丙级以外的基坑工程
丙级	场地和地基条件简单、荷载分布均匀的七层及七层以下民用建筑及一般工业建筑;次要的轻型建筑物 非软土地区且场地地质条件简单、基坑周边环境条件简单、环境保护要求不高且开挖深度小于 5.0m 的基坑工程

7.1.2 地基基础设计的一般要求

为保证建筑物的安全和正常使用,根据建筑物地基基础设计等级及长期荷载作用下地基变形对上部结构的影响程度,地基基础设计应符合下列规定:

① 所有建筑物的地基计算均应满足承载力计算的有关规定;

② 甲级、乙级建筑物,均应按地基变形设计;

③ 表 7-2 所列范围内的丙级建筑物可不做变形验算,但如有下列情况之一时,仍应作变形验算:

· 地基承载力特征值小于 130kPa,且体型复杂的建筑;

· 在基础上及其附近有地面堆载或相邻基础荷载差异较大,可能引起地基产生过大的不均匀沉降时;

· 软弱地基上的建筑物存在偏心荷载时;

· 相邻建筑如距离过近,可能发生倾斜时;

· 地基内有厚度较大或厚薄不均的填土,其自重固结未完成时;

· 对经常受水平荷载作用的高层建筑、高耸结构和挡土墙等,以及建造在斜坡上或边坡附近的建筑物和构筑物,尚应验算其稳定性;

· 基坑工程应进行稳定性验算;

· 当地下水埋藏较浅,建筑物地下室或地下构筑物存在上浮问题时,尚应进行抗浮验算。

· 所有建筑的基础设计应满足相应的《钢筋混凝土设计规范》(GB 50010—2010)及《砌体结构设计规范》(GB 50003—2011)等要求,以保证基础具有足够的强度、刚度和耐久性。

表 7-2　可不作地基变形计算、设计等级为丙级的建筑物范围

<table>
<tr><td rowspan="2">地基主要受力层情况</td><td colspan="2">地基承载力特征值
f_{ak}（kPa）</td><td>$80 \leqslant f_{ak}$
<100</td><td>$100 \leqslant f_{ak}$
<130</td><td>$130 \leqslant f_{ak}$
<160</td><td>$160 \leqslant f_{ak}$
<200</td><td>$200 \leqslant f_{ak}$
<300</td></tr>
<tr><td colspan="2">各土层坡度（％）</td><td>≤5</td><td>≤10</td><td>≤10</td><td>≤10</td><td>≤10</td></tr>
<tr><td rowspan="8">建筑类型</td><td colspan="2">砌体承重结构、框架结构（层数）</td><td>≤5</td><td>≤5</td><td>≤6</td><td>≤6</td><td>≤7</td></tr>
<tr><td rowspan="4">单层排架结构
（6m 柱距）</td><td rowspan="2">单跨</td><td>吊车额定
起重量（t）</td><td>10～15</td><td>15～20</td><td>20～30</td><td>30～50</td><td>50～100</td></tr>
<tr><td>厂房跨度（m）</td><td>≤18</td><td>≤24</td><td>≤30</td><td>≤30</td><td>≤30</td></tr>
<tr><td rowspan="2">多跨</td><td>吊车额定
起重量（t）</td><td>5～10</td><td>10～15</td><td>15～20</td><td>20～30</td><td>30～75</td></tr>
<tr><td>厂房跨度（m）</td><td>≤18</td><td>≤24</td><td>≤30</td><td>≤30</td><td>≤30</td></tr>
<tr><td colspan="2">烟囱</td><td>高度（m）</td><td>≤40</td><td>≤50</td><td colspan="2">≤75</td><td>≤100</td></tr>
<tr><td colspan="2" rowspan="2">水塔</td><td>高度（m）</td><td>≤20</td><td>≤30</td><td colspan="2">≤30</td><td>≤30</td></tr>
<tr><td>容积（m³）</td><td>50～100</td><td>100～200</td><td>200～300</td><td>300～500</td><td>500～1000</td></tr>
</table>

注：① 地基主要受力层系指条形基础底面下深度为 $3b$（b 为基础底面宽度），独立基础下为 $1.5b$，且厚度均不小于 5m 的范围（二层以下一般地民用建筑除外）；

② 地基主要受力层中如有承载力特征值小于 130kPa 的土层时，表中砌体承重结构的设计，应符合《建筑地基基础设计规范》（GB 50007—2001）第七章的有关要求；

③ 表中砌体承重结构和框架结构均指民用建筑，对工业建筑可按厂房高度、荷载情况折合成与其相当的民用建筑层数；

④ 表中吊车额定起重量、烟囱高度和水塔容积的数值系指最大值。

7.1.3　荷载取值

在进行地基基础设计时，所采用的作用效应与相应的抗力限值应按下列规定：

① 按地基承载力确定基础底面积及埋深或按单桩承载力确定桩数时，传至基础或承台底面上的作用效应应按正常使用极限状态下作用的标准组合。相应的抗力应采用地基承载力特征值或单桩承载力特征值。

② 计算地基变形时，传至基础底面上的作用效应应按正常使用极限状态下作用的准永久组合，不应计入风荷载和地震作用。相应的限值应为地基变形允许值。

③ 计算挡土墙土压力、地基或滑坡稳定及基础抗浮稳定时，作用效应应按承载能力极限状态下作用效应的基本组合，但其荷载分项系数均取 1.0。

④ 在确定基础或桩台高度、支挡结构截面、计算基础或支挡结构内力、确定配筋和验算材料强度时，上部结构传来的作用效应和相应的基底反力、挡土墙土压力以及滑坡推力，应按承载能力极限状态下作用的基本组合，采用相应的分项系数，当需要验算基础裂缝宽度时，应按正常使用极限状态作用的标准组合；

⑤ 基础设计安全等级、结构设计使用年限、结构重要性系数应按有关规范的规定采用，但结构重要性系数 γ_0 不应小于 1.0。

对由永久作用控制的基本组合，可采用简化规则，基本组合的效应设计值 S_d 按下式确定：

$$S_d = 1.35 S_k \leqslant R \tag{7.1}$$

式中 R——结构构件抗力的设计值，按有关《建筑结构设计规范》（GB 50007—2011）的
　　　　规定确定；

　　　S_k——标准组合的作用效应设计值。

⑥ 地基基础的设计使用年限不应小于建筑结构的设计使用年限。

7.2　浅基础的类型及材料

按《建筑地基基础设计规范》（GB 50007—2011）将浅基础分为无筋扩展式基础、扩展
基础、柱下条形基础、高层建筑筏板基础。

7.2.1　无筋扩展基础

无筋扩展基础是采用砖、毛石、混凝土或毛石混凝土、灰土和三合土等材料组成的，且
不需要配置钢筋的墙下条形基础或柱下独立基础，适用于多层民用建筑和轻型厂房。由于无
筋扩展基础是由抗压强度较高、但抗拉及抗剪强度较低的材料建造的，基础需具有非常大的
截面抗弯刚度，受荷后基础不允许挠曲变形和开裂，所以也习惯称为刚性基础。此种基础的
优点是稳定性好、施工技术简单、可就地取材且造价低廉。它的主要缺点是自重大，并且当
持力层为软弱土时，由于扩大基础面积有一定限制，需要对地基进行处理或加固后才能采
用，否则会因所受的荷载压力超过地基强度而影响结构物的正常使用。

1. 砖基础

砖基础多用于低层建筑的墙下基础。采用的砖强度等级不低于 MU10，砂浆不低于
M5。砖基础一般做成台阶式，俗称"大放脚"。其砌筑方式有两种，一是"二皮一收"，如
图 7-1（a）所示；另一种是"二一间隔收"，但底层必须保证为二皮砖，即 120mm 高，如
图 7-1（b）所示。

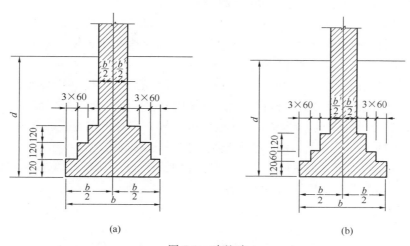

(a)　　　　　　　　　　　　　(b)

图 7-1　砖基础

（a）二皮一收；（b）二一间隔收

砖基础具有施工简便、价格低廉、适应面较广等优点，但其强度、耐久性、抗冻性和整体性均较差，且现因土地、环境等因素，使黏土砖的使用受到限制，故这种基础形式目前已较少采用。

2. 毛石基础

毛石基础是由强度较高而未风化的毛石砌筑而成。采用的毛石强度等级不低于 MU30，砂浆不低于 M5。为了保证锁结作用，毛石基础每一台阶宜砌成 3 排或 3 排以上的毛石，且每个台阶外伸的宽度不宜大于 200mm，如图 7-2 所示。由于毛石之间的空隙较大，如果所使用的砂浆黏结强度较差，则不能用于多层建筑，且不宜用于地下水位以下。毛石常与砖基础共用，作砖基础的底层。

毛石基础具有取材便利、强度较高、抗冻、耐水、经济等优点，但整体性较差，故有震动的房屋很少采用。

3. 混凝土基础和毛石混凝土基础

混凝土基础的强度、耐久性和抗冻性都较好，是一种较好的基础材料。当荷载较大或位于地下水位以下时，常采用混凝土基础。混凝土基础水泥用量较大，造价比砖、石基础高。混凝土基础采用的混凝土强度等级一般为 C15，在严寒地区，应采用的混凝土强度等级不低于 C20。

为节约混凝土用量，对于体积较大的混凝土基础，可以在浇筑混凝土时，可掺入冲洗干净、少于基础体积 30% 的毛石，做成毛石混凝土基础。在混凝土中加入适量毛石，除可节省混凝土用量外，还可缓解大体积混凝土在凝结硬化过程中由于热量不易散发而引起的开裂，如图 7-3 所示。

4. 灰土基础和三合土基础

灰土基础由石灰和黏性土按一定比例加适量的水混合而成。其体积配合比为 3：7 或 2：8，一般多用 3：7，俗称"三七灰土"。铺入基槽内时，每层虚铺 220～250mm，夯实至 150mm，通称为一步。根据需要一般可铺 2～3 步灰土，厚度为 300mm 或 450mm。灰土基础施工时应注意保持基坑干燥，防止灰土早期浸水。

合格灰土基础的承载力可达 250～300kPa。灰土基础的缺点是早期强度较低、抗水性和抗冻性差，且在水中硬化慢，故灰土基础适用于六层及六层以下、地下水位较低的民用建筑和墙承重的轻型厂房。地下水位较高时不宜采用。

三合土基础是由石灰、砂和骨料（矿渣、碎石和石子），按一定体积比 1：2：4 或 1：3：6 配制而成，经加适量水拌和后，铺入基槽内分层夯实，每层夯实前虚铺 220mm，夯实至 150mm，三合土铺设至设计标高后，在最后一遍夯实时，宜浇注石灰浆，待表面灰浆略为风干后，再铺上一层砂子，最后整平夯实，如图 7-4 所示。

三合土基础在我国南方地区应用很广。其造价低廉，施工简单，但强度较低，所以一般用于地下水位较低的四层及四层以下民用建筑。

7.2.2 扩展基础

扩展基础是指柱下钢筋混凝土独立基础和墙下钢筋混凝土条形基础。

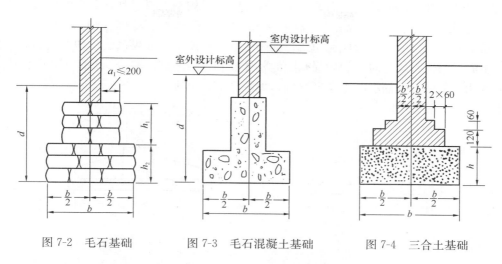

图 7-2 毛石基础　　　图 7-3 毛石混凝土基础　　　图 7-4 三合土基础

当无筋扩展基础的尺寸不能同时满足地基承载力和基础的埋深要求时，可采用钢筋混凝土扩展基础。这种基础配置了足够的钢筋承受拉应力或弯矩，即当考虑地基与基础相互作用时，将考虑基础的挠曲变形。由于基础抗弯和抗剪性能好，可在上部结构荷载较大而地基承载力不高以及承受水平荷载和力矩荷载的情况下采用。由于基础不受刚性角的限制，基础高度较小，故适宜于"宽基浅埋"。

1. 柱下钢筋混凝土独立基础

柱下钢筋混凝土独立基础是柱基础中最常用、最经济的一种形式，它所用材料依柱的形式、荷载大小和地质情况而定。现浇柱下钢筋混凝土独立基础的截面可做成阶梯形或锥形；预制柱下的基础一般采用杯形基础。基础底面一般为方形（中心受压基础）和矩形（偏心受压基础），如图 7-5 所示。

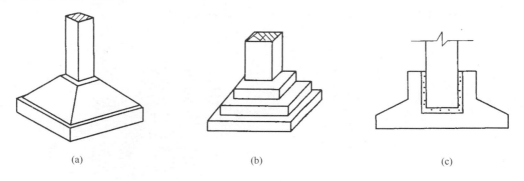

| (a) | (b) | (c) |

图 7-5 柱下钢筋混凝土独立基础
（a）锥形；（b）阶梯形；（c）杯形

烟囱、水塔、高炉等高耸构筑物常采用钢筋混凝土圆板或圆环基础，有时也采用壳体基础。

2. 墙下钢筋混凝土条形基础

条形基础是墙基础的主要形式。当上部结构荷载较小而地基土质较好时，常采用刚性材料建造。但若上部结构荷载较大而地基土质较差时，采用刚性材料其基础高度较大，此时可以采用钢筋混凝土建造，基础高度只需300mm左右，而基础宽度可达2m以上。墙下钢筋混凝土条形基础的剖面一般做成无肋式，如图7-6（a）所示。如果基础延伸方向的墙上荷载及地基土的压缩性不均匀时，为增强基础的整体性和抗弯刚度，减少地基的不均匀沉降，也可做成有肋式的墙下钢筋混凝土条形基础，如图7-6（b）所示。

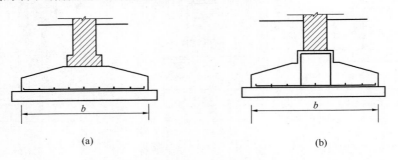

图 7-6　墙下钢筋混凝土条形基础
（a）无肋式；（b）有肋式

7.2.3　柱下钢筋混凝土条形基础

在钢筋混凝土框架结构中，当地基软弱而荷载又比较大，若采用扩展基础，可能因基础底面积很大而使基础边缘互相接近甚至重叠时，为增加基础的整体性并方便施工，可将同一排的柱基础连通成为柱下钢筋混凝土条形基础，如图7-7所示。柱下钢筋混凝土条形基础一般沿房屋的纵向设置。若仅是将相邻柱下基础相连，又称联合基础或双柱联合基础。

当荷载较大，采用柱下钢筋混凝土条形基础不能满足地基基础设计要求时，可采用十字交叉条形基础（又称十字交叉梁基础或交叉条形基础），如图7-8所示。这种基础在纵横两个方向均具有一定的刚度，具有良好的调整不均匀沉降的能力。

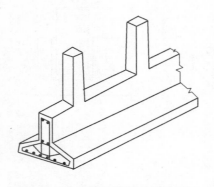

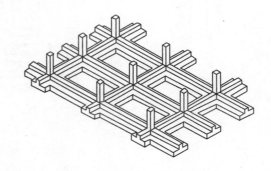

图 7-7　柱下钢筋混凝土条形基础　　　　图 7-8　柱下十字交叉条形基础

7.2.4　筏板基础

如地基特别软弱而上部荷载又很大，采用十字交叉条形基础仍不能满足地基承载力要求或相邻基槽距离很小、或设置地下室时，可采用钢筋混凝土做成整片的片筏基础。如图7-9所示。它像一倒置的钢筋混凝土楼盖，整体刚度大，能很好的适应上部结构荷载的变化及调整地基的不均匀沉降。对设置地下室的建筑物，筏板基础还可兼做地下室的底板。按构造不同，可分为平板式［图7-9（a）］和梁板式［图7-9（b）、（c）］两类。其中梁板式还可按梁板位置的不同分为上梁式和下梁式，下梁式底板表面平整，可兼作建筑物底层地面。梁板式基础板的厚度比平板式小得多，但刚度较大，故能承受更大的弯矩。

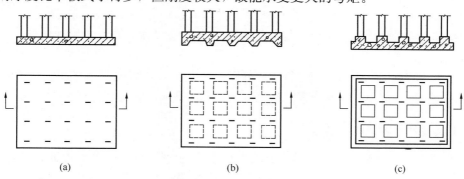

图 7-9 筏板基础
（a）平板式；（b）、（c）梁板式

箱形基础是由钢筋混凝土底板、顶板和纵横交叉的隔墙构成，如图7-10所示。底板、顶板和隔墙的共同工作，使箱形基础具有很大的整体刚度。基础中空部分可见地下室，而且由于埋深较大和基础空腹，可卸除基底处原有的地基土的自重应力，与实体基础相比可大大减少基础底面的附加压力，所以又称补偿基础。箱形基础较适合于地基软弱、平面形状简单的高层建筑物基础，某些对不均匀沉降有严格要求的设备或构筑物，也可采用箱形基础。

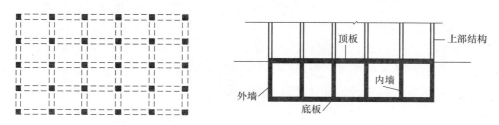

图 7-10 箱形基础

7.3 基础埋置深度的选择

基础的埋置深度是指从室外地面标高到基础底面的距离，简称基础埋深。

直接支撑基础的土层称为持力层，其下的各土层称为下卧层。选择基础埋深也即选择合适的地基持力层。基础埋深的大小对建筑物的安全和正常使用、工程造价、施工技术及施工工期等影响较大，在保证建筑物安全可靠地前提条件下，尽量浅埋。但考虑到基础的稳定性和建筑构造的影响等因素，除岩石地基外，基础的最小埋深不应小于 0.5m，基础顶面应低于设计地面0.1m以上，以便于建筑物四周排水沟的布置。

基础埋深的影响因素较多，一般应从建筑物自身的情况和建筑物周围的条件来综合考虑。

7.3.1 工程地质条件和水文地质条件

应根据场地工程地质报告和建筑物的性质选择合适的持力层。在满足地基稳定和变形要求的前提下，当上层土的承载力能满足要求时，基础应尽量选择上层土为持力层，基础尽量浅埋，以减少造价；若持力层下部存在软弱下卧层时，应验算下卧层的承载力是否满足要求；当表层土软弱，下层土承载力较高时，则应根据具体情况，经过方案比较后，再确定基础埋置土层。

当有地下水存在时，为避免施工排水的麻烦，基础底面应置于地下水位以上。若基础底面必须埋置在地下水位以下时，则应采取施工排水、降水措施，保证地基土不受扰动。

7.3.2 建筑物用途和基础构造

基础的埋深应考虑建筑物的用途。如有些建筑设有地下室或有设备管道和设备基础时，基础的埋深需结合建筑设计标高的要求局部或整个加深；高层建筑的筏板基础和箱形基础，其埋深应满足地基承载力、变形和稳定性的要求。在抗震设防区，除岩石地基外，天然地基上的箱形和筏板基础其埋深不宜小于建筑物高度的1/15；桩箱、桩筏基础的埋深（不计桩长）不宜小于建筑物高度的1/18。位于岩石地基上的高层建筑，其基础埋深应满足抗滑稳定性要求。

7.3.3 作用于基础上荷载的大小和性质

荷载大小不同，对持力层的要求也不同。某一深度的土层，对荷载小的基础可能是很好的持力层，而对荷载大的基础可能就不宜作为持力层，就需要选择承载力更高的土层作为持力层，此时基础的埋深会加大。

上部结构荷载的性质也对基础埋深的选择有影响。承受轴向压力为主的基础，其埋深只需满足地基的强度和变形的要求；对承受水平荷载的基础而言，还需要有足够的埋深以满足稳定性要求；对承受上拔力的基础（如输电塔基础），也要求有较大的埋深以保证足够的抗拔阻力。

7.3.4 相邻建筑物的基础埋深

当存在相邻建筑物时，新建建筑物基础的埋深不宜大于原有建筑物基础的埋深。若埋深大于原有建筑物基础时，两建筑物基础之间应保持一定净距，其数值应根据原有建筑物荷载的大小、基础形式和土质情况确定。一般地，两基础之间的净距不得少于基底高差的1～2倍，即$L \geq (1 \sim 2) \Delta H$，如图7-11所示。如不能满足

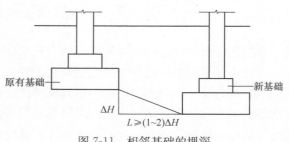

图7-11 相邻基础的埋深

这一要求时，施工期间应采取分段施工、设临时加固支撑、打板桩或地下连续墙等措施，也可采用对原有建筑物地基进行加固等。

7.3.5 地基土冻胀和融陷的影响

当地基土的温度在 0℃以下时，土内孔隙中的水冻结而形成冻土。冻土分季节性冻土和常年冻土两类，季节性冻土是指一年内冻结与解冻交替出现的土层。土层冻结时体积膨胀的性质称为冻胀。若土层冻胀产生的上抬力大于作用在基底的竖向力，就会引起建筑物基础上抬，使上部结构开裂甚至破坏。土体解冻时，土中的冰晶体融化，使土体软化，含水量增加、强度降低而产生较大的附加沉降，称为融陷。无论是冻胀还是融陷，一般都是不均匀的，因此，在季节性冻土地区进行基础埋深选择时，必须考虑地基的冻胀性。

影响地基土产生冻胀的因素主要有土的粒径大小、土中含水量的多少以及地下水补给的可能性等。《建筑地基基础设计规范》（GB 50007—2011）根据冻土层的平均冻胀率的大小，将地基土的冻胀性分为不冻胀、弱冻胀、冻胀、强冻胀、特强冻胀五大类。季节性冻土地区基础埋深宜大于场地冻结深度；对于深厚季节冻土地区，当建筑基础底面土层为不冻胀、弱冻胀、冻胀土时，基础的埋深可小于场地冻结深度，基底允许冻土层最大厚度应根据当地经验确定。

建在季节性冻土地区的建筑物，还应根据《建筑地基基础设计规范》（GB 50007—2011）的要求，采取必要的防冻害措施。

7.4 基础底面尺寸的确定

在初步选择基础类型和基础埋深后，就可以根据上部结构荷载大小和地基承载力特征值确定基础的底面尺寸。如果持力层较薄，且其下存在承载力显著低于持力层的下卧层（软弱下卧层）时，尚需对软弱下卧层进行承载力验算。根据地基承载力确定基础底面尺寸后，必要时应对地基变形或稳定性进行验算。

7.4.1 根据持力层承载力初步确定基础底面尺寸

1. 中心荷载作用下的基础

如图 7-12 所示一单独基础，按地基承载力确定基础底面尺寸时，要求作用于基础底面处的平均压力值应不大于修正后的地基承载力特征值，即

$$p_k \leqslant f_a \tag{7.2}$$

式中　p_k——相应于作用的标准组合时，基础底面处的平均压力，kPa，按下式计算，即

$$p_k = \frac{F_k + G_k}{A}$$

　　f_a——修正后的地基承载力特征值，kPa。

将 $G_k = \gamma_G A \overline{d}$ 代入（7.2）式并整理得

$$A \geqslant \frac{F_k}{f_a - \gamma_G \overline{d}} \tag{7.3}$$

对于矩形基础

$$bl = A \frac{F_k}{f_a - \gamma_G \overline{d}} \tag{7.4}$$

由上式计算出 A 后，据 b/l 的比值（一般取 $b/l \leqslant 1.2$），定出 b 及 l。

对条形基础，沿基础长度方向取 1m 作为计算单元，则基底宽度为

$$b \geqslant \frac{F_k}{f_a - \gamma_G \overline{d}} \tag{7.5}$$

式中　F_k——沿长度方向单位长度范围内上部结构传至基础顶面的作用标准组合值，kN/m。

在利用上述公式确定基础底面尺寸时，需要先确定地基承载力特征值 f_a，但 f_a 与基础宽度 b 有关。也即上述公式中 f_a 和 b 均未知，因此必须通过试算确定。一般地，计算时可先对地基承载力特征值 f_{ak} 进行基础埋深的修正，然后用这一结果求出所需基础底面积和宽度 b 值，再考虑是否需要进行宽度修正。

2. 偏心荷载作用下的基础

偏心荷载作用下基础底面尺寸的确定需用试算法，计算步骤如下：

① 先不考虑偏心的影响，按中心荷载作用下式（7.3）～式（7.5），初步估算基础底面积 A_0。

② 考虑偏心不利影响，将 A_0 提高 10%～40%，即 $A = （1.1～1.4） A_0$。

③ 计算基底边缘最大与最小压力。如图 7-13 所示，在荷载 F_k、G_k、和单向弯矩 M_k 的共同作用下，在满足 $e < \frac{1}{6}$ 的条件下，$p_{kmin} > 0$，基底压力呈梯形分布，基底边缘最大与最小压力为

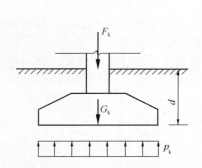

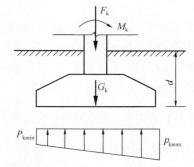

图 7-12　中心荷载作用下的基础　　　　图 7-13　偏心荷载作用下的基础

$$\left.\begin{array}{c} p_{k\,max} \\ p_{k\,min} \end{array}\right\} = \frac{F_k + G_k}{bl}\left(1 \pm \frac{6e}{l}\right) \tag{7.6}$$

式中　M_k——相应于作用的标准组合时，作用于基础底面的力矩值，kN·m；

　　　e——偏心矩，$e = \dfrac{M_k}{F_k + G_k}$；

　　　l——基础底面的长边（一般沿弯矩作用方向设置基础的长边），m。

当 $e > \dfrac{l}{6}$ 时，基底边缘最大压力 p_{kmax} 按式（2.7）计算。

④ 基底压力的验算

$$\frac{1}{2}(p_{kmax} + p_{kmin}) \leqslant f_a \tag{7.7}$$

$$p_{kmax} \leqslant 1.2 f_a \tag{7.8}$$

如果不满足要求，需重新调整基底尺寸，直至满足要求为止。

在确定基础边长时，应注意保证荷载对基础的偏心距不宜过大，以保证基础不致发生过大的倾斜。在一般情况下，对中、高压缩性土上的基础或有吊车的工业厂房柱基础，偏心距 e 不宜大于 $l/6$；对建在低压缩性土上的基础，可适当放宽，但偏心距 e 不宜大于 $l/4$，并要校核基础受压力边缘的压力以及基础的稳定性。

【应用实例 7.1】

某框架结构采用柱下独立基础，上部结构传至基础顶面的竖向荷载效应标准组合值为 $F_k = 2800kN$，基础埋深 $d = 3.0m$，地基土分四层，地质剖面如图 7-14 所示，持力层为细砂层，地基承载力特征值 $f_{ak} = 203kPa$，试确定该基础底面尺寸。

解： ① 确定修正后地基承载力特征值 f_a。

基础埋深范围内土层的加权平均重度：

$$\gamma_0 = \frac{16 \times 1 + 17.5 \times 2}{3} = 17kN/m^3$$

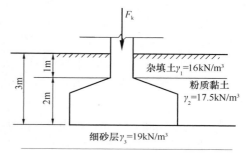

图 7-14 应用实例 7.1 附图

先假设基础宽度 $b < 3m$，由于 $d = 3.0m > 0.5m$，故需进行深度修正。持力层为细砂层，查表 4-5 得地基承载力深度修正系数 $\eta_b = 2.0$，$\eta_d = 3.0$，

$$\begin{aligned}
f_a &= f_{ak} + \eta_d \gamma_0 (d - 0.5) \\
&= 203 + 3.0 \times 17 \times (3.0 - 0.5) \\
&= 330.5kPa
\end{aligned}$$

② 试算基底面积。

$$A_0 = \frac{F_k}{f_a - \gamma_G D} = \frac{2800}{330.5 - 20 \times 3} = 10.35m^2$$

采用正方形基础，基底边长初步选 3.2m，即 $b = l = 3.2m$，此时 $A_0 = 10.2m^2$

③ 地基承载力宽度修正。

因为 $b = 3.2m > 3m$，故地基承载力还需进行宽度修正。

$$\begin{aligned}
f_a &= f_{ak} + \eta_b \gamma (b - 3) + \eta_d \gamma_0 (d - 0.5) \\
&= 203 + 2.0 \times 19 \times (3.2 - 3.0) + 3.0 \times 17 \times (3.0 - 0.5) \\
&= 338.1kPa
\end{aligned}$$

④ 基底面积。

$$A = \frac{F_k}{f_a - \gamma_G D} = \frac{2800}{338.1 - 20 \times 3} = 10.1m^2$$

故此基础底面尺寸可采用 $b \times l = 3.2\text{m} \times 3.2\text{m}$（$A = 10.2\text{m}^2 > 10.1\text{m}^2$）。

【应用实例 7.2】

如图 7-15 所示，某厂房设计框架结构柱下独立基础，地基土分三层，表层为人工填土，重度 $\gamma_1 = 17.2\text{kN/m}^3$，层厚 0.8m，第二层为粉土，重度 $\gamma_2 = 17.7\text{kN/m}^3$，层厚 1.2m，第三层为黏土层，$e = 0.85$，$I_L = 0.6$，土的重度 $\gamma_3 = 18\text{kN/m}^3$，层厚 8.6m，地基承载力特征值为 $f_{ak} = 197\text{kPa}$，基础埋深 $d = 2.0\text{m}$，位于第三层黏土层顶面。已知上部结构来的作用的标准组合值为 $F_k = 1600\text{kN}$，$M_k = 400\text{kN·m}$，水平荷载 $V_k = 50\text{kN}$，试确定该柱下独立基础的底面尺寸。

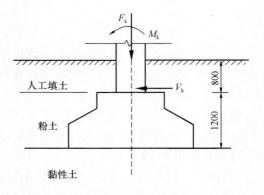

图 7-15　应用实例 7.2 附图

解： ① 先按轴心荷载作用，初步估算基底面积 A_0。

假设基础宽度 $b < 3\text{m}$，查表 4-5 得地基承载力深度修正系数 $\eta_b = 0$，$\eta_d = 1.0$。

基础埋深范围内土层的加权平均重度：

$$\gamma_0 = \frac{17.2 \times 0.8 + 17.7 \times 1.2}{2.0} = 17.5\text{kN/m}^3$$

$$\begin{aligned} f_a &= f_{ak} + \eta_d \gamma_0 (d - 0.5) \\ &= 197 + 1.0 \times 17.5 \times (2.0 - 0.5) \\ &= 223\text{kPa} \end{aligned}$$

则

$$A_0 = \frac{F_k}{f_a - \gamma_G d} = \frac{1600}{223 - 20 \times 2.0} = 8.74\text{m}^2$$

② 初步确定偏心荷载作用下基底面积 A_1。

考虑偏心荷载不利影响，将 A_0 扩大 1.2 倍。

$$A_1 = 1.2 A_0 = 1.2 \times 8.74 = 10.5\text{m}^2$$

设 $l/b = 1.2$，取 $l = 3.6\text{m}$，$b = 3.0\text{m}$，实际基底面积 $A_1 = 3.6 \times 3.0 = 10.8\text{m}^2$。

③ 验算地基承载力。

作用于基底的总竖向荷载为

$$\sum F_k = F_k + G_k = 1600 + 20 \times 3.6 \times 3.0 \times 2.0 = 2032\text{kN}$$

作用于基底的总弯矩为

$$\sum M_k = M_k + V_k \times 1.2 = 400 + 50 \times 1.2 = 460\text{kN·m}$$

合力偏心矩

$$e = \frac{\sum M_k}{\sum F_k} = \frac{460}{2032} = 0.23\text{m}$$

$$< \frac{l}{6} = \frac{3.6}{6} = 0.6\text{m}$$

基底压力为

$$p_{k\,min}^{k\,max} = \frac{F_k + G_k}{bl}\left(1 \pm \frac{6e}{l}\right)$$

$$= \frac{1600 + 432}{3.6 \times 3.0}\left(1 \pm \frac{6 \times 0.23}{3.6}\right)$$

$$= 188(1 \pm 0.38)$$

$$= \frac{259}{117}\text{kPa}$$

$$p_{kmax} = 259\text{kPa} < 1.2f_a = 1.2 \times 223 = 267.6\text{kPa}$$

$$p = 1/2(p_{kmax} + p_{kmin}) = 1/2(259 + 117) = 188\text{kPa} < f_a = 223\text{kPa}$$

满足要求。

7.4.2 验算软弱下卧层承载力

若在持力层下地基的主要受力层范围内存在软弱下卧层时，因该下卧层的承载力比持力层小得多，这时仅验算持力层的承载力是不够的，还应验算软弱下卧层的承载力，要求作用在软弱下卧层顶面处的总应力不应超过经修正后的软弱下卧层承载力特征值。即

$$p_z + p_{cz} \leqslant f_{az} \tag{7.9}$$

式中 p_z——相应于作用的标准组合时，作用于软弱下卧层顶面处的附加应力，kPa；

p_{cz}——软弱下卧层顶面处土的自重应力，kPa；

f_{az}——软弱下卧层顶面处经深度修正后的地基承载力特征值，kPa。

关于附加应力的计算，采用双层地基中附加应力的分布理论，对于条形基础和矩形基础，当持力层与下卧层压缩模量的比值 $E_{s1}/E_{s2} \geqslant 3$ 时，按压力扩散的原理简化计算，即基底附加应力 p_0 按压力扩散角 θ 向下传递，且均匀分布在软弱下卧层的顶面，如图 7-16 所示。

根据扩散前后压力相等的原则，可得附加应力计算的表达式：

矩形基础

$$p_z = \frac{p_0 bl}{(b + 2z\tan\theta)(l + 2z\,\tan\theta)} \tag{7.10}$$

对条形基础仅考虑宽度方向的扩散，并沿基础纵向取 1m 为计算单元

$$p_z = \frac{p_0 b}{b + 2z\tan\theta} \tag{7.11}$$

式中 b——矩形基础或条形基础底边的宽度，m；

l——矩形基础底边的长度，m；

z——基础底面至软弱下卧层顶面的距离，m；

θ——地基压力扩散角，可按表 7-3 采用；

p_0——基底平均附加应力，kPa。

对于地基承载力特征值 f_{az}，可将扩散至软弱下卧层顶面的面积（或宽度），视为假想深

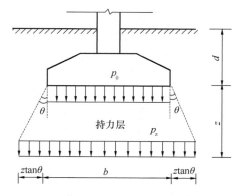

图 7-16 软弱下卧层验算示意图

基础的底面，但仅进行深度（$d+z$）修正。

经上述方法对软弱下卧层承载力验算后，如果满足要求，说明软弱下卧层对建筑物的安全不会产生不利影响；如果不满足要求，说明下卧层承载力不够，这时需要重新调整基础尺寸，增大基底面积以减小基底压力，从而使传至下卧层顶面的附加应力降低以满足要求；如果还是不能满足要求，则需要考虑改变地基基础方案，或采用深基础（如桩基础）将基础置于软弱下卧层以下的较坚实的土层上，或是进行地基处理提高软弱下卧层的承载力。

表 7-3 地基压力扩散角 θ

E_{s1}/E_{s2}	$z=0.25b$	$z=0.50b$
3	$\theta=6°$	$\theta=23°$
5	$\theta=10°$	$\theta=25°$
10	$\theta=20°$	$\theta=30°$

注：① E_{s1} 为上层土的压缩模量，E_{s2} 为下层土的压缩模量；

② 当 $z<0.25b$ 时，一般取 $\theta=0°$，必要时由实验确定；$z>0.50b$ 时，θ 值不变；

③ z/b 在 $0.25\sim0.5$ 范围内采用内插值。

【应用实例 7.3】

某框架柱截面尺寸为 $400\text{mm}\times300\text{mm}$，上部结构传来的竖向力的标准值 $F_k=960\text{kN}$，基础埋深为 $d=1.5\text{m}$（从室外地面算起），室内外高差为 0.6m。基础底面尺寸为 $2\times3\text{m}^2$，基底以上为填土，重度 $\gamma=18\text{kN/m}^3$；地下水位离室外地面距离为 2.5m，持力层为黏性土，土的天然重度 $\gamma=19\text{kN/m}^3$，饱和重度 $\gamma_{sat}=20\text{kN/m}^3$，经深度和宽度修正后持力层的地基承载力特征值 $f_a=220\text{kPa}$，持力层下为淤泥质土，$f_{ak}=60\text{kPa}$，如图 7-17 所示，试进行持力层和软弱下卧层承载力的验算。

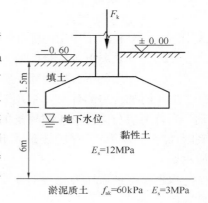

图 7-17 应用实例 7.3 附图

解：（1）持力层承载力验算。

基础及上覆土层自重为

$$G=\gamma_G A \overline{d}=20\times2\times3\times1.8=216\text{kPa}$$

基底压力为

$$p_k=\frac{F_k+G_k}{A}=\frac{960+216}{2\times3}=196\text{kPa}<f_a=220\text{kPa}$$

满足要求。

（2）软弱下卧层承载力验算。

基底处土的自重应力值为

$$p_c=\gamma d=18\times1.5=27\text{kPa}$$

软弱下卧层顶面处附加应力值为

$z=6\text{m}>0.5b=0.5\times2=1\text{m}$，$\dfrac{E_{s1}}{E_{s2}}=\dfrac{12}{3}=4$，查表得 $\theta=24°$。

$$p_z = \frac{bl(p_k - p_c)}{(b + 2z\tan\theta)(l + 2z\tan\theta)} = \frac{2 \times 3 \times (196 - 27)}{(2 + 2 \times 6\tan24°)(3 + 2 \times 6\tan24°)} = 16.6\text{kPa}$$

软弱下卧层顶面处自重应力：

$$p_{cz} = \gamma_1 d + \gamma_2 h_1 + \gamma' h_2 = 18 \times 1.5 + 19 \times 1 + (20 - 10) \times 5 = 96\text{kPa}$$

软弱下卧层承载力特征值修正：

$$\gamma_0 = \frac{18 \times 1.5 + 19 \times 1 + (20 - 10) \times 5}{7.5} = 12.8\text{kN/m}^2$$

软弱下卧层顶面处的地基承载力特征值修正为：

$$f_{az} = f_{akz} + \eta_d \gamma(d - 0.5) = 60 + 1.0 \times 12.8 \times (7.5 - 0.5) = 149.6\text{kPa}$$

软弱下卧层承载力验算：

$$p_z + p_{cz} = 16.6 + 96 = 112.6\text{kPa} < f_{az} = 149.6\text{kPa}$$

满足要求。

7.4.3 地基变形验算

对于甲、乙级建筑物及部分丙级建筑物，除了要进行地基承载力验算外还需进行地基变形验算，验算方法见第三章有关内容。

7.5 无筋扩展基础设计

无筋扩展基础设计主要包括基础底面尺寸、基础剖面尺寸及其构造措施。由于无筋扩展基础所用材料具有较好的抗压性能而抗拉强度偏低的特点，不能承受较大的弯曲应力和剪应力，所以一般设计成轴心受压基础。

如图 7-18 所示，为保证无筋扩展基础不因受拉或受剪切而破坏，基础底面除应满足地基承载力要求外，基础底面宽度还应符合下式要求

$$b \leqslant b_0 + 2H_0\tan\alpha \tag{7.12}$$

式中　b——基础底面宽度，m；

　　　b_0——基础顶面的墙体宽度或柱脚宽度，m；

　　　H_0——基础高度，m；

　　　$\tan\theta$——基础台阶宽高比 $b_2 : H_2$，其允许值可按表 7-4 采用；

　　　b_2——基础台阶宽度，m。

采用无筋扩展基础的钢筋混凝土柱，其柱脚高度 h_1 不得小于 b_1，并不应小于 300mm 且不小于 $20d$（d 为柱中的纵向受力钢筋的最大直径），如图 7-18（b）所示。当柱纵向钢筋在柱脚内的竖向锚固长度不满足锚固要求时，可沿水平方向弯折，弯折后的水平锚固长度不应小于 $10d$ 也不应大于 $20d$。

按地基承载力要求计算的基底宽度 b，若不能满足式（7.12）的要求时，则应改为用强度较高的基础材料或增加台阶总高度，使之满足要求。

为节省材料减轻基础自重，无筋扩展基础常做成台阶形。基础底部常做一垫层，垫层材料一般为灰土、三合土或素混凝土，厚度大于或等于 100mm。薄的垫层不作为基础考虑，

对厚度为 150～250mm 的垫层，可以看成基础的一部分，但此时若垫层材料与基础材料强度相差较大时，需对垫层做抗压验算。

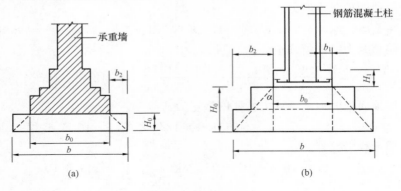

图 7-18　刚性基础示意

表 7-4　无筋扩展基础台阶宽高比的允许值

基础材料	质量要求	台阶高宽比的允许值		
		$p_k \leqslant 100$	$100 < p_k \leqslant 200$	$200 < p_k \leqslant 300$
混凝土基础	C15 混凝土	1:1.00	1:1.00	1:1.25
毛石混凝土基础	C15 混凝土	1:1.00	1:1.25	1:1.50
砖基础	砖不低于 MU10、砂浆不低于 M5	1:1.50	1:1.50	1:1.50
毛石基础	砂浆不低于 M5	1:1.25	1:1.50	—
灰土基础	体积比为 3:7 或 2:8 的灰土，其最小干密度：粉土 1.55t/m²；粉质黏土 1.50t/m²；黏土 1.45t/m²	1:1.25	1:1.50	
三合土基础	体积比 1:2:4～1:3:6（石灰:砂:骨料）每层约虚铺 220mm，夯至 150mm	1:1.50	1:2.00	—

注：① p_k 为作用标准组合时基础底面处的平均压力值（kPa）；

② 阶梯形毛石基础的每阶伸出宽度不宜大于 200mm；

③ 当基础由不同材料叠合组成时，应对接触部分做抗压验算；

④ 混凝土基础单侧扩展范围内基础底面处的平均压力值超过 300kPa 时，尚应进行抗剪验算；对基底反力集中于立柱附近的岩石地基，应进行局部受压承载力验算。

【应用实例7.4】

某住宅楼底层墙体厚度为 370mm，地基土为粉质黏土，天然重度 $\gamma = 18kN/m^3$，孔隙比 $e = 0.85$，液性指数 $I_L = 1.0$，地基承载力特征值为 $f_{ak} = 160kPa$，地下水在地表下 0.8m 处，若上部墙体传至基础顶面的荷载效应标准组合值为 220kN/m，试设计该承重墙下的刚性条形基础。

解：①初选基础埋深 $d = 0.8$m。

假设基础宽度 $b < 3$m，查表 4-4 得地基承载力深度修正系数 $\eta_b = 0$，$\eta_d = 1.0$，

$$f_a = f_{ak} + \eta_d \gamma_0 (d - 0.5)$$
$$= 160 + 1.0 \times 18 \times (0.8 - 0.5)$$
$$= 165 \text{kPa}$$

则

$$b \geqslant \frac{F_k}{f_a - \gamma_G d} = \frac{220}{165 - 20 \times 0.8} = 1.48 \text{m}$$

取 $b = 1.5$m。

② 选择基础材料、基础做法，并确定基础剖面尺寸。

方案 I：采用 MU10 砖，M5 砂浆，砌"二、一间隔收"砖基础，基底下做 100 厚 C15 素混凝土垫层，则砖基础所需台阶数为

$$n = \frac{b - b_0}{2 \times 60} = \frac{1500 - 370}{120} = 9.4 \text{ 阶} \quad \text{取 10 阶}$$

故基础高度 $H_0 = 120 \times 5 + 60 \times 5 = 900$mm

取基础顶面至地表 100mm，则基坑最小开挖深度 $D_{min} = 900 + 100 + 100 = 1100$mm

已进入地下水位以下，施工较麻烦，且基础埋深 $d = 900 + 100 = 1000$m，已超过初选时的深度 800mm，可见方案 I 不合理。

方案 II：基础下层采用 400 厚 C15 素混凝土，其上砌"二、一间隔收"砖基础。对素混凝土垫层，其基底压力

$$p_k = \frac{F_k + G_k}{A} = \frac{220 + 20 \times 0.8 \times 1.5 \times 1.0}{1.5 \times 1.0} = 163 \text{kPa}$$

查表，C15 素混凝土的宽高比允许值 $[b/h] = 1.0$

所以，混凝土台阶收进宽度为 400mm，该砖基础所需台阶数为

$$n \geqslant \frac{1500 - 370 - 2 \times 400}{2 \times 60} = 3 \text{ 阶} \quad \text{取 3 阶}$$

故基础高度为 $H_0 = 120 \times 2 + 60 \times 1 + 400 = 700$mm，基础顶面至地表距离取为 100mm，则基础埋深 $d = 0.8$m，与初选基础埋深吻合，所以方案 II 合理。

基础剖面形状及尺寸如图 7-19 所示。

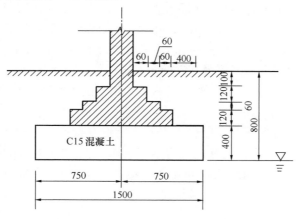

图 7-19 应用实例 7.4 附图

7.6　钢筋混凝土扩展基础

钢筋混凝土扩展基础是最常用的一种基础形式，包括柱下钢筋混凝土独立基础和墙下钢筋混凝土条形基础。柱下钢筋混凝土独立基础按制作方式分为现浇钢筋混凝土独立基础和预制钢筋混凝土独立基础——即杯形基础。而现浇钢筋混凝土独立基础按构造又可分为锥形基础和阶梯形基础。

7.6.1　扩展基础的构造要求

1. 一般构造要求

① 基础边缘高度：锥形基础的边缘高度一般不宜小于 200mm，且两个方向的坡度不宜大于 1∶3，其顶部四周应水平放宽至少 50mm，以方便柱模板的安装。阶梯形基础的每阶高度宜为 300～500mm，如图 7-20 所示。

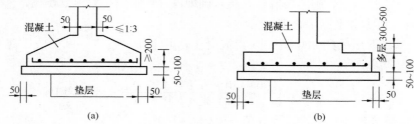

图 7-20　扩展基础构造的一般要求
(a) 锥形基础；(b) 阶梯形基础

② 基底垫层：垫层的厚度不宜小于 70mm，垫层的素混凝土强度等级不宜低于 C10，垫层四周各宽出基础边缘 50mm。

③ 钢筋：钢筋混凝土扩展基础底板受力钢筋直径不宜小于 10mm，间距不宜大于 200mm，也不宜小于 100mm；墙下钢筋混凝土条形基础纵向分布钢筋的直径不宜小于 8mm，间距不宜大于 300mm；每延米分布钢筋的面积应不小于受力钢筋面积的 15%。当有垫层时，钢筋的保护层的厚度不小于 40mm；无垫层时不小于 70mm。

④ 混凝土：基础混凝土强度等级不宜低于 C20。

⑤ 当基础宽度大于或等于 2.5m 时，底板受力钢筋的长度可取宽度的 0.9 倍，并宜交错布置，如图 7-21（a）所示。

⑥ 墙下钢筋混凝土条形基础底板在 T 形及十字形交接处，底板横向受力筋仅沿一个主要受力方向通长布置，另一方向的横向受力钢筋可布置到主要受力方向底板宽度的 1/4 处，如图 7-21（b）所示。在拐角处底板横向受力钢筋应沿两个方向布置，如图 7-21（c）所示。

⑦ 在墙下条形基础相交处，不应重复计入基础面积。

2. 现浇柱下独立基础的构造要求

① 钢筋混凝土柱和剪力墙纵向受力钢筋在基础内的锚固长度 l_a 应根据现行《混凝土结构设计规范》（GB 50010—2010）有关规定确定。

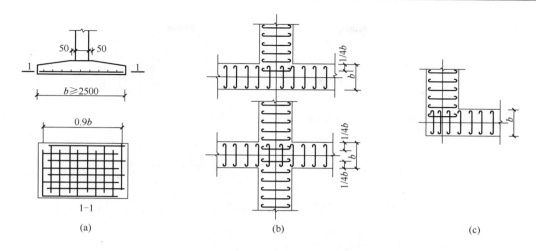

图 7-21 底板受力钢筋布置示意图

（a）柱下独立基础底板受力钢筋布置；

（b）、（c）墙下条形基础纵横交叉处底板受力钢筋布置

有抗震设防要求时，纵向受力钢筋的抗震锚固长度 l_{aE} 应按不同抗震等级加以区别：

一、二级抗震等级 $\qquad l_{aE}=1.15l_a$ $\qquad$ (7.13)

三级抗震等级 $\qquad l_{aE}=1.05l_a$ $\qquad$ (7.14)

四级抗震等级 $\qquad l_{aE}=l_a$ $\qquad$ (7.15)

当基础高度小于 l_a（l_{aE}）时，纵向受力钢筋的锚固纵长度除符合上述要求外，其最小直锚段的长度不应小于 $20d$，弯折段的长度不应小于 $150mm$。

② 柱纵筋在基础中的锚固通过在基础中预埋锚筋来实现。现浇柱的基础，其插筋的数量、直径以及钢筋的种类应与柱内纵向受力钢筋相同，如图 7-22 所示。插筋的锚固长度应满足式（7.13）～式（7.15）的要求，插筋与柱的纵向受力钢筋的连接方法应符合现行《混凝土结构设计规范》（GB 50010—2010）的有关规定。插筋的下端宜做成直钩放在基础底板钢筋网上。

当符合下列条件之一时，可仅将四角的插筋伸至底板钢筋网上，其余插筋锚固在基础顶面下的长度符合规范要求。

· 柱为轴心受压或小偏心受压，基础底板高度 $h\geqslant1200mm$。

· 柱为大偏心受压，基础底板高度 $h\geqslant1400mm$。

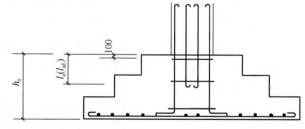

图 7-22 现浇柱基础中的插筋构造示意图

· 基础中插筋至少需分别在基础顶面下 100mm 处和插筋下端设置箍筋，且间距不大于 800mm 基础中箍筋直径与柱中相同。

3. 杯形基础的构造要求

预制钢筋混凝土柱与杯口基础的连接应符合下列要求，如图 7-23 所示。

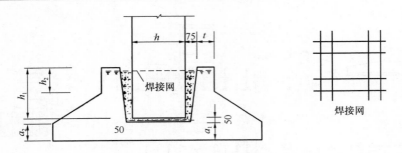

图 7-23　预制钢筋混凝土柱独立基础构造示意

(注：$a_2 \geqslant a_1$)

① 柱的插入深度 h_1 可按表 7-5 选用，并满足钢筋锚固长度的要求及吊装时柱的稳定性。

表 7-5　柱的插入深度 h_1

矩形或工字形柱				双肢柱
$h<500$	$500 \leqslant h<800$	$800 \leqslant h<1000$	$h>1000$	
$h \sim 1.2h$	h	$0.9h$ 且 $\geqslant 800$	$0.8h$ 且 $\geqslant 1000$	$(1/3 \sim 2/3)\ h_a$ $(1.5 \sim 1.8)\ h_b$

注：① h 为柱截面长边尺寸；h_a 为双肢柱全截面长边尺寸；h_b 为双肢柱全截面短边尺寸；
　　② 柱轴心受压或小偏心受压时，h_1 可适当减小；偏心矩大于 $2h$ 时，h_1 应适当增大。

② 基础的杯底厚度和杯壁厚度，可按表 7-6 选用。

表 7-6　基础的杯底厚度 a_1 和杯壁厚度 t

柱截面长边尺寸(mm)	$h<500$	$500 \leqslant h<800$	$800 \leqslant h<1000$	$1000 \leqslant h<1500$	$1500 \leqslant h<2000$
杯底厚度 a_1(mm)	$\geqslant 150$	$\geqslant 200$	$\geqslant 200$	$\geqslant 250$	$\geqslant 300$
杯壁厚度 t(mm)	$150 \sim 200$	$\geqslant 200$	$\geqslant 300$	$\geqslant 350$	$\geqslant 400$

注：① 双肢柱的杯底厚度值，可适当加大；
　　② 当有基础梁时，基础梁下的杯壁厚度，应满足其支撑宽度的要求；
　　③ 柱子插入杯口部分的表面应凿毛，柱子与杯口之间的空隙，应用比基础混凝土强度等级高一级的细石混凝土柱充填密实，当达到材料设计强度的 70% 以上时，方能进行上部吊装。

③ 当柱为轴心受压或小偏心受压且 $t/h_2 \geqslant 0.65$ 时，或大偏心受压 $t/h_2 \geqslant 0.75$ 时，杯壁可不配筋；当柱为轴心受压或小偏心受压且 $0.5 \leqslant t/h_2 < 0.65$ 时，杯壁可按表 7-7 构造配筋；其他情况下应按计算配筋。

表 7-7　杯壁构造配筋

柱截面长边尺寸（mm）	$h<1000$	$1000 \leqslant h<1500$	$1500 \leqslant h<2000$
钢筋直径（mm）	$8 \sim 10$	$10 \sim 12$	$12 \sim 16$

注：表中钢筋置于杯口顶部，每边两根。

7.6.2　墙下钢筋混凝土条形基础

墙下钢筋混凝土条形基础是在上部结构的荷载比较大而地基土质较软弱，用一般的无筋扩展式基础未能满足构造要求或施工不够经济时采用。其按外形不同可分为无肋式条形基础和有肋式条形基础两种。

墙下钢筋混凝土条形基础设计计算时取 1m 为计算单元,其计算的主要内容包括确定基础底面宽度、基础底板高度和基础底板配筋。在确定基础底板高度和基础底板配筋时,上部结构传至基础底面上的作用效应和相应的基底反力应按承载力极限状态下作用效应的基本组合计算。

1. 基础底板宽度

详见 7.4 节。

2. 基础底板高度

墙下钢筋混凝土条形基础受力情况如图 7-24 所示,基础底板犹如一倒置的悬臂梁,由基础自重 G 产生的均布压力与由其产生的那部分地基反力相抵销,则基础底板仅受到由上部结构传来的荷载设计值所产生的地基净反力的作用,使基础底板发生向上的弯曲变形,底板任一截面 I—I 将产生设计弯矩 M,如果配筋不足,则底板将在 M 最大截面处发生弯曲破坏。此外,在地基净反力作用下,截面 I—I 产生剪力 V,如果基础厚度不够将发生剪切破坏,所以墙下无肋式条形基础的高度 h 应按剪切计算确定。一般要求 $h \geqslant 300mm$($\geqslant b/8$,b 为基础宽度),当 $b < 1500mm$ 时,基础高度可做成等厚度;当 $b \geqslant 1500mm$ 时,可做成变厚度,且板的边缘厚度不应小于 200mm,坡度 $i \leqslant 1:3$,如图 7-25 所示。

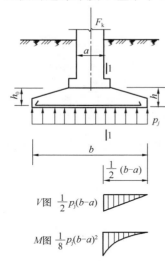

图 7-24　墙下条形基础受力分析

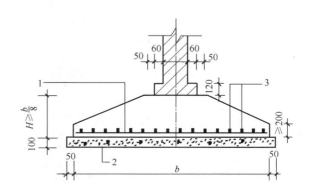

图 7-25　墙下钢筋混凝土条形基础的构造
1—受力钢筋;2—C15 混凝土垫层;3—构造钢筋

综上述,为防止基础底板发生破坏,基础底板应有足够的厚度并配置足够的受力钢筋。

(1)轴压基础

① 地基净反力计算。

如图 7-24 所示,地基净反力是指扣除基础自重及其上土重后相应于荷载效应基本组合时的地基土单位面积净反力。

$$p_{\mathrm{j}} = \frac{F}{b} \tag{7.16}$$

式中　p_{j}——地基净反力设计值，kPa；

　　　F——上部结构传来作用效应的基本组合设计值，kN/m；

　　　b——墙下钢筋混凝土条形基础宽度，m。

② 最大内力设计值。

在 p_{j} 作用下，Ⅰ—Ⅰ截面处（取墙边截面）弯矩 M 和剪力 V 最大，其值为

$$V = \frac{1}{2} p_{\mathrm{j}} (b-a) \tag{7.17}$$

$$M = \frac{1}{8} p_{\mathrm{j}} (b-a)^2 \tag{7.18}$$

式中　V——基础底板最大剪力设计值，kN/m；

　　　M——基础底板最大弯矩设计值，kN·m/m；

　　　a——砖墙厚，m。

③ 基础底板厚度。

因为墙下条形基础底板内不配置箍筋和弯筋，为防止因剪力作用而使基础底板发生剪切破坏，要求基础底板应满足式（7.19）的要求

$$V \leqslant 0.7\beta_{\mathrm{h}} f_{\mathrm{t}} h_0 \tag{7.19}$$

或

$$h_0 \geqslant \frac{V}{0.7\beta_{\mathrm{h}} f_{\mathrm{t}}} \tag{7.20}$$

式中　f_{t}——混凝土轴心抗拉强度设计值，N/mm²；

　　　β_{h}——受剪承载力的截面高度影响系数，$\beta_{\mathrm{h}} = \left(\frac{800}{h_0}\right)^{\frac{1}{4}}$，当 $h_0 < 800$mm 时，取 $h_0 = 800$mm，当 $h_0 > 2000$mm 时，取 $h_0 = 2000$mm；

　　　h_0——基础底板有效高度，mm。

当设置垫层时

$$h_0 = h - 40 - \frac{1}{2}\phi$$

当无垫层时

$$h_0 = h - 70 - \frac{1}{2}\phi$$

式中　ϕ——主筋直径，mm；

　　　h——基础底板厚度，mm。

④ 基础底板配筋。

近似计算公式为

$$A_{\mathrm{s}} = \frac{M}{0.9 h_0 f_y} \tag{7.21}$$

式中　A_s——条形基础底板每米长度受力钢筋截面面积，mm^2/m；

　　　　f_y——钢筋抗拉强度设计值，N/mm^2。

（2）偏压基础

① 地基净反力。

如图 7-26 所示，当基底净反力的偏心距 e_{j0} 满足式（7.22）要求时

$$e_{j0} = \frac{M}{F} \leqslant \frac{b}{6} \qquad (7.22)$$

基础边缘处最大和最小净反力为

$$p_{\substack{jmax \\ jmin}} = \frac{F}{b}\left(1 \pm \frac{6e_{j0}}{b}\right) \qquad (7.23)$$

则悬臂支座处即 I—I 截面处的地基净反力为

$$p_{jI} = p_{jmin} + \frac{b+a}{2b}(p_{jmax} - p_{jmin}) \qquad (7.24)$$

② 最大内力设计值

$$V = \frac{1}{2}\left(\frac{p_{jmax} + p_{jI}}{2}\right)(b-a) \qquad (7.25)$$

$$M = \frac{1}{8}\left(\frac{p_{jmax} + p_{jI}}{2}\right)(b-a)^2 \qquad (7.26)$$

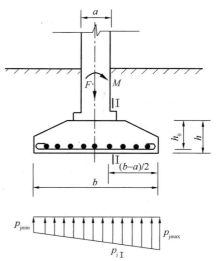

图 7-26　墙下条形基础偏心荷载作用下受力分析

③ 基础底板厚度及基础配筋计算仍采用式（7.19）和式（7.21）。

【应用实例 7.5】

如图 7-27 所示，某教学楼外墙（370mm），采用墙下钢筋混凝土条形基础，上部结构传来作用的标准组合值为 $F_k = 360kN/m$（主要为永久荷载），基础埋深 $d = 1.3m$（从室外地面算起），室内外高差为 0.9m，经修正后地基承载力特征值 $f_a = 165kPa$，材料采用：混凝土强度等级 C25（$f_t = 1.27N/mm^2$），钢筋 HPB300（$f_y = 270N/mm^2$），试设计该墙下钢筋混凝土条形基础。

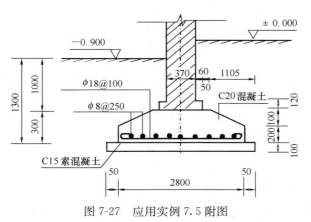

图 7-27　应用实例 7.5 附图

解： ① 求基础宽度。

$$b \geqslant \frac{F_k}{f_a - \gamma_G d}$$

$$= \frac{360}{165 - 20 \times \frac{1}{2}(1.3 \times 2 + 0.9)}$$

$$= 2.77m$$

取 $b = 2.8m = 2800mm$。

② 确定基础底板厚度。

由《钢筋混凝土设计规范》可知，当 F_k 主要为永久荷载时，$F = 1.35F_k$ 基底净反力为

$$p_j = \frac{F}{b} = \frac{1.35 \times 360}{2.8} = 174\text{kPa}$$

$$V = \frac{1}{2} p_j (b-a) = \frac{1}{2} \times 174 \times (2.8 - 0.37) = 211\text{kN/m}$$

$$h_0 \geqslant \frac{V}{0.7 f_t} = \frac{211}{0.7 \times 1.27} = 237\text{mm}$$

若基底下采用厚100mm的C15素混凝土垫层，则 $h = h_0 + 40 = 237 + 40 = 277$mm，取 $h = 300$mm，此时 $h_0 = 260$mm。

③ 基础底板配筋计算。

$$M = \frac{1}{8} p_j (b-a)^2 = \frac{1}{8} \times 174 \times (2.8 - 0.37)^2 = 128.4\text{kN} \cdot \text{m/m}$$

$$A_s = \frac{M}{0.9 f_y h_0} = \frac{128.4 \times 10^6}{0.9 \times 270 \times 260} = 2032 \text{ mm}^2$$

选配 $\phi 18@100$，分布钢筋 $\phi 8@250$。

7.6.3 柱下钢筋混凝土独立基础

钢筋混凝土独立基础的计算主要包括确定基础底面积、基础高度和基础底板配筋。

1. 中心荷载作用下

（1）基础高度确定

基础高度及变阶处高度，应通过截面抗剪强度及抗冲切验算。对独立基础而言，其抗剪强度一般能满足要求，故主要根据冲切验算确定基础高度，当基础承受柱子传来的荷载时，若在柱子周边基础高度（或阶梯高度）不足，就会发生冲切破坏，即从柱子周边（或阶梯高度变化处）形成如图7-28中虚线所示的45°斜裂面锥体。

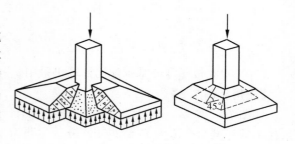

图7-28 独立基础冲切破坏示意图

为保证基础不发生冲切破坏，基础应有足够的高度，使在基础冲切破坏面以外由地基净反力产生的冲切力 F_l 应小于基础冲切面处混凝土的抗冲切强度。

设计时先假设一个基础高度 h，然后按下列公式验算冲切承载力：

$$F_l \leqslant 0.7 f_t \beta_{hp} a_m h_0 \tag{7.27}$$

$$F_l = p_j A_l \tag{7.28}$$

式中　β_{hp}——受冲切承载力截面高度影响系数，当 h 不大于800mm 时，β_{hp} 取1.0；当 h 大于等于2000mm 时，β_{hp} 取 0.9，其间按线性内插法取用；

　　　f_t——混凝土轴心抗拉强度设计值，N/mm^2；

　　　h_0——基础冲切破坏锥的有效高度；

　　　a_m——冲切破坏锥体最不利一侧计算长度，$a_m = \dfrac{a_t + a_b}{2}$

　　　a_t——冲切破坏锥体最不利一侧斜截面的上边长，当计算柱与基础交接处的受冲切承载力时，取柱宽；当计算基础变阶处的受冲切承载力时，取上阶宽；

a_b——冲切破坏锥体最不利一侧斜截面在基础底面积范围内的下边长，当冲切破坏锥体的底面落在基础底面以内 [图 7-29 （a）、图 7-29 （b）]，计算柱与基础交接处的受冲切承载力时，取柱宽加两倍基础有效高度；当计算基础变阶处的受冲切承载力时，取上阶宽加两倍该处的基础有效高度，当冲切破坏锥体的底面在 b 方向落在基础底面以外，即 $a_t + 2h_0 \geqslant b$ 时 [图 7-29 （c）]，$a_b = b$；

p_j——扣除基础自重及其上土重后相应于作用的基本组合时的地基土单位面积净反力，对偏心受压基础可取基础边缘处最大地基土单位面积净反力；

A_l——冲切力作用面积；

F_l——相应于作用的基本组合时作用在 A_l 上的地基土净反力设计值。

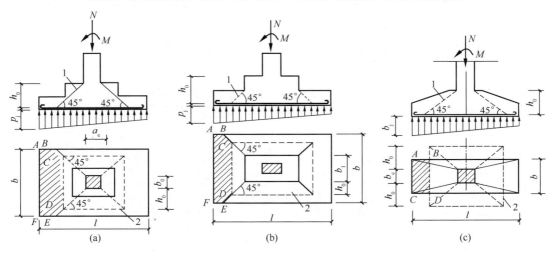

图 7-29　独立基础的抗冲切计算示意图

（a）、（c）柱与基础交接处；（b）基础变阶处

1—冲切破坏锥最不利一侧的斜截面；2—冲切破坏锥体的底面线

对于矩形基础，柱短边一侧冲切破坏的可能性较柱长边一侧大，故只需根据短边一侧冲切破坏条件来确定底板厚度。

如果冲切破坏椎体的底面全部落在基础底面以外，则不会产生冲切破坏，故不必进行冲切验算。

公式 （7.28） 中 A_l 的计算如下：

①当 $b > b_c + 2h_0$ 时，如图 7-29 （a） 所示。

$$A_l = \left(\frac{l}{2} - \frac{a_c}{2} - h_0 \right) b - \left(\frac{b}{2} - \frac{b_c}{2} - h_0 \right)^2$$

②当 $b \leqslant b_c + 2h_0$ 时，如图 7-28 （c） 所示。

$$A_l = \left(\frac{l}{2} - \frac{a_c}{2} - h_0 \right) b$$

式中　l、b——分别为基础的长边和短边；

a_c、b_c——分别为 l 及 b 方向的柱边长。

若基础为阶梯形，除应对柱与基础交接处进行抗冲切验算外，还应对变阶处进行抗冲切验算，如图7-29（b）示。验算时只需把上一台阶看成下一台阶上的柱，以上一台阶的长、短边代替a_c、b_c，按前述方法即可求出相应的A_l。

（2）基础底板配筋计算

基础底板在地基净反力p_j作用下，在两个方向均发生弯曲。若基础抗弯强度不够，则基础底板发生弯曲破坏。计算基础内力时，将独立基础的底板视为固定在柱子周边的四面挑出的梯形悬臂板，如图7-30所示，计算截面取柱边或变阶处。沿基础长宽两个方向的弯矩，等于梯形基底面积上地基净反力产生的力矩，钢筋面积按两个方向的最大弯矩分别计算。

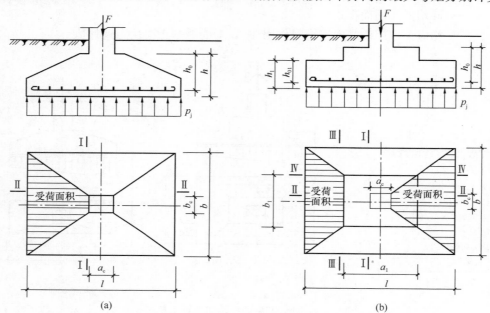

图7-30　中心受压基础底板配筋计算
（a）锥形基础；（b）阶梯形基础

Ⅰ—Ⅰ截面：

$$M_{\mathrm{I}} = \frac{p_{\mathrm{j}}}{24}(l-a_c)^2(2b+b_c) \tag{7.29}$$

$$A_{s\mathrm{I}} = \frac{M_{\mathrm{I}}}{0.9 f_y h_0}$$

Ⅱ—Ⅱ截面：

$$M_{\mathrm{II}} = \frac{p_{\mathrm{j}}}{24}(b-b_c)^2(2l+a_c) \tag{7.30}$$

$$A_{s\mathrm{II}} = \frac{M_{\mathrm{II}}}{0.9 f_y h_0}$$

对阶梯形基础，还需计算变阶处：

Ⅲ—Ⅲ截面：

$$M_{\mathbb{II}} = \frac{p_{\mathrm{j}}}{24}(l - a_1)^2(2b + b_1) \tag{7.31}$$

$$A_{\mathrm{s}\mathbb{II}} = \frac{M_{\mathbb{II}}}{0.9 f_{\mathrm{y}} h_{01}}$$

$\mathbb{IV}$—$\mathbb{IV}$ 截面：

$$M_{\mathbb{IV}} = \frac{p_{\mathrm{j}}}{24}(b - b_1)^2(2l + a_1) \tag{7.32}$$

$$A_{\mathrm{s}\mathbb{IV}} = \frac{M_{\mathbb{IV}}}{0.9 f_{\mathrm{y}} h_{01}}$$

此时，按两个方向计算出的较大钢筋面积配筋。

2. 偏心荷载作用下

（1）基础高度确定

偏心受压基础高度的确定方法与中心受压相同，仅需将式（7.28）中 p_{j} 以基底最大净反力 p_{jmax} 代替即可，此时 $p_{\mathrm{jmax}} = \dfrac{F}{lb}\left(1 \pm \dfrac{6e_{\mathrm{j0}}}{l}\right)$，如图 7-31 所示。

（2）基础底板配筋计算

偏心荷载作用下基础底板配筋计算与中心荷载作用时类似，只是地基净反力的取值不同，如图 7-32 所示。具体如下：

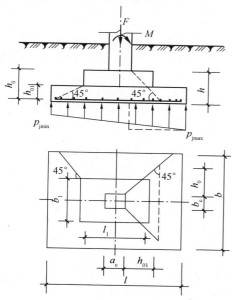

图 7-31　偏心受压基础底板厚度计算

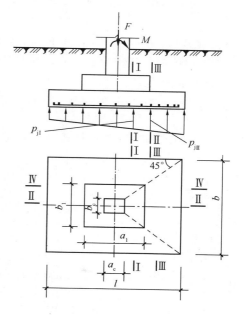

图 7-32　偏心受压基础底板配筋计算

$\mathbb{I}$—$\mathbb{I}$ 截面：

$$p_{\mathrm{j}} = \frac{1}{2}(p_{\mathrm{jmax}} + p_{\mathrm{j}\mathbb{I}}) \tag{7.33}$$

$$M_{\mathbb{I}} = \frac{1}{48}(p_{\mathrm{jmax}} + p_{\mathrm{j}\mathbb{I}})(l - a_{\mathrm{c}})^2(2b + b_{\mathrm{c}}) \tag{7.34}$$

Ⅱ—Ⅱ截面:

$$p_j = \frac{1}{2}(p_{jmax} + p_{jmin})\tag{7.35}$$

对阶梯形基础:

$$M_Ⅱ = \frac{1}{48}(p_{jmax} + p_{jmin})(b - b_c)^2(2l + a_c)\tag{7.36}$$

Ⅲ—Ⅲ截面:

$$M_Ⅲ = \frac{1}{48}(p_{jmax} + p_{jⅢ})(l - a_1)^2(2b + b_1)\tag{7.37}$$

Ⅳ—Ⅳ截面:

$$M_Ⅳ = \frac{1}{48}(p_{jmax} + p_{jmin})(b - b_1)^2(2l + a_1)\tag{7.38}$$

仍需按各方向较大弯矩计算出的钢筋面积进行配筋。

【应用实例 7.6】

试设计某框架柱下独立基础（见图 7-33）。已知上部结构传来作用效应标准组合值为 $F_k = 700kN$，$M_k = 80kN \cdot m$，水平荷载 $V_k = 13kN$，基础埋深从室外地面算起 $d = 1.0m$，经修正后地基承载力特征值 $f_a = 240kPa$，基底尺寸为 $b \times l = 1.6m \times 2.4m$，柱截面为 $300mm \times 400mm$，材料选用：混凝土强度等级 C25（$f_t = 1.27N/mm^2$），钢筋 HRB335（$f_y = 300N/mm^2$）。

解：已知 $a_c = 400mm$，$b_c = 300mm$，$l = 2.4m$，$b = 1.6m$。

初步选择基础高度 $h = 600mm$，其下采用 100 厚 C15 素混凝土垫层，$h_0 = h - 40 = 560mm$

①求基底净反力

偏心矩 $e = \dfrac{M}{F} = \dfrac{1.35M_k}{1.35F_k} = \dfrac{1.35 \times (80 + 0.6 \times 13)}{1.35 \times 700} = 0.125m < \dfrac{l}{6} = 0.4m$

基础底面地基净反力最大值和最小值分别为:

$$p_{jmax \atop jmin} = \frac{F}{A}\left(1 \pm \frac{6e}{l}\right) = \frac{1.35 \times 700}{2.4 \times 1.6} \times \left(1 \pm \frac{6 \times 0.125}{2.4}\right) = {323 \atop 169}kPa$$

$$p_j = \frac{F}{bl} = \frac{1.35 \times 700}{1.6 \times 2.4} = 246kPa$$

②确定基础高度

冲切验算:

因为 $b_c + 2h_0 = 300 + 2 \times 560 = 1420mm = 1.42m < b = 1.6m$

所以 $A_l = \left(\dfrac{l}{2} - \dfrac{a_c}{2} - h_0\right)b - \left(\dfrac{b}{2} - \dfrac{b_c}{2} - h_0\right)^2$

$\qquad = \left(\dfrac{2.4}{2} - \dfrac{0.4}{2} - 0.56\right) \times 1.6 - \left(\dfrac{1.6}{2} - \dfrac{0.3}{2} - 0.56\right)^2$

$\qquad = 0.44 \times 1.6 - 0.0081 = 0.70m^2$

$\qquad\qquad A_m = (b_c + h_0)h_0 = (0.3 + 0.56) \times 0.56 = 0.482m^2$

$\qquad a_m = \dfrac{1}{2}(b_c + b_c + 2h_0) = \dfrac{1}{2}(0.3 + 0.3 + 2 \times 0.56) = 0.86m$

冲切力设计值 $p_{jmax}A_1 = 323 \times 0.70 = 226kN$

抗冲切力 $0.7\beta_{hp}f_t a_m h_0 = 0.7 \times 1.0 \times 1.27 \times 10^3 \times 0.86 \times 0.56 = 428kN$

$$p_{jmax}A_1 < 0.7\beta_{hp}f_t a_m h_0 \quad 满足要求。$$

③配筋计算。

基础长边方向：

Ⅰ—Ⅰ截面处，柱边地基净反力。

$$p_{jⅠ} = p_{jmin} + \frac{l+a_c}{2l}(p_{jmax} - p_{jmin}) = 169 + \frac{2.4+0.4}{2 \times 2.4}(323 - 169) = 259kPa$$

悬臂部分地基净反力平均值为

$$\frac{1}{2}(p_{jmax} + p_{jⅠ}) = \frac{1}{2}(323 + 259) = 291kPa$$

Ⅰ—Ⅰ截面弯矩

$$M_Ⅰ = \frac{1}{48}(p_{jmax} + p_{jⅠ})(l - a_c)^2(2b + b_c)$$

$$= \frac{1}{24} \times 291 \times (2.4 - 0.4)^2(2 \times 1.6 + 0.3) = 170kN \cdot m$$

$$A_{sⅠ} = \frac{M_Ⅰ}{0.9f_y h_0} = \frac{170 \times 10^6}{0.9 \times 300 \times 560}$$

$$= 1124mm^2$$

沿基础每米配筋面积 $A_{sⅠ} = \frac{1124}{1.6} = 703mm^2$，选配 $\phi12 @ 150$ 钢筋，实际 $A_s = 754mm^2$

基础短边方向：

因该基础受单向偏心荷载作用，所以在基础短边方向的基底反力按均布计算。

$$M_Ⅱ = \frac{1}{48}(p_{jmax} + p_{jmin})(b - b_c)^2(2l + a_c)$$

$$= \frac{1}{48} \times 492 \times (1.6 - 0.3)^2 \times (2 \times 2.4 + 0.4)$$

$$= 90.07kN \cdot m$$

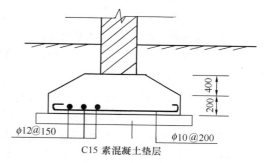

$\phi12@150$

$\phi10@200$

C15 素混凝土垫层

400
200

1600

2400

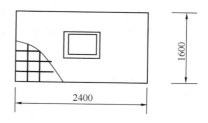

图 7-33 应用实例 7.6 附图

$$A_{sⅡ} = \frac{M_Ⅱ}{0.9f_y h_0} = \frac{69.3 \times 10^6}{0.9 \times 300 \times 560} = 596mm^2。$$

沿基础每米配筋面积 $A_{sⅡ} = \frac{596}{2.4} = 373mm^2$，选配 $\phi10@200$ 钢筋，实际 $A_s = 393mm^2$。

7.7 钢筋混凝土柱下条形基础与十字交叉基础

柱下钢筋混凝土条形基础是指沿房屋纵向布置单向的钢筋混凝土条状基础，其横断面一一般呈倒 T 形，由肋梁及横向向外伸出的翼板组成；横向布置起联系作用的矩形断面的基础梁，以增强基础的整体性及整体刚度。由于肋梁的截面相对较大，且配置一定数量的纵筋和腹筋，因而具有较强的抗剪及抗弯能力。

若基础布置成双向的钢筋混凝土条状基础，两个方向基础梁的断面均呈倒 T 形且截面尺寸相差不大时，基础即为双向的条形基础，工程上称为十字交叉条形基础或十字交梁基础。

一般情况下，柱下应首先考虑设置独立基础，但若遇以下特殊情况，采用独立基础无法满足设计要求时，则可设计成柱下条形基础或柱下十字交叉基础：

① 当柱荷载较大，而地基又较软弱，承载力较低时。

② 当各柱荷载差异较大，基础之间可能产生较大沉降差时。

③ 当地基土质不均匀，土质变化大时。

④ 需加强地基基础整体刚度，防止过大的不均匀沉降时。

7.7.1 柱下条形基础的构造要求

柱下条形基础。基础截面下部向两侧伸出部分为翼板，中间梁腹部分为肋梁。

柱下条形基础的构造，除应满足一般扩展基础的构造要求外，尚应满足下列要求：

1. 外形尺寸

① 条形基础梁的两端宜向外伸出，以增大基底面积及调整底面形心位置，使反力分布合理，但不宜伸出过长，其长度宜为第一跨的 1/3～1/4；基础底板的宽度由地基承载力计算确定。

② 条形基础肋梁的高度 h 由计算确定，宜为柱距的 1/4～1/8，翼板厚度也由计算确定，且不应小于 200mm；当翼板厚度为 200～250mm 时，宜用等厚度翼板；当翼板厚度大于 250mm 时，宜采用变厚度翼板，其坡度宜小于或等于 1∶3。

③ 一般情况下基础梁宽度宜每边宽于柱边 50mm，沿纵向不变；但当与基础梁轴线垂直的柱边长大于或等于 600mm 时，可仅在柱子处将基础梁局部加宽。现浇柱与条形基础梁的交接处其平面尺寸不应小于图 7-34 规定。

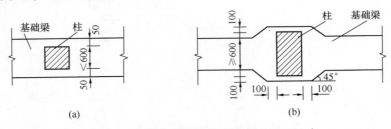

图 7-34　现浇柱与条形基础梁交接处平面尺寸

(a) 与基础梁轴线垂直的柱边长小于 600mm 时；

(b) 与基础梁轴线垂直的柱边长大于或等于 600mm 时

2. 钢筋和混凝土

① 条形基础梁内纵向受力钢筋宜优先选用 HRB400 钢筋，基础梁上部和下部的纵向受力钢筋的配筋率各不小于 0.2%，肋梁顶部钢筋按计算宜全部贯通，底部纵向受力应有 2～4

根通长配筋，且其面积不应小于底部纵向受力钢筋面积的 1/3。

② 肋梁内的箍筋应为封闭式，直径不小于 8mm；当梁宽 $b \leqslant 350$mm 时用双肢箍，当 300mm$< b \leqslant 800$mm 时用四肢箍，当 $b > 800$mm 时用六肢箍。

③ 基础底板钢筋直径不宜小于 10mm，间距 100～200mm。

④ 柱下条形基础的混凝土强度等级不应低于 C20。

7.7.2 柱下条形基础的内力计算方法

1. 计算原则

《建筑地基基础设计规范》（GB 50007—2011）规定，若地基土质较均匀、上部结构刚度较好、荷载分布较均匀且条形基础梁的高度大于 1/6 柱距时，地基反力可按直线分布，条形基础梁的内力可按连续梁计算，即下述"倒梁法"计算，此时考虑上部结构与地基基础共同工作，边跨中及第一内支座弯矩乘 1.2 系数。如不满足以上条件，宜按弹性地基梁法求内力。

2. 基底尺寸及地基承载力验算

假设基底反力是直线分布，柱下条形基础底面积可按下式估算

$$A \geqslant \frac{\sum F_{ik} + G_k + G_{wk}}{f_a - \gamma_G d} \tag{7.39}$$

若为偏心荷载作用，将 A 扩大 10%～40%。底面积选定后，进一步确定 l 和 b 值，基础长度 l 可按主要荷载合力作用点与基底形心尽量靠近的原则，并结合端部伸长尺寸选定，一般可采用试算法。

基础底面尺寸确定后，可按下式计算基底反力并验算地基承载力：

轴心荷载作用时

$$p_k = \frac{\sum F_{ik} + G_k + G_{wk}}{lb} \leqslant f_a \tag{7.40}$$

偏心荷载作用时，除应满足上式外，还应满足：

$$p_{kmax} = \frac{\sum F_{ik} + G_k + G_{wk}}{lb} + \frac{6 \sum M_{ik}}{bl^2} \leqslant 1.2 f_a \tag{7.41}$$

$$p_{kmin} = \frac{\sum F_{ik} + G_k + G_{wk}}{lb} - \frac{6 \sum M_{ik}}{bl^2} \geqslant 0 \tag{7.42}$$

式中　$\sum F_{ik}$——各柱传至基础梁顶面的作用效应标准组合值，kN；

　　　　G_k——基础及上覆土重标准值，kN；

　　　　G_{wk}——作用在基础梁上墙重标准值，kN；

　　　$\sum M_{ik}$——各作用效应标准值对基础中点的力矩代数和，kN·m；

　　　　l——基础梁长度，m；

　　　　b——基础梁宽度，m；

　　　　f_a——修正后的地基承载力特征值，kPa。

3. 基底翼板的计算

由于假定基底反力是直线分布，所以基础自重和上覆土重产生的基底压力与相应的地基反力相抵消，但需考虑作用在基础梁上的墙重力，此时

$$p_{\substack{jmax \\ jmin}} = \frac{\sum F_i + G_w}{lb} \pm \frac{6\sum M_i}{bl^2} \tag{7.43}$$

式中 $\sum F_i$ ——各柱传至基础梁顶面的作用效应设计值，kN；

G_w ——作用在基础梁上墙重设计值，kN；

$\sum M_i$ ——各作用效应设计值对基础中点的力矩代数和，kN·m。

翼板的计算方法与墙下钢筋混凝土条形基础相同。

4. 基础梁内力计算

由于沿梁全长作用的均布墙重、基础及上覆土重均由其产生的地基反力所抵销，故作用在基础梁上的净反力只有由柱传来的荷载所产生，如图 7-35（a）所示，此时

$$p_{\substack{jmax \\ jmin}} = \frac{\sum F_i}{lb} \pm \frac{6\sum M_i}{bl^2} \tag{7.44}$$

求得基底净反力后，可将柱视为基础梁的不动铰支座，以基底净反力作为荷载，按倒梁法计算条形基础梁的内力，如图 7-35（b）所示。倒梁法求得的支座反力一般不等于原柱传来的荷载。此时可将支座反力与柱子轴力之差折算成均匀荷载布置在支座两侧各 1/3 跨内，再按连续梁计算内力，并与原算得的内力叠加。经调整后不平衡力将明显减小，一般调整 1～2 次即可。

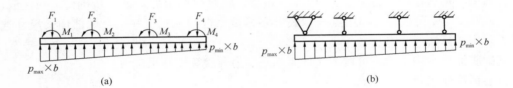

图 7-35   倒梁法计算地基梁简图
(a) 基底反力分布；(b) 按连续梁求内力

7.7.3   柱下十字交叉基础的简化计算

当上部结构荷载较大，以致沿柱列一个方向上设置条形基础已不能满足地基承载力要求和地基变形要求时，可沿柱列的两个方向均设置成条状基础，形成十字交叉基础，以增大基础底面积及基础刚度。十字交叉基础是具有较大抗弯刚度的超静定体系，对地基的不均匀沉降有较大的调节能力。

柱下十字交叉基础，在每个交叉点（即节点）上作用有柱子传来的轴力及两个方向的弯矩。同柱下条形基础一样，当两个方向的梁高均大于 1/6 柱距，地基土比较均匀，上部结构刚度较大时，地基反力也可近似按直线分布考虑。根据节点处两方向竖向位移和转角相等的条件，可求得各节点在两方向梁上的分配荷载，然后按柱下条形基础的方法进行设计即可。

为简化计算，一般假设两方向上梁的抗扭刚度等于零，这样纵向弯矩由纵向条形基础承受，横向弯矩由横向条形基础承受。轴力则根据地基梁弹性特征系数 λ 和节点类型进行分配，方法如下：

（1）地基梁弹性特征系数 λ 计算

$$\lambda = \sqrt[4]{\frac{K_s b}{4 E_c I}}$$

(7.45)

式中　K_s——地基基床系数，kN/m^3，按表7-8选用；

　　　b——基础宽度，m；

　　　I——基础横截面的惯性矩，m^4；

　　　E_c——混凝土弹性模量，MPa。

表7-8　基床系数 K_s 值

淤泥质土、有机质土、新填土			1000～5000
软质黏性土			5000～10000
黏性土		软　塑	10000～20000
		可　塑	20000～40000
		硬　塑	40000～100000
松　砂			10000～15000
中密砂或松散砾石			15000～25000
紧密砂或中密砾石			25000～40000

（2）节点轴力分配计算

根据节点的不同类型，节点轴力可按下列公式计算。

① T字节点（边柱），如图7-36（a）所示。

$$F_{ix} = \frac{4 b_x S_x}{4 b_x S_x + b_y S_y} F_i$$

(7.46)

$$F_{iy} = \frac{b_y S_y}{4 b_x S_x + b_y S_y} F_i$$

(7.47)

② 十字节点（中柱），如图7-36（b）所示

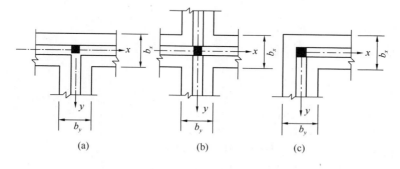

图7-36　柱下十字交叉基础节点

（a）边柱节点；（b）中柱节点；（c）角柱节点

$$F_{ix} = \frac{b_x S_x}{b_x S_x + b_y S_y} F_i$$

(7.48)

$$F_{iy} = \frac{b_y S_y}{b_x S_x + b_y S_y} F_i$$

(7.49)

③Γ字节点（角柱），如图 7-36（c）所示。

$$F_{ix} = \frac{b_x S_x}{b_x S_x + b_y S_y} F_i \qquad (7.50)$$

$$F_{iy} = \frac{b_y S_y}{b_x S_x + b_y S_y} F_i \qquad (7.51)$$

式中 b_x、b_y——分别为 x 和 y 方向的地基梁宽度，m；

  S_x、S_y——分别为 x 和 y 方向的地基梁弹性特征系数的倒数，$S = \frac{1}{\lambda} \sqrt[4]{\frac{E_c I}{K_s b}}$；

  F_i——上部结构传至交叉梁基础节点 i 的竖向荷载效应设计值，kN。

【应用实例 7.7】

如图 7-37 所示，某柱下十字交叉基础，混凝土强度等级为 C20，混凝土的弹性模量 $E_c = 2.55 \times 10^4 \, \text{N/mm}^2$，已知各节点集中荷载 $F_1 = 1100 \text{kN}$，$F_2 = 1800 \text{kN}$，$F_3 = 2500 \text{kN}$，$F_4 = 1500 \text{kN}$，地基的基床系数 $K_s = 5000 \text{kN/m}^3$，试求各节点荷载分配。

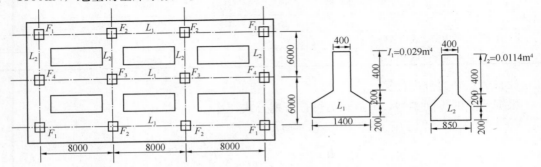

图 7-37 应用实例 7.7 附图

解：（1）刚度计算

基础梁 L_1：

横截面惯性矩 $I_1 = 2.9 \times 10^{-2} \, \text{m}^4$

抗弯刚度 $E_c I_1 = 2.55 \times 10^7 \times 2.9 \times 10^{-2} = 7.34 \times 10^5 \, \text{kN} \cdot \text{m}^2$

$$S_1 = \sqrt[4]{\frac{4E_c I_1}{K_s b_1}} = \sqrt[4]{\frac{4 \times 7.34 \times 10^5}{5 \times 10^3 \times 1.4}} = 4.53 \text{m}$$

基础梁 L_2：

横截面惯性矩 $I_2 = 1.14 \times 10^{-2} \, \text{m}^4$

抗弯刚度 $E_c I_2 = 2.55 \times 10^7 \times 1.14 \times 10^{-2} = 2.91 \times 10^5 \, \text{kN} \cdot \text{m}^2$

$$S_2 = \sqrt[4]{\frac{4E_c I_2}{K_s b_2}} = \sqrt[4]{\frac{4 \times 2.91 \times 10^5}{5 \times 10^3 \times 0.85}} = 4.09 \text{m}$$

（2）节点荷载分配

角柱节点的荷载分配由式（7.50）和式（7.51）计算

$$F_{1x} = \frac{b_1 S_1}{b_1 S_1 + b_2 S_2} F_1 = \frac{1.4 \times 4.53}{1.4 \times 4.53 + 0.85 \times 4.09} \times 1100 = 710.4 \text{kN}$$

$$F_y = 1100 - 710.4 = 389.6 \text{kN}$$

边柱节点的荷载分配由式（7.46）和式（7.47）计算

$$F_{2x} = \frac{4b_1S_1}{4b_1S_1 + b_2S_2}F_2 = \frac{4 \times 1.4 \times 4.53}{4 \times 1.4 \times 4.53 + 0.85 \times 4.09} \times 1800 = 1583.3\text{kN}$$

$$F_{2y} = 1800 - 1583.3 = 216.7\text{kN}$$

同理：

$$F_{4x} = \frac{b_1S_1}{b_1S_1 + 4b_2S_2}F_4 = \frac{1.4 \times 4.53}{1.4 \times 4.53 + 4 \times 0.85 \times 4.09} \times 1500 = 469.8\text{kN}$$

$$F_{2y} = 1500 - 469.8 = 1030.2\text{kN}$$

中柱节点的荷载分配由式（7.48）和式（7.49）计算

$$F_{3x} = \frac{b_1S_1}{b_1S_1 + b_2S_2}F_3 = \frac{1.4 \times 4.53}{1.4 \times 4.53 + 0.85 \times 4.09} \times 2500 = 1614.6\text{kN}$$

$$F_{3y} = 2500 - 1614.6 = 885.4\text{kN}$$

7.8 钢筋混凝土筏板基础和箱形基础简介

7.8.1 筏板基础

当上部结构荷载较大，地基承载力较低，采用柱下十字交叉基础或墙下条形基础时底面积占建筑物总平面面积的比例较大时，可考虑选用整片的筏板基础。筏板基础分平板式和梁板式两类，其选型应根据工程地质条件、上部结构体系、柱距和荷载大小、施工条件等因素选用。如当地下空间的利用要求较高时，不宜采用上梁式，而在较松散的无黏性土或软弱的黏性土层中不宜采用下梁式；若要求筏板基础应具有较大抗弯刚度时，梁板基础可能较经济，所以应针对具体工程通过技术经济比较进行正确选型。

筏板基础的结构与钢筋混凝土楼盖结构相类似，由柱或墙传来的荷载，经主次梁及筏板传给地基，若将地基反力视为作用于筏板基础底板上的荷载，则筏板基础相当于一倒置的钢筋混凝土楼盖。

1. 筏板基础的构造要求

（1）筏板基础平面尺寸

筏板基础平面尺寸应满足地基承载力要求。具体设计时，筏板边缘一般应伸出边柱和角柱外侧包线或侧墙以外，伸出长度宜不大于伸出方向边跨柱距的 1/4，无外伸肋梁的筏板，伸出长度一般不宜大于 1.5m。为了避免基础发生太大的倾斜和改善基础受力状态，可以采用应力调整来改变底板四边的外挑长度以调整基底的形心位置。对高层建筑，一般要求偏心距不超过基础宽度的 1/30。

（2）筏板厚度

筏板厚度一般可根据楼层层数按每层 50～80mm 初定，但不得小于 250mm。对平板式筏基，其板厚应满足受冲切承载力的要求，当柱荷载较大时，可将柱位下筏板局部加厚；对梁板式筏基，其板厚应满足受冲切、受剪切承载力的要求，12 层以上建筑的梁板式筏基，板厚不宜小于 400mm，且板厚与最大双向板格的短边之比不小于 1/20。

（3）墙体

采用筏板基础的地下室，应沿地下室四周布置钢筋混凝土外墙，外墙厚度不应小于250mm，内墙厚度不应小于200mm。墙的截面设计除满足承载力要求外，尚应考虑变形、抗裂及防渗等要求。墙体内应设置双面钢筋，钢筋不宜采用光面圆钢筋，水平钢筋的直径不应小于12mm，竖向钢筋的直径不应小于10mm，间距不应大于200mm。

（4）混凝土强度等级

筏板基础的混凝土强度等级不应低于C30，对于地下水位以下的地下室筏板，尚需考虑混凝土抗渗等级，抗渗等级应满足相关要求，必要时设置架空排水层。

（5）配筋

当筏板基础的厚度大于2000mm时，宜在板厚中间部位设置直径不小于12mm、间距不大于300mm的双向钢筋网；梁板式筏板基础的底板和基础梁的配筋除了满足计算要求外，纵横方向的底部钢筋尚应有不少于1/3贯通全跨，顶部钢筋按计算配筋全部贯通，底板上下贯通钢筋的配筋率不应小于0.15%；平板式筏板基础柱下板带和跨中板带的底部支座钢筋应有不少于1/3贯通全跨，顶部钢筋按计算配筋全部贯通，上下贯通钢筋的配筋率不应小于0.15%。

（6）柱（墙）与基础梁的连接

地下室底层柱、剪力墙至梁板式筏基的基础梁边缘的距离不应小于50mm，其构造如图7-38所示。

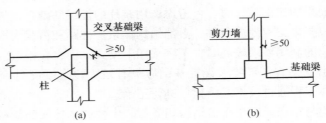

图 7-38　地下室底层柱或剪力墙与梁板筏基的基础梁连接的构造要求

（a）柱与基础梁连接；（b）剪力墙与基础梁连接

2. 筏板基础的计算

（1）筏板基底面积确定

对于矩形筏板基础，基底反力可按下式计算：

$$p_{\substack{kmax \\ kmin}} = \frac{\sum F_{ik} + G_k}{lb} \pm \frac{6\sum M_{ik}}{bl^2}$$

式中　　$\sum F_{ik}$——筏板上总竖向荷载标准值，kN；

$\sum M_{ik}$——筏板上各竖向荷载标准值对筏板中点的力矩代数和，kN·m；

G_w——基础及其上土的重力标准值，kN；

l——筏板底面的长度，m；

b——筏板底面的宽度，m；

确定底板面积时需满足：

$$p_k = \frac{\sum F_{ik} + G_k}{lb} \leqslant f_a$$

$$p_{kmax} \leqslant 1.2 f_a$$

（2）筏板基础内力分析

当地基土比较均匀、地基压缩层范围内无软弱土层或可液化土层、上部结构刚度较好、柱网和荷载较均匀、梁板式筏基梁的高跨比或平板式筏基板的厚跨比不小于 1/6，且相邻柱荷载及柱间距的变化不超过 20% 时，筏板基础可仅考虑局部弯曲作用，筏板基础内力，可按基底反力直线分布进行计算，计算时基底反力应减去底板自重及其上覆土的自重。当不满足上述要求时，筏基内力应按弹性地基梁板方法进行分析计算。

根据求出的基底净反力，按"倒楼盖"法计算筏基，即将筏基视为放置在地基上的楼盖，柱、墙视为楼盖的支座，地基净反力视为作用在该楼盖上的外荷载，按建筑结构中的单向或双向梁板的肋梁楼盖、无梁楼盖方法进行计算。对柱下梁板式筏筏基，如果框架柱网在两个方向的尺寸比小于 2，且柱网内无小基础梁时，筏板按双向多跨连续板、肋梁按多跨连续梁计算内力，计算出的边跨跨中弯矩以及第一内支座的弯矩宜乘以 1.2 系数；如果柱网内设有小基础梁，把底板分割成长短边比大于 2 的矩形格板时，筏板按单向板计算，主次肋梁仍按多跨连续梁计算内力。对柱下平板式筏基，墙下筏基可沿纵、横方向取单位长度的板带计算；柱下筏基宽仿照无梁楼盖的计算，分别截取柱下板带与柱间板带进行计算。第一、二开间应将地基反力增加 10%～20%，并按上、下均匀配筋。

（3）筏板基础厚度计算

应根据抗剪、抗冲切强度要求确定。

（4）基础梁及底板配筋计算

应根据抗弯、抗剪强度要求确定。

7.8.2　箱形基础

箱形基础为现浇的钢筋混凝土结构，由基础底板、顶板和内外墙组成，具有以下特点：

（1）较大的刚度和整体性。能有效的调整和减少不均匀沉降，常用于上部结构荷载较大、地基土较软弱且分布不均匀的情况；

（2）承载力高、稳定性好，有较好抗震效果。箱形基础将上部结构很好地嵌固于基础，且基础埋深较大，因而可降低建筑物的重心，增加建筑整体性。在地震区，对抗震、人防和地下室有要求的高层建筑，宜采用箱形基础；

（3）具有较好的补偿性。由于箱形基础埋深较大且基础空腹，可卸除基底处原有的地基自重应力，因而大大地减少了基础底面的附加压力，所以箱形基础又称补偿性基础，常在高层建筑中被广泛采用。

但箱形基础的设计比较复杂，施工技术要求高，且用钢量大，相对造价较高。

1. 箱形基础的构造要求

（1）箱形基础的平面尺寸

箱形基础的平面尺寸应根据地基强度、上部结构的布局和荷载分布等条件确定。其平面形状应力求简单对称，对单幢建筑物，在均匀地基的条件下，基底平面形心应尽可能与上部结构竖向荷载重心相重合。当偏心较大时，可使箱形基础底板四周伸出不等长的短悬臂以调整底面形心位置，如不可避免偏心，偏心距不宜大于 0.1ρ，ρ 值按下式计算：

$$e \leqslant \rho = 0.1\frac{W}{A}$$

式中　W——与偏心距方向一致的基础底面边缘抵抗矩，m^3；

　　　A——基础底面积，m^2。

（2）箱形基础的高度

箱形基础的高度（底板底面到顶板顶部的外包尺寸）应满足结构承载力、结构刚度和使用的要求，其值不宜小于箱形基础长度的 1/20，并不宜小于 3.0m。箱形基础的长度不包括底板悬挑部分。

（3）箱形基础的埋深

箱形基础的埋深必须满足地基承载力和稳定性的要求，在抗震设防区，箱形基础的埋深不宜小于建筑物高度（从天然地面算起的建筑物高度）的 1/15；

（4）箱形基础的墙体

箱形基础的墙体是保证箱形基础整体刚度和纵横方向抗剪强度的重要构件。构造上的具体要求如下：

① 箱形基础的内、外墙应沿上部结构柱网和剪力墙纵横向均匀布置，墙体水平截面总面积不宜小于箱形基础外墙外包尺寸的水平投影面积 1/10；对基础平面长宽比大于 4 的箱形基础，其纵墙水平截面面积不得小于箱基外墙外包尺寸投影面积的 1/18。计算墙体水平截面不扣除洞口部分。

② 外墙厚度不应小于 250mm，内墙厚度不应小于 200mm；墙体内应设置双面双向钢筋，竖向和水平钢筋的直径不应小于 12mm，间距不应大于 300mm；除上部为剪力墙外，内外墙的墙顶处宜配置两根直径不小于 20mm 的通长构造钢筋。

③ 箱形基础的墙体应尽量不开洞或少开洞，并避应免开偏洞和边洞、高度大于 2m 的高洞、宽度大于 1.2m 的宽洞；如必须开洞，门洞宜设在柱间居中部位，洞边至上层柱中心的水平距离不宜小于 1.2m，洞口上过梁的高度不宜小于层高的 1/5，洞口面积不宜大于柱距和箱形基础全高乘积的 1/6；墙体洞口周围应设置加强钢筋，洞口四周附加钢筋面积不应小于洞口内被切断钢筋面积的一半，且不小于两根直径为 16mm 的钢筋，此钢筋应从洞口边缘处延长 40 倍钢筋直径。

（5）箱形基础顶板和底板

箱形基础顶板厚度应按跨度、荷载、反力大小确定，并应进行斜截面抗剪强度的验算和冲切验算，一般要求顶板厚度不宜小于 200mm，常为 200～400mm；箱形基础底板厚度根据受力情况、整体刚度及防水要求确定，一般不小于 400mm；箱形基础顶板和底板均应采取双层双向配筋，其钢筋的配置除符合计算要求外，纵横方向支座钢筋尚应有 1/3～1/2 的钢筋连通，且连通钢筋的配筋率分别不小于 0.15%（纵向）和 0.1%（横向），跨中钢筋按实际需要的配筋全部连通。

（6）混凝土

箱形基础的混凝土强度等级不应低于 C30，并采用密实混凝土，刚性防水；当有地下室时，应采用防火混凝土。

2. 箱形基础的计算

（1）基底反力

基底反力是箱形基础计算的关键，因基底反力的大小与分布直接影响箱基承受的弯矩与剪力的大小、分布与方向。目前基底反力计算方法，均以弹性理论为依据，假定地基的应力与应变为线性关系，选用不同的地基模型建立不同的计算方法。《高层建筑筏形与箱形基础技术规范》（JGJ 6—2011）提供了地基反力确定方法，即将基础底面（包括底板悬挑部分）划分为若干区格，每区格基底反力为

$$p_i = \frac{\sum F + G}{bl} a_i$$

式中　p_i——第 i 区格基底反力，kPa；

　　$\sum F$——上部结构作用在箱形基础上的荷载，kN；

　　G——箱形基础自重和挑出部分台阶上的土重，kN；

　　a_i——地基反力系数，查《高层建筑箱形与筏形基础技术规范》附表。

每区格基底净反力为

$$p_i = \frac{\sum F}{bl} a_i$$

该方法既考虑了基础的整体弯曲，又考虑了每个区格的局部弯曲，适合于上部结构刚度不大、荷载比较均匀的框架结构，地基土比较均匀，底板悬挑部分不宜超过 0.8m，不考虑相邻建筑物的影响以及满足规范构造要求的单幢建筑物的箱形基础。当上部结构为结构刚度较大的剪力墙或框架剪力墙等，可不考虑箱形基础的整体弯曲，基底压力按直线分布计算。

（2）地基承载力验算

对于天然地基上的箱形基础，应验算持力层的地基承载力，其验算方法与天然地基上的浅基础大体相同，应符合

在非地震区：

$$p \leqslant f_a$$
$$p_{max} \leqslant 1.2 f_a$$
$$p_{min} \geqslant 0$$

在地震区，地基承载力按下式计算

$$f_{aE} = \zeta_a f_a$$

式中　p——基底平均压力，kPa；

　　p_{max}——基底最大压力，kPa；

　　p_{min}——基底最小压力，kPa；

　　f_{aE}——调整后的地基抗震承载力，kPa；

　　f_a——地基承载力特征值，按《建筑地基基础设计规范》确定；

　　ζ_a——地基抗震承载力调整系数，按《建筑抗震设计规范》（GB 50011—2010）确定。

在强震、强台风地区，当建筑物比较软弱、建筑物高耸、偏心较大、埋深较浅时，有必要作水平抗滑稳定性和整体倾覆稳定性验算。

（3）箱基内力计算

① 当地基压缩层深度范围内的土层在竖向和水平方向较均匀，且上部结构为平立面布置较规则的剪力墙、框架剪力墙体系时，箱形基础的顶、底板可仅按局部弯曲计算，计算时，底板反力应扣除板的自重。

② 对不符合上述要求的箱形基础，应同时考虑局部弯曲及整体弯曲的作用，底板局部弯曲产生的弯矩应乘以 0.8 折减系数；计算整体弯曲时，应考虑上部结构与箱形基础的共同作用；对框架结构，箱形基础的自重应按均布荷载处理。

7.9　减少建筑物不均匀沉降的措施

在软弱地基上建造建筑物，除考虑采用合适的地基方案和地基处理措施外，也不能忽视在建筑设计、结构设计和施工中采取相应的措施，以减轻不均匀沉降对建筑物的危害。在地基条件较差时，如果在建筑设计、结构设计及施工中处理得当，还可节省基础造价或减少地基处理费用。

7.9.1　建筑措施

采取建筑措施的目的是提高建筑物的整体刚度，以增强抵抗不均匀沉降的危害性的能力。

1. 建筑物体形应力求简单

建筑物的体形设计应力求避免平面形状复杂和立面高差悬殊。建筑平面简单、高度一致的建筑物，基底应力比较均匀，圈梁容易拉通，整体刚度好，即使沉降较大，建筑物也不易产生裂缝和损坏。例如，上海某 6 层住宅，平面呈"一"字形，长 49.2m，高 20.9m，长度与高度比例小，整体刚度好，实测最大沉降量虽高达 631mm，但墙身完好无损。

建筑物体型（平面及剖面）复杂，不但削弱建筑物的整体刚度，而且使房屋构件中的应力状态复杂化。例如，平面为 L、T、Ⅱ、山等形状的建筑物在纵横单元相交处，基础密集，地基应力叠加，该处沉降往往大于其他部位。又因构件受力复杂，建筑物容易因不均匀沉降而产生裂损。因此在满足建筑功能和使用要求的前提下，应尽量采用平面简单、高度一致的体形。

2. 加强建筑物的整体刚度

建筑物的整体刚度越大，适应和调整不均匀沉降的能力越强。在建筑设计中常采用下列措施加强建筑物的整体刚度：

（1）控制建筑物的长高比

建筑物在平面上的长度 L 和从基础底面算起的高度 H_f 之比称为建筑物的长高比。其是决定砌体结构房屋整体刚度的重要指标。长高比较小，房屋整体刚度越大，抵抗弯曲和调整地基不均匀沉降的能力就越强。当房屋的预估最大沉降量大于 120mm 时，对于 3 层及 3 层以上房屋，其长高比不宜大于 2.5。对于平面简单、内外墙贯通的建筑物，长高比可适当放宽，一般不宜大于 3.0。

（2）合理布置纵横墙

增强建筑物整体刚度的另一重要措施是合理布置纵横墙。一般地，建筑物的纵向刚度较弱，地基的不均匀沉降的损害主要表现为纵墙的挠曲破坏；建筑物内、外纵墙的中断、转折也会削弱建筑物的纵向刚度，所以应尽可能使内、外纵墙贯通；另外，适当缩小横墙的间距，可有效改善建筑物的整体刚度。

3. 设置沉降缝

为减少地基的不均匀沉降，当建筑物平面形状复杂、立面高差较大或地基土不均匀时，可在建筑物的某些特定部位设置沉降缝，以有效地减小不均匀沉降的危害。沉降缝不同于温度缝，它将建筑物从屋面到基础底面分割成若干独立的刚度较好的沉降单元，每个沉降单元因具有体形简单、长高比较小、结构类型单一以及地基较均匀等，所以这些沉降单元的整体刚度好，不均匀沉降小。

根据工程经验，沉降缝通常设置于如下几个部位：

① 平面形状复杂的建筑物转折处。

② 建筑物高度或荷载差别很大处。

③ 长高比过大的砌体结构或钢筋混凝土框架结构的适当部位。

④ 建筑物结构或基础类型不同处。

⑤ 地基土压缩性显著变化处。

⑥ 分期建造房屋的交接处。

沉降缝应留有足够的宽度，缝内一般不填充材料，以防止沉降缝两侧的结构相向倾斜而互相挤压。沉降缝可结合伸缩缝设置，在抗震地区，还应符合抗震缝要求。其构造做法通常有悬挑式、跨越式、平行式等三种，如图 7-39 所示。沉降缝的宽度与建筑物的层数有关，可按表 7-9 采用。

表 7-9　建筑物沉降缝的宽度

建筑物层数	2～3	4～5	5 层以上
沉降缝宽度（mm）	50～80	50～80	≥120

注：当沉降缝两侧单元层数不同时，缝宽按高层者取用。

4. 控制相邻建筑物的净距

若相邻建筑物太近，由于地基应力扩散作用会产生相互影响，引起相邻建筑物产生附加沉降，其值不均匀将引起建筑物的开裂或倾斜。所以，建造在软弱地基上的建筑物，应将高低悬殊部分（或新老建筑物）离开一定距离。如离开一定距离后的两个单元之间需要连接时，应设置简支或悬臂结构。相邻建筑物基础净距如表 7-10 所示。

表 7-10　相邻建筑物基础间的净距（m）

影响建筑的预估平均沉降量 S（mm）		70～150	160～250	260～400	>400
受影响建筑的长高比	$2.0 \leqslant L/H_f < 3.0$	2～3	3～6	6～9	6～9
	$3.0 \leqslant L/H_f < 5.0$	3～6	6～9	6～9	≥12

注：① 表中 L 为建筑物长度或沉降缝分隔的单元长度（m）；H_f 为自基础底面算起的建筑物高度（m）；

② 当受影响建筑的长高比为 $1.5 \leqslant L/H_f < 2.0$ 时，其净距可适当减小。

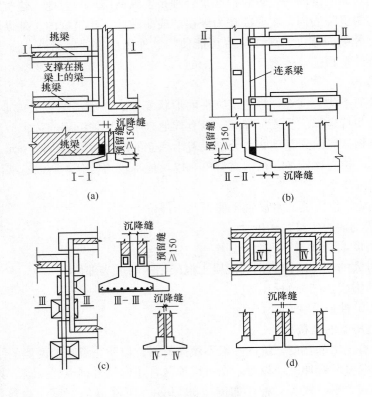

图 7-39　基础沉降缝构造要求
(a)、(b) 悬挑式；(c) 跨越式；(d) 平行式

5. 调整建筑物标高

由于基础的沉降会引起建筑物各组成部分标高发生变化而影响建筑物的正常使用，如由于沉降过大而造成的室内地坪低于室外地坪、地下管道被压坏等。为减少或防止沉降对建筑使用功能的不利影响，设计时就应根据基础的预估沉降量，适当调整建筑物或各部分的标高。

根据具体情况，可采取如下措施：

① 室内地坪和地下设施的标高，应根据预估的沉降量予以提高。

② 建筑物各部分（或各设备）之间有联系时，可将沉降大者的标高适当提高。

③ 建筑物与设备之间应留有足够的净空。

④ 当有管道穿过建筑物时，管道上方应预留足够尺寸的孔洞，或采用柔性的管道接头。

7.9.2　结构措施

在软弱地基上，减小建筑物的基底压力及调整基底的附加应力分布是减小基础不均匀沉降的根本措施；加强上部结构的刚度和强度是调整不均匀沉降的重要措施；将上部结构做成静定体系是减轻地基不均匀沉降危害的有效措施。

1. 减小建筑物的基底压力

传到地基上的荷载包括上部结构和基础及其上填土的永久荷载及可变荷载（如楼面、屋面活荷载、风荷载和雪荷载等）。其中上部结构和基础、基础上填土的永久荷载占总荷载的比重较大，据调查民用建筑占 60%～75%，工业建筑占 40%～50%，所以应设法减轻结构的重力，其减重的主要方法有如下几种：

（1）减轻墙体重力

对于砖石承重结构的房屋，墙体的重力占结构总重力的一半以上，故宜选用轻质的墙体材料，如轻质混凝土墙板、空心砌块、空心砖或其他轻质墙等。

（2）采用轻型结构

如采用预应力混凝土结构、轻钢结构以及轻型屋面（如自防水预制轻型屋面板、石棉水泥瓦）等。

（3）采用覆土少而自重轻的基础形式

例如采用浅埋钢筋混凝土基础、空心基础、空腹沉井基础等。对需要大量抬高室内地面时，可采用架空地板，以减小室内覆土的质量。此类基础按实有重力计算。

2. 调整基底压力或附加应力

（1）设置地下室或半地下室，以减小基底附加应力。基底附加压力 $p_0 = p - \gamma_0 d$，如果埋深增加，基底自重应力 $\gamma_0 d$ 也会增加。虽然由于埋深加大基底压力 p 有所增加，但由于采用地下室，p_0 值将随埋深加大而减小，沉降也随之减小；加上深部土层之 E_s 往往大于浅部，因而沉降将会进一步减小。此外，在建筑物高低层之间，由于荷载的差异将产生不均匀沉降，此时如在高层部分设地下室或半地下室，则可减小该处的基底附加应力 p_0，使两者沉降差异减小；

（2）改变基底尺寸，调整基础沉降。对于上部结构荷载大的基础，可采用较大的基底面积，以调整基底应力，使基础沉降趋于均匀。

3. 增强建筑物的整体刚度和强度

控制建筑物的长高比，适当加密横墙，做到纵墙不转折或少转折；此外，在结构设计中，可在砌体中适当部位设置圈梁以增强其整体性，提高砌体的抗拉抗剪能力，防止或减少由于地基不均匀沉降产生的裂缝。

圈梁一般沿外墙设置，一般在多层房屋的基础和顶层处各设一道，其他各层可隔层设置，必要时也可逐层设置。顶层圈梁上要有足够重量的砌体，以使圈梁和砌体能整体作用。圈梁要求设置在外墙内纵墙和主要内横墙上，并在平面上能闭合。当墙体开大洞，而使墙体削弱时，宜在削弱部位配筋或采用构造柱及附加圈梁加强。

4. 采用刚度大的基础型式

对于建筑体形复杂、荷载差异较大的框架结构，可采用箱基、柱基、筏基等加强基础整体刚度，减少不均匀沉降。

5. 采用适应不均匀沉降的上部结构

对不均匀沉降不敏感的结构，如排架、三铰拱（架）等结构，当支座发生相对变位时，不会在结构内引起很大附加应力，有利于减小不均匀沉降的危害。

7.9.3 施工措施

① 合理安排施工顺序：当建筑物存在高、低或轻、重不同部分时，应先建造高、重部分，后施工低、轻部分；如果在高低层之间使用连接体时，应最后修建连接体，以部分消除高低层之间沉降差异的影响；先施工主体建筑，后施工附属建筑。

② 在基坑开挖时，尽量不要扰动基底土的原来结构，通常在坑底保留约 200mm 厚的土层，待施工时再挖除。如发现坑底已被扰动，应将已扰动的土挖去，并用砂、碎石回填夯实至要求标高。

思考题与习题

1. 地基基础设计有哪些要求和基本规定？

2. 试述天然地基上浅基础的设计步骤。

3. 选择基础埋深应考虑哪些因素？

4. 如何确定浅基础的地基承载力？

5. 如何按地基承载力确定基础的底面尺寸？

6. 软弱下卧层承载力如何验算？

7. 无筋扩展基础主要应满足哪些构造要求？

8. 怎样确定墙下钢筋混凝土条形基础的剖面尺寸和配筋？

9. 如何确定柱下钢筋混凝土独立基础的高度？

10. 简述减少建筑物基础不均匀沉降的有效措施。

11. 某建筑物地基为中密的碎石，其承载力特征值为 $f_{ak}=500kPa$，地下水位以上土的重度为 $\gamma=19.8kN/m^3$，地下水位以下土的饱和重度为 $\gamma_{sat}=20.9kN/m^3$，地下水距地表 1.5m。基础埋深 $d=1.8m$，基底宽度 $b=3.5m$。试计算修正后的地基承载力特征值 f_a。

12. 某框架结构，采用柱下独立基础，已知柱截面尺寸为 $300mm\times400mm$，框架柱传至地表标高处的荷载标准值为 $F_k=800kN$，$M_k=100kN\cdot m$，地基土为均质黏性土，$\gamma=18kN/m^3$，$f_{ak}=160kPa$，基础埋深 $d=1.5m$，试确定该基础的底面尺寸（承载力修正系数 $\eta_b=0$，$\eta_d=1.0$，取 $A=1.1A_0$，$l:b=1.5:1$）。

13. 某四层建筑物独立基础，基础底面尺寸为 $2.0m\times3.0m$，基础埋深 $d=1.5m$，传至地表标高处的荷载标准值为 $F_k=980kN$，地基土分四层：第一层为杂填土，厚 1.0m，$\gamma_1=16.5kN/m^3$；第二层为黏性土，厚 2.0m，$\gamma_2=18kN/m^3$，$f_{ak}=190kPa$，$e=0.85$，$I_L=0.75$，$E_{s1}=15MPa$；第三层为淤泥质土，厚 3.0m，$\gamma_3=18.5kN/m^3$，$f_{ak}=80kPa$，$E_{s2}=3MPa$；以下为厚度大于 5m 的砂土层。试验算基础底面尺寸是否满足承载力要求。

14. 某住宅外承重墙厚 240mm，室内外高差为 0.45m，从室外地面算起的基础埋深 $d=1.3m$，上部结构传至基础顶面荷载标准值为 $F_k=110kN/m$，地基土为均质黏土层，$\gamma=18kN/m^3$，地基承载力特征值为 $f_{ak}=75kPa$，$\eta_d=1.0$。试设计刚性基础并绘出基础剖面图。

15. 承计算题 14，若在地表下 1.0m 处存在地下水，现为方便施工，将基础埋深改为 0.8m 并采用墙下钢筋混凝土条形基础，试确定该条形基础高度并进行底板配筋计算，绘出基础剖面图。

16. 已知某办公楼设计框架结构，柱截面尺寸为 600mm×400mm，上部结构传至基础顶面荷载标准值为 $F_k = 1000kN$，$M_k = 220kN \cdot m$，$V_k = 50kN$，基底面尺寸为 2.2m× 3.2m，基础埋深 $d = 1.8m$，地基土为均质黏土层，经修正后的地基承载力特征值为 $f_a = 230kPa$，基础采用 C20 混凝土和 HPB300 钢筋。试验算基础底面尺寸、确定基础高度并进行基础配筋。

第8章 桩 基 础

桩基础是古老的基础形式之一，在我国古代的建筑中就出现不少用桩基础建造的建筑物，如杭州湾海塘工程、南京的石头城、上海的龙华塔等。目前，随着生产水平、科学技术的快速发展，桩基础以其适应性强、承载能力高、沉降量低等优点被广泛应用于高层建筑、桥梁、港口以及近海结构等工程中，成为重要的基础形式之一。

桩是一种全部或部分深埋于土中、截面尺寸比其长度小得多的细长构件，桩群的上部与承台连接，组成桩基础，再在承台上修筑上部结构。通过桩基础将上部结构的竖向荷载传至地层深处坚实的土层上或将地震作用等水平荷载传至承台和桩前方的土体中。所以，桩基础不仅能有效地承受竖向荷载，还能承受水平力和上拔力，也可用来减小机器基础的振动和地震区作为结构的抗震措施。

桩基础在工程中有多方面的应用，就房屋建筑工程而言，桩基础适用于上部土层软弱而下部土层坚实的场地。适用范围有以下几种情况：

① 当地基软弱、地下水位高且建筑物荷载大，若采用天然地基，地基承载力明显不足时，需采用桩基。

② 当地基承载力满足要求，但采用天然地基时沉降量过大；或当建筑物沉降的要求较严格，建筑等级较高时，需采用桩基。

③ 地基软弱，且采用地基加固措施技术上不可行或经济上不合理时。

④ 高层或高耸建筑物需采用桩基，可防止在水平力作用下发生颠覆。

⑤ 地基土性不稳定，如液化土、湿陷性黄土、季节性冻土、膨胀土等，要求采用桩基将荷载传至深部土性稳定的土层时。

⑥ 建筑物受到相邻建筑物或地面堆载影响，采用浅基础将会产生过量沉降或倾斜时。

如遇到以下对工程存在着不利因素时，不宜采用桩基：

① 当上层土比下层土坚硬得多时。

② 在欠固结地基或大量抽吸地下水的地区。

③ 当土层中存在障碍物，如块石、金属，而又无法排除时。

④ 只能使用打入或振入法施工，而附近又有重要的或对振动敏感的建筑物时。

桩基础具有承载力高、沉降量小等优点，可以抵抗上拔力和水平力，同时又是抗震液化的重要手段，适用于机械化施工。但桩基础投资大、施工技术较为复杂，须经过经济、技术、施工等多方论证比较确定是否采用桩基础，以确保桩基础上建筑结构的安全与正常使用。

桩基础设计内容和步骤如下：

① 调查研究，收集与设计有关的基本资料。桩基础设计时需掌握的资料有：
- 建筑物上部结构的类型、平面尺寸、构造及使用上的要求。
- 上部结构传来的荷载大小及性质。
- 工程地质和水文地质资料。
- 当地的施工技术条件，包括成桩机具、材料供应、施工方法及施工质量。
- 施工现场的临近建筑物、地下管线及周围环境等情况。
- 当地及现场周围建筑基础工程设计及施工的经验教训等。

② 选择桩的类型，确定桩长及桩的截面尺寸。
③ 确定单桩承载力特征值。
④ 确定桩数及桩的平面布置，包括承台的平面形状尺寸。
⑤ 确定群桩或单桩基础的承载力，必要时验算群桩地基强度和变形。
⑥ 桩身构造设计及强度计算。
⑦ 承台设计，包括构造和受弯、冲切、剪切计算。
⑧ 绘制桩基础施工图。

8.1 桩的类型

桩基础的类型随着桩的材料、构造型式和施工技术等的不同而名目繁多，可按多种方法分类：

8.1.1 按桩身材料的性质

① 混凝土桩：小型工程中，当桩基础主要承受竖向桩顶受压荷载时，可采用混凝土桩。混凝土强度等级一般采用 C20 和 C25。这种桩的价格比较便宜，截面刚度大，易于制成各种截面形状如方形、圆形、管形、三角形和 T 形、H 形等异形截面。

② 钢筋混凝土桩：钢筋混凝土桩应用较广，常做成实心的方形或圆形，亦可做成十字形截面，可用于承压、抗拔、抗弯等。可工厂预制或现场预制后打入，也可现场钻孔灌注混凝土成桩，当桩的截面较大时，也可作成空心管桩，常通过施加预应力制成管桩，以提高自身抗裂能力。

③ 钢桩：用各种型钢制作，钢桩抗压和抗弯强度高，重量轻，施工方便，但价格高，易腐蚀，一般在特殊、重要的建筑物中才使用。常见的有钢管桩，H 型钢桩，宽翼工字型钢桩等。

④ 组合材料桩：是指两种材料组合的桩，如钢管内填充混凝土，或上部为钢管桩而下部为混凝土等形式的组合桩。

8.1.2 按承台的位置

① 低桩承台桩：桩基础的承台底面位于地面以下，房屋建筑工程大多采用低桩承台桩基础。

② 高桩承台桩：桩基础的承台底面在地面以上（主要在水中），桥梁码头等构筑物常采用高桩承台桩基础。

8.1.3 按承载性状

竖向受压桩按桩身竖向受力情况可分为摩擦型桩和端承型桩。

（1）摩擦型桩

桩顶荷载全部或主要由桩侧阻力承受。根据桩侧阻力分担荷载大小，摩擦型桩分为摩擦桩和端承摩擦桩两种：

① 摩擦桩：在深厚的软土层中，无较硬的土层作为桩端持力层，或桩端持力层虽然较硬但桩的长径比 l/d（桩长与横截面面积之比）很大，传递到桩端的轴向力很小，在极限荷载作用下，桩顶荷载绝大部分由桩侧阻力承受，桩端阻力很小可忽略不计。

② 端承摩擦桩：当桩的长径比 l/d 不很大，桩端持力层为坚硬的黏性土、粉土和砂土时，在极限荷载作用下，除桩侧阻力外，有一定的桩端阻力。桩顶荷载由桩侧阻力和桩端阻力共同承担，但大部分由桩侧阻力承受。

（2）端承型桩

桩顶荷载全部或主要由桩端阻力承受，桩侧阻力相对较小或可忽略不计的桩。根据桩端阻力发挥的程度和分担荷载比例，端承型桩分为端承桩和摩擦端承桩两种：

① 端承桩：当桩的长径比 l/d 较小（一般小于10），桩身穿越软弱土层，桩端在密实砂层、碎石类土层中、微风化岩层时，桩顶荷载绝大部分由桩端阻力承受，桩侧阻力很小或可忽略不计的桩。

② 摩擦端承桩：桩端进入中密以上的砂土、碎石类土或微风化岩层，桩顶荷载由桩侧阻力和桩端阻力共同承担，但主要由桩端阻力承受。

8.1.4 按桩的使用功能

① 竖向抗压桩：主要承受竖向下压荷载的桩。对一般的建筑工程，在正常的工作条件下，主要承受上部结构传来的垂直荷载。

② 竖向抗拔桩：主要承受竖向上拔荷载的桩。如高压输电塔的桩基础，因偏心荷载很大，桩基可能受上拔力，成为抗拔桩，又如地下水位较高时抵抗地下室上浮力的抗拔桩等。

③ 水平受荷桩：主要承受水平荷载的桩。如深基坑护坡桩，承受水平方向土压力作用，成为水平受荷桩。

④ 复合受荷桩：承受的竖向荷载与水平荷载都较大的桩。

8.1.5 按成桩方法

大量工程实践表明：成桩挤土效应对桩的承载力、成桩质量控制与环境等影响很大，因此，根据成桩方法和成桩过程的挤土效应将桩分为下列三类：

（1）非挤土桩

成桩过程中对桩周围的土无挤压作用的桩。成桩方法有干作业法、泥浆护壁法和套管护法。这类非挤土桩施工方法是，首先清除桩位的土，然后在桩孔中灌注混凝土成桩，例如人工挖孔扩底桩即为非挤土桩；

（2）部分挤土桩

成桩过程中对周围土产生部分挤压作用的桩。分为三类：

① 部分挤土灌注桩：如钻孔灌注桩局部复打桩。

② 预钻孔打人式预制桩：通常预钻孔直径小于预制桩的边长，预钻孔时孔中的土被取走，打预制桩时为部分挤土桩。

③ 打入式敞口桩：如钢管桩打入时，桩孔部分土进入钢管内部，对钢管桩周围的土而言，为部分挤土桩。

（3）挤土桩

成桩过程中，桩孔中的土未取出，全部挤压到桩的四周。分为：

① 挤土灌注桩：如沉管灌注桩，在沉管过程中，把桩孔部位的土挤压至桩管周围，浇注混凝土振捣成桩，即为挤土灌注桩。

② 挤土预制桩：通常，预制桩定位后，将预制桩打入或压入地基土中，原在桩位处的土均被挤压至桩的四周，这类桩即为挤土预制桩。

8.1.6 按桩径大小

① 小直径桩 $d \leqslant 250mm$（d 为桩身设计直径）。

② 中等直径桩 $250mm < d < 800mm$。

③ 大直径桩 $d \geqslant 800mm$。

8.1.7 按施工方法

（1）预制桩

在工厂或施工现场预先制作成形，然后运送到桩位，采用锤击、振动或静压的方法将桩沉至设计标高的桩。

钢筋混凝土预制桩所用的混凝土强度等级不应低于 C30，主筋（纵向）应按计算确定并根据截面的大小及形状用 4～8 根、直径为 12～25mm，其配筋率一般为 1％ 左右，最小配筋率不小于 0.8％（锤击沉桩）、0.6％（静压沉桩），箍筋直径为 6～8mm，间距不大于 200mm；当桩身较长时，需分段制作，每段长度不超过 12m，沉桩时再进行拼接，但需尽量减少接头数目，接头应保证能传递轴力、弯矩和剪力，并保证在沉桩过程中不松动；常见的接桩方法有钢板焊接接头法和浆锚法，如图 8-1 所示。

预制桩一般适用于下列情况：①不需考虑噪声无染和震动影响的环境；②持力层顶面起伏变化不大；③持力层以上的覆盖层中无坚硬夹层；④水下桩基工程；⑤大面积桩基工程。以上情况采用预制桩可提高工效。

（2）灌注桩

在设计桩位用钻、冲或挖等方法先成孔，然后在孔中灌注混凝土成桩的桩型。与预制桩比，灌注桩不存在起吊和运输的问题，桩身钢筋可按使用期内力大小配筋或不配筋，用钢量较省。灌注桩施工时应注意保证桩身混凝土质量，防止露筋、缩颈和断桩等。

灌注桩按成孔方式的不同可分为：沉管灌注桩、钻（冲）孔灌注桩、挖孔灌注桩。

① 沉管灌注桩：简称沉管桩。它采用锤击、静压、振动或振动兼锤击的方式将带有预

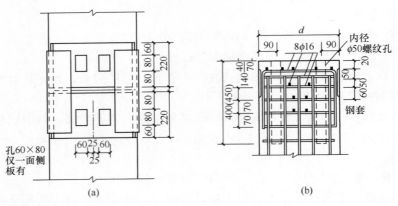

图 8-1　接桩方法

(a) 钢板焊接接头；(b) 浆锚法接头

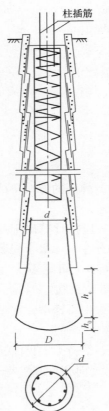

图 8-2　人工挖孔
桩示意图

制桩尖或活瓣桩尖的钢管沉入土中成孔，然后在钢管内放入（或不放）钢筋笼，再一次灌注和振捣混凝土，一边振动拔出套管。拔管时应满灌慢拔、随拔随振。沉管桩的桩径一般为 $300\sim600$mm，入土深度一般不超过 25m，当桩管长度不够或在处理缩颈事故时，可对沉管桩进行复打。

② 钻（冲）孔灌注桩：采用旋转、冲击、冲抓等方法成孔，然后清除孔底残渣，安放钢筋笼，最后浇灌混凝土。钻（冲）孔灌注桩在桩径的选择上比较灵活，小的在 0.6m 左右，大的达 2m 以上，具有较强的穿透能力，使用时桩长不太受限制，对高层、超高层建筑物采用钻孔嵌岩桩是较好的选择。但钻（冲）孔灌注桩存在两方面问题：一是坍孔和沉渣影响桩身质量和桩的承载力，另一个是施工过程中循环泥浆量大，施工场地泥泞，浆渣外运困难。

③ 挖孔灌注桩：简称挖孔桩，可以采用人工或机械挖孔。桩的断面通常采用圆形或矩形，采用人工挖孔时，其桩径不宜小于 0.8m，如图 8-2所示。人工挖孔桩的主要施工顺序是：挖孔、支护孔壁、清底、安装或绑扎钢筋笼、浇灌混凝土。为防止坍孔，每挖 1m 深左右，制作一节混凝土护壁，护壁一般应高出地表 $100\sim200$mm，呈斜阶形，支护的方法通常是用现浇混凝土围圈；人工挖孔桩的优点是可直接观察地层情况，孔底易清除干净，桩身质量容易得到保证，施工设备简单，且无挤土作用，场区内各桩可同时施工。但缺点是在地下水难以抽尽、或将引发严重的流砂、流泥的土层中难以成孔；孔内空间狭小、劳动条件差。在施工过程中必须注意防止孔内有害气体、塌孔、异物掉落等危及施工人员安全的事故。

（3）爆扩灌注桩

用钻机成孔或用炸药爆炸成孔，再在孔底放炸药爆炸，使底部扩大成近似圆状的桩头，在孔内灌注混凝土成桩。爆扩桩长度一般不大于 12m，扩大头直径为桩身直径的 $2.5\sim3.5$ 倍，适用于地下水位以上能爆扩成形的黏性土中。

8.2 单桩竖向承载力特征值

单桩竖向承载力是指竖直单桩所具有的承受竖向荷载的能力，其最大值称为单桩极限承载力，是桩基设计的最重要的设计参数。其取决于桩身材料强度和地基土对桩的支撑力，前者由结构计算确定，后者一般应由单桩静载荷试验确定，或用其他方法（如规范中的经验参数法、原位测试等）确定。在以往桩基限于工艺、设备等原因，相对于桩身结构而言，引用的承载力都较低，所以单桩竖向承载力一般由地基土对桩的支撑力控制。随着受力要求和桩基施工设备与技术水平的提高，桩身结构的负载水平也不断提高，如部分扩底桩、嵌岩桩和超长桩，桩身材料强度也往往成了控制因素。因此，设计时分别按两方面确定承载力后取其中较小者。

根据《建筑桩基技术规范》（JGJ 94—2008）规定，单桩竖向承载力应按下列原则确定：设计等级为甲级的建筑桩基应采用现场静载荷试验确定；设计等级为乙级的建筑桩基，当地质条件简单时，可参照地质条件相同的试桩资料，结合静力触探等原位测试和经验参数综合确定，其余均应通过单桩静载荷试验确定；设计等级为丙级的建筑桩基，可根据原位测试和经验参数确定。

8.2.1 按桩身材料强度确定

通常桩总是同时承受轴力、弯矩和剪力的作用，按桩身材料强度计算单桩的竖向承载力时，将桩视为轴心受压构件。对于钢筋混凝土桩，其计算公式为

$$R_a = \psi_c f_c A_{ps} \tag{8.1}$$

式中　R_a——单桩竖向承载力特征值，kN；

　　　f_c——混凝土的轴心抗压强度设计值，N/mm^2；

　　　A_{ps}——桩身的横截面面积，m^2；

　　　ψ_c——桩基成桩工艺系数，对混凝土预制桩，取 $\psi_c = 0.85$；干作业非挤土灌注桩，取 $\psi_c = 0.9$；泥浆护壁和套管非挤土灌注桩、部分挤土灌注桩、挤土灌注桩，取 $\psi_c = 0.7 \sim 0.8$。

8.2.2 按土对桩的支撑力确定

1. 按静载荷试验确定

单桩竖向静载荷试验是按照设计要求在建筑场地先打试桩，然后在试桩顶上分级施加静载荷，并观测各级荷载作用下的沉降量，直到桩周围地基破坏或桩身破坏，从而求得桩的极限承载力。要求在同一条件下试桩数量不宜少于桩总数的 1%，且不应少于 3 根。从成桩到开始试验的间歇时间：预制桩，打入砂土中不宜少于 7d，黏性土中不得少于 15d，饱和软黏土中不得少于 25d；灌注桩应待桩身混凝土达到设计强度后才能进行试验。

（1）试验装置

试验装置由加荷稳压装置和桩顶沉降观测系统组成。图 8-3（a）所示为利用液压千斤顶和锚桩法的加荷装置示意图。千斤顶的反力可依靠锚桩承担或由压重平台上的重物来平衡。试验

时可根据需要布置 4～6 根锚桩，锚桩深度应小于试桩深度，锚桩与试桩的间距应大于 3d（d 为桩截面边长或直径），且不大于 1m。观测装置应埋设在试桩和锚桩受力后产生地基变形的影响之外，以免影响观测结果的精度。采用压重平台提供反力的装置，如图 8-3（b）所示。

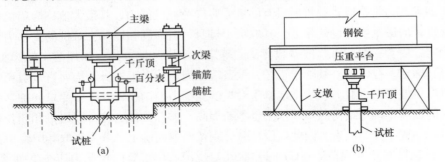

图 8-3　桩承载力静载荷试验装置示意图
（a）锚桩反力法试桩；（b）压重平台法试桩

（2）试验方法

试验的方法包括加载分级、测读时间、沉降相对稳定标准和破坏标准。

试验加载时，荷载由小到大分级增加，加载分级不应小于 8 级，可由千斤顶上的压力表控制，每级加荷为预估极限承载力的 1/8～1/10。

每级加载后间隔 5min、10min、15min 各测读一次，以后每隔 15min 测读一次，累计 1h 后每隔 30min 测读一次，每次测读值记入试验记录表。

在每级荷载作用下，桩的沉降量连续两次在每小时内小于 0.1mm 时可视为稳定。

根据实验结果，可给出荷载—沉降曲线（Q—s 曲线）及各级荷载下沉降—时间曲线（s—t 曲线），如图 8-4 所示。

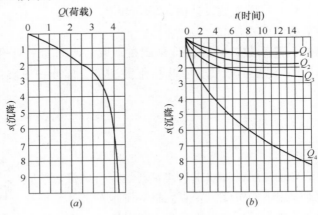

图 8-4　单桩荷载—沉降曲线
（a）Q—s 曲线；（b）s—t 曲线

当试验过程中，出现下列情况时，即可终止加载：

① 当荷载—沉降曲线（Q—s 曲线）上有可判定极限承载力的陡降段，且桩顶总沉降量超过 40mm。

② 某级荷载下桩的沉降量大于前一级沉降量的2倍，且经24h尚未达到稳定。

③ 25m以上的非嵌岩桩，Q—s曲线呈缓变型时，桩顶总沉降量大于$60\sim80$mm。

④ 在特殊条件下，可根据具体要求加载至桩顶总沉降量大于100mm。

在满足终止加载条件后进行卸载，每级卸载值为加载值的2倍，每级卸载后隔15min测读一次残余沉降，读两次后，隔30min再读一次，即可卸下一级荷载，全部卸载后，隔$3\sim4$h再测读一次。

根据《建筑地基基础设计规范》（GB 5007—2011）规定，单桩极限承载力是由荷载—沉降（Q—s）曲线按下列条件确定：

① 当曲线存在明显陡降段时，取相应于陡降段起点的荷载值为单桩极限承载力。

② 对于直径或桩宽在550mm以下的预制桩，在某级荷载Q_{i+1}作用下，其沉降量与相应荷载增量的比值$\left(\dfrac{\Delta S_{i+1}}{\Delta Q_{i+1}}\right)\geqslant 0.1$mm/kN时，取前一级荷载$Q_i$之值作为极限承载力。

③ 当符合终止加载条件第②点时，在Q—s曲线上取桩顶总沉降量s为40mm时的相应荷载值作为极限承载力。

此外，《建筑地基基础设计规范》（GB 5007—2002）还规定，对桩基沉降有特殊要求者，应根据具体情况确定Q_u。

对静载试验所得的极限荷载（或极限承载力）必须进行数理统计，求出每根试桩的极限承载力后，按参加统计的试桩数取试桩极限荷载的平均值。要求极差（最大值与最小值之差）不得超过平均值的30%。当极差超过时，应查明原因，必要时宜增加试桩数；当极差符合规定时，取其平均值作为单桩竖向极限承载力，但对桩数为3根以下的桩下承台，取试桩的最小值为单桩竖向极限承载力。最后，将单桩竖向极限承载力除以2，即得单桩竖向承载力特征值R_a。

2. 按经验公式确定

（1）《建筑地基基础设计规范》（GB 5007—2011）公式

单桩的承载力特征值是由桩侧总极限摩擦力Q_{su}和总极限桩端阻力Q_{pu}组成，即

$$R_a = Q_{su} + Q_{pu} \tag{8.2}$$

对于乙级建筑物，可参照地质条件相同的试验资料，根据具体情况确定。初步设计时，假定同一土层中的摩擦力沿深度方向是均匀分布的，以经验公式进行单桩竖向承载力特征值估算。

摩擦桩：

$$R_a = q_{pa}A_p + \mu_p \sum q_{sia}l_i \tag{8.3}$$

端承桩：

$$R_a = q_{pa}A_p \tag{8.4}$$

式中 R_a——单桩竖向承载力特征值，kN；

q_{pa}——桩端端阻力特征值，kPa，可按地区经验确定，对预制桩可按表8-1选用；

A_p——桩底端横截面面积，m²；

μ_p——桩身周边长度，m；

q_{sia}——桩周围土的摩阻力特征值，kPa，可按地区经验确定，对预制桩可按表8-2选用；

l_i——按土层划分的各段桩长，m。

表 8-1 预制桩桩端土（岩）的承载力特征值 q_{pa}（kPa）

土的名称	土的状态	桩的入土深度（m）		
		5	10	15
黏性土	$0.5<I_L\leqslant0.75$	400～600	700～900	900～1100
	$0.25<I_L\leqslant0.5$	800～1000	1400～1600	1600～1800
	$0<I_L\leqslant0.25$	1500～1700	2100～2300	2500～2700
粉土	$e<0.7$	1100～1600	1300～1800	1500～2000
粉砂	中密、实密	800～100	1400～1600	1600～1800
细砂		1100～1300	1800～2000	2100～2300
中砂		1700～1900	2600～2800	3100～3300
粗砂		2700～3000	4000～4300	4600～4900
砾砂	中密、实密		3000～5000	
角砂、圆砾			3500～5500	
碎石、卵石			4000～6000	
软质岩石	微分化		5000～7500	
硬质岩石			7500～10000	

注：表中数值仅用作初步设计时的估算；当桩的入土深度超过 15m 时按 15m 考虑。

表 8-2 预制桩桩周围土的摩阻力特征值 q_{sia}（kPa）

土的名称	土的状态	q_{sia}（kPa）	土的名称	土的状态	q_{sia}（kPa）
填土	—	9～13	粉土	$e>0.9$	10～20
淤泥	—	5～8		$e=0.7～0.9$	20～30
淤泥质土	—	9～13		$e<0.7$	30～40
黏性土	$I_L>1.0$	10～17	粉、细砂	稍密	10～20
	$0.75<I_L\leqslant1.0$	17～24		中密	20～30
	$0.5<I_L\leqslant0.75$	24～31		密实	30～40
	$0.25<I_L\leqslant0.5$	31～38	中砂	中密	25～35
	$0<I_L\leqslant0.25$	38～43		密实	35～45
	$I_L\leqslant0$	43～48	粗砂	中密	35～45
红黏土	$0.75<I_L\leqslant1.0$	6～15		密实	45～55
	$0.25<I_L\leqslant0.75$	15～35	砾砂	中密、密实	55～65

注：① 表中数值仅用作初步设计时的估算；

② 尚未完成固结的填土和以生活垃圾为主的杂填土可不计其摩擦力。

（2）《建筑桩基技术规范》（JGJ 94—2008）公式

对于一般的混凝土预制桩、钻孔灌注桩，根据土的物理指标与承载力参数之间的经验关系，确定单桩竖向极限承载力标准值时，宜按式（8.5）计算，即

$$Q_{uk} = Q_{sk} + Q_{pk} = \mu_p \sum q_{ski}l_i + q_{pk}A_p \qquad (8.5)$$

式中　Q_{uk}——单桩竖向极限承载力标准值，kN；

Q_{sk}——单桩总极限侧摩阻力标准值，kN；

Q_{pk}——单桩总极限端阻力标准值，kN；

q_{ski}——桩侧第 i 层土的极限侧阻力标准值，kPa，如无当地经验值时，可按表 8-3
　　　　取值；

q_{pk}——桩的极限端阻力标准值，kPa，如无当地经验值时，可按表 8-4 取值。

表 8-3　桩的极限侧阻力标准值 q_{sk}（kPa）

土的名称	土的状态		混凝土预制桩	泥浆护壁钻（冲）孔桩	干作业钻孔桩
填土	—		22～30	20～28	20～28
淤泥	—		14～20	12～18	12～18
淤泥质土	—		22～30	20～28	20～28
黏性土	流塑	$I_L>1.0$	24～40	21～38	21～38
	软塑	$0.75<I_L\leqslant1.0$	40～55	38～53	38～53
	可塑	$0.5<I_L\leqslant0.75$	55～70	53～68	53～66
	硬可塑	$0.25<I_L\leqslant0.5$	70～86	68～84	66～82
	硬塑	$0<I_L\leqslant0.25$	86～98	84～96	82～94
	坚硬	$I_L\leqslant0$	98～105	96～102	94～104
红黏土	$0.75<a_w\leqslant1.0$		13～32	12～30	12～30
	$0.5<a_w\leqslant0.7$		32～74	30～70	30～70
粉土	稍密	$e>0.9$	26～46	24～42	24～42
	中密	$0.75\leqslant e\leqslant0.9$	46～66	42～62	42～62
	密实	$e<0.75$	66～88	62～82	62～82
粉细砂	稍密	$10<N\leqslant15$	24～48	22～46	22～46
	中密	$15<N\leqslant30$	48～66	46～64	46～64
	密实	$N>30$	66～88	64～86	64～86
中砂	中密	$15<N\leqslant30$	54～74	53～72	53～72
	密实	$N>30$	74～95	72～94	72～94
粗砂	中密	$15<N\leqslant30$	74～95	74～95	76～98
	密实	$N>30$	95～116	95～116	98～120
砾砂	稍密	$5<N_{63.5}\leqslant15$	70～110	50～90	60～100
	中密、密实	$N_{63.5}>15$	116～138	116～130	112～130
圆砾、角砾	中密、密实	$N_{63.5}>10$	160～200	135～150	135～150
碎石、卵石	中密、密实	$N_{63.5}>10$	200～300	140～170	150～170
全风化软质岩	—	$30<N\leqslant50$	100～120	80～100	80～100
全风化硬质岩	—	$30<N\leqslant50$	140～160	120～140	120～150
强风化软质岩	—	$N_{63.5}>10$	160～240	140～200	140～220
强风化硬质岩	—	$N_{63.5}>10$	220～300	160～240	160～260

注：① 对于尚未完成自重固结的填土和以生活垃圾为主的杂填土，不计算其侧阻力；

　　② a_w 为含水比，$a_w=w/w_L$，w 为土的天然含水量，w_L 为土的液限；

　　③ N 为标准贯入锤击数，$N_{63.5}$ 为重型圆锥动力触探锤击数；

　　④ 全风化、强风化软质岩和全风化、强风化硬质岩是指母岩分别为 $f_{tk}\leqslant15MPa$、$f_{tk}>30MPa$ 的岩石。

表 8-4 桩的极限端阻力标准值 q_{pk}（kPa）

土的名称	桩型/土的状态	混凝土预制桩桩长 l（m） $l≤9$	$9<l≤16$	$16<l≤30$	$l>30$	泥浆护壁钻（冲）孔桩桩长 l（m） $5≤l≤10$	$10<l≤15$	$15≤l<30$	$30≤l$
黏性土	软塑 $0.75<I_L≤1.0$	210~850	650~1400	1200~1800	1300~1900	150~250	250~300	300~450	300~450
	可塑 $0.5<I_L≤0.75$	850~1700	1400~2200	1900~2800	2300~3600	350~450	450~600	600~750	750~800
	硬可塑 $0.25<I_L≤0.5$	1500~2300	2300~3300	2700~3600	3600~4400	800~900	900~1000	1000~1200	1200~1400
	硬塑 $0<I_L≤0.25$	2500~3800	3800~5500	5500~6000	6000~6800	1100~1200	1200~1400	1400~1600	1600~1800
粉土	中密 $0.75<e≤0.9$	950~1700	1400~2100	1900~2700	2500~3400	300~500	500~650	650~750	750~850
	密实 $e<0.75$	1500~2600	2100~3000	2700~3600	3600~4400	650~900	750~950	900~1100	1100~1200
粉砂	稍密 $10<N≤15$	1000~1600	1500~2300	1900~2700	2100~3000	350~500	450~600	600~700	650~750
	中密、密实 $N>15$	1400~2200	2100~3000	3000~4500	3800~5500	600~750	750~900	900~1000	1100~1200
细砂	$N>15$	2500~4000	3600~5000	4400~6000	5300~7000	650~850	900~1200	1200~1500	1500~1800
中砂	中密、密实 $N>15$	4000~6000	5500~7000	6500~8000	7500~9000	850~1050	1100~1500	1500~1900	1900~2100
粗砂	中密、密实 $N>15$	5700~7500	7500~8500	8500~10000	9500~11000	1500~1800	2100~2400	2400~2600	2600~2800
砾砂	$N>15$	6000~9500	6000~9500	9000~10500	9000~10500	1400~2000	1400~2000	2000~3200	2000~3200
角砾、圆砾	中密、密实 $30<N≤50$	7000~10000	7000~10000	9500~11500	9500~11500	1800~2200	1800~2200	2200~3600	2200~3600
碎石、卵石	中密、密实 $N_{63.5}>10$	8000~11000	8000~11000	10500~13000	10500~13000	2000~3000	2000~3000	3000~4000	3000~4000
全风化软质岩	— $30<N≤50$	4000~6000	4000~6000	4000~6000	4000~6000	1000~1600	1000~1600	1000~1600	1000~1600
全风化硬质岩	— $30<N≤50$	5000~8000	5000~8000	5000~8000	5000~8000	1200~2000	1200~2000	1200~2000	1200~2000
强风化软质岩	— $N_{63.5}>10$	6000~9000	6000~9000	6000~9000	6000~9000	1400~2200	1400~2200	1400~2200	1400~2200
强风化硬质岩	— $N_{63.5}>10$	7000~11000	7000~11000	7000~11000	7000~11000	1800~2800	1800~2800	1800~2800	1800~2800

注：① 砂土和碎石类土中桩的极限端阻力取值，宜综合考虑土的密实度，桩端进入持力层的深径比 h_b/d，土越密实，h_b/d 越大，取值越高；

② 预制桩的岩石极限端阻力指桩端支撑于中、微风化基岩表面或进入强分化岩、软质岩一定深度条件下极限端阻力；

③ 全风化、强风化软质岩和全风化、强风化硬质岩是指母岩为 $f_{rk}≤15MPa$、$f_{rk}>30MPa$ 的岩石。

对于大直径桩（$d>800\text{mm}$），当根据土的物理指标与承载力参数之间的经验关系，确定单桩竖向极限承载力标准值时，应考虑桩的侧阻、端阻的尺寸效应系数，宜按式（8.6）计算，即

$$Q_{uk} = Q_{sk} + Q_{pk} = \mu_p \sum \psi_{si} q_{ski} l_i + \psi_p q_{pk} A_p \tag{8.6}$$

式中　q_{ski}——桩侧第 i 层土的极限侧阻力标准值，kPa，如无当地经验值时，可按表 8-3 取值；

　　　q_{pk}——桩径为 800mm 的极限端阻力标准值，kPa，对于干作业挖孔（清底干净）可采用深层载荷板试验确定；当不能进行深层载荷板试验时，可按表 8-5 取值；

　　　ψ_{si}、ψ_p——大直径桩侧阻力、端阻力尺寸效应系数，按表 8-6 取值。

表 8-5　干作业桩（清底干净，$d=800\text{mm}$）极限端阻力标准值 q_{pk}（kPa）

土 的 名 称		土 的 状 态		
黏性土		$0.25 < I_L \leqslant 0.75$	$0 < I_L \leqslant 0.25$	$I_L \leqslant 0$
		$800 \sim 1800$	$1800 \sim 2400$	$2400 \sim 3000$
粉 土		—	$0.75 \leqslant e \leqslant 0.9$	$e < 0.75$
		—	$1000 \sim 1500$	$1500 \sim 2000$
砂土 碎石类土		稍密	中密	密实
	粉 砂	$500 \sim 700$	$800 \sim 1100$	$1200 \sim 2000$
	细 砂	$700 \sim 1100$	$1200 \sim 1800$	$2000 \sim 2500$
	中 砂	$1000 \sim 2000$	$2200 \sim 3200$	$3500 \sim 5000$
	粗 砂	$1200 \sim 2200$	$2500 \sim 3500$	$4000 \sim 5500$
	砾 砂	$1400 \sim 2400$	$2600 \sim 4000$	$5000 \sim 7000$
	圆砾、角砾	$1600 \sim 3000$	$3200 \sim 5000$	$6000 \sim 9000$
	卵石、碎石	$2000 \sim 3000$	$3300 \sim 5000$	$7000 \sim 11000$

注：① 当桩进入持力层的深度 h_b 分别为：$h_b \leqslant D$、$D < h_b \leqslant 4D$、$h_b > 4D$ 时，q_{pk} 可相应取低、中、高值；

② 砂土密实度可根据标贯击数判定，$N \leqslant 10$ 为松散、$10 < N \leqslant 15$ 为稍密、$15 < N \leqslant 30$ 为中密、$N > 30$ 为密实。

③ 当桩的长径比 $l/d \leqslant 8$ 时，q_{pk} 宜取较低值；当对沉降要求不严时，q_{pk} 可相应高值。

表 8-6　大直径灌注桩侧阻力尺寸效应系数　和端阻力尺寸效应系数

土的类型	黏性土、粉土	砂土、碎石类土
ψ_{si}	$(0.8/d)^{1/5}$	$(0.8/d)^{1/3}$
ψ_p	$(0.8/D)^{1/4}$	$(0.8/D)^{1/3}$

注：当为等直径桩时，表中 $D=d$，D 为桩端扩底设计直径，d 为桩身设计直径。

单桩竖向承载力特征值 R_a 即为

$$R_a = \frac{1}{K} Q_{uk} \tag{8.7}$$

式中　K——安全系数，取 $K=2$。

根据《建筑桩基技术规范》（JGJ 94—2008），对于端承型桩基、桩数少于 4 根的摩擦型桩下独立桩基、或由于地层土性、使用条件等因素不宜考虑承台效应时，基桩竖向承载力特

征值应取单桩竖向承载力特征值。

对于符合下列条件之一的摩擦型桩基，宜考虑承台效应确定其复合基桩的竖向承载力特征值：

① 上部结构整体刚度较好、体形简单的建（构）筑物。

② 对差异沉降适应性较强的排架结构和柔性构筑物。

③ 按变刚度调平原则设计的桩基刚度相对弱化区。

④ 软土地基的减沉复合疏桩基础。

若考虑承台效应的复合基桩的竖向承载力特征值可按式（8.7）和式（8.8）确定：

不考虑地震作用时：

$$R = R_a + \eta_c f_{ak} A_c \tag{8.8}$$

考虑地震作用时：

$$R = R_a + \frac{\zeta_a}{1.25} \eta_c f_{ak} A_c \tag{8.9}$$

$$A_c = (A - nA_{ps})/n \tag{8.10}$$

式中　R——基桩或复合基桩竖向承载力特征值，kN；

　　η_c——承台效应系数，可按表 8-7 取值；

　　f_{ak}——承台下 1/2 承台宽度且不超过 5m 深度范围内各层土的地基承载力特征值按厚度加权的平均值，kPa；

　　A_c——计算基桩所对应的承台底净面积，mm^2；

　　A_{ps}——桩身截面面积，mm^2；

　　A——承台计算域面积对于柱下独立桩基，A 为承台总面积；对于桩筏基础，A 为柱、墙筏板的 1/2 跨距和悬臂边 2.5 倍筏板厚度所围成的面积；桩集中布置于单片墙下的桩筏基础，取墙两边各 1/2 跨距围成的面积，按条形承台计算 η_c；

　　ζ_a——地基抗震承载力调整系数，按现行规范《建筑抗震设计规范》（GB 5011—2010）采用

当承台底为可液化土、湿陷性土、高灵敏度软土、欠固结土、新填土时，沉桩引起超孔隙水压力和土体隆起时，不考虑承台效应，取 $\eta_c = 0$。

表 8-7　承台效应系数 η_c

B_c/l ＼ s_a/d	3	4	5	6	＞6
≤0.4	0.06～0.08	0.14～0.17	0.22～0.26	0.32～0.38	0.50～0.80
0.4～0.8	0.08～0.10	0.17～0.20	0.26～0.30	0.38～0.44	
＞0.8	0.10～0.12	0.20～0.28	0.30～0.34	0.44～0.50	
0.06～0.08	0.15～0.18	0.25～0.30	0.38～0.45	0.50～0.60	

注：① 表中 s_a/d 为桩中心距与桩径之比；B_c/l 为承台宽度与桩长之比。当计算基桩为非正方形排列时，$s_a = \sqrt{A/n}$；

　　② 对于桩布置于墙下的箱、筏承台，η_c 单排桩条形承台取值；

　　③ 对于单排桩条形承台，当承台宽度小于 1.5d 时，按非条形承台取值；

　　④ 对于采用后注浆灌注桩的承台，η_c 宜取低值；

　　⑤ 对于饱和黏性土中的挤土桩基、软土地基上的桩基承台，η_c 宜取低值的 0.8 倍。

8.3 单桩水平承载力

在工业与民用建筑中的桩基础，大多以承受竖向荷载为主，但在风荷载、地震作用或土压力、水压力等作用下，桩基础上也作用有水平荷载。在某些情况下，也可能出现作用于桩基的外力主要为水平力，因此必须对桩基础的水平承载力进行验算。

桩在水平力和力矩作用下，为受弯构件，桩身产生水平变位和弯曲应力，外力的一部分由桩身承担，另一部分通过桩传给桩侧土体。随着水平力和力矩增加，桩的水平变位和弯矩也继续增大，当桩顶或地面变位过大时，将引起上部结构的损坏；弯矩过大则将使桩身断裂。对于桩侧土，随着水平力和力矩增大，土体由地面向下逐渐产生塑性变形，导致塑性破坏。

影响桩的水平承载力的因素很多，如桩的截面尺寸、材料强度、刚度、桩顶嵌固程度和桩的入土深度以及地基土的土质条件。桩的截面尺寸和地基强度越大，桩的水平承载力就越高；桩的入土深度越大，桩的水平承载力就越高，但深度达一定值时继续增加入土深度，桩的承载力不会再提高，桩抵抗水平承载作用所需的入土深度，称"有效长度"，当桩的入土深度大于有效长度时，桩嵌固在某一深度的地基中，地基的水平抗力得到充分发挥，桩产生弯曲变形，不至于被拔出或倾斜。桩头嵌固于承台中的桩，其抗弯刚度大于桩头自由的桩，提高了桩的抗弯刚度，桩抵抗横向弯曲的能力也随着提高。

确定单桩水平承载力的方法，有现场静荷载试验和理论计算两大类。

8.3.1 静荷载试验确定单桩水平承载力

静荷载试验是确定桩的水平承载力和地基土的水平抗力系数的最有效的方法，最能反映实际情况。

1. 实验装置

水平试验的加载装置，常用横向放置的千斤顶加载，百分表测水平位移，如图 8-5 所示。

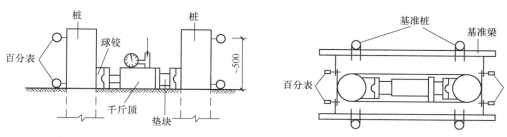

图 8-5 水平静载荷试验装置示意图

千斤顶的作用是施加水平力，水平力的作用线应通过地面标高处（地面标高应与实际工程桩承台底面标高相一致）。

千斤顶与试桩接触部位，宜安装球形铰支座，以保证水平作用力通过桩身曲线。百分表宜成对布置在试桩侧面。用于测量桩顶的水平位移宜采用大量程的百分表。对每一根试桩，在力的作用水平面上和该在水平面以上 50cm 左右处各安装 1～2 只百分表，下表测量桩身在地面处的水平位移，上表测桩顶的水平位移。根据两表的位移差，可以求出地面以上部分桩身的转角。另外，在试桩的侧面靠位移的反方向上宜埋设基准桩。基准桩应离开试桩一定距离，以免影响试验结果的精确度。

2. 加荷方法

加荷时可采用连续加荷法或循环加荷法，其中循环加荷法是最常用的方法。循环加荷法荷载需分级施加，每次荷载等级为预估极限承载力的（1/5～1/8），每级加载的增量，一般为5～10kN。每级加荷增量的大小，根据桩径的大小并考虑土层的软硬来确定。对于直径为300～1000mm的桩，每级增量可取2.5～20kN；对于过软的土则可采用2kN的级差。循环加荷法需反复多次加载，加载后先保持10min，测读水平位移，然后卸载到零，再经过10min，测读残余位移，再继续加载，如此循环反复3～5次，即完成本级水平荷载试验，然后接着施加下一级荷载，直至桩达到极限荷载或满足设计要求为止。其中加载时间应尽量缩短，测读位移的时间应准确，试验不能中途停顿。若加载过程中观测到10min时的水平位移还不稳定，应延长该级荷载维持时间，直至稳定为止。

3. 终止加载条件

当出现桩身断裂或桩侧地表出现明显裂缝、隆起，或桩顶侧移超过30～40mm（软土取40mm）的情况时即可终止试验。

4. 资料整理

由试验测定各级水平荷载 H_0、各级荷载施加的时间 t（包括卸载）与各级荷载下水平位移 x_0 等，并由记录可绘出桩顶水平荷载—时间—桩顶水平位移（$H_0 - t - x_0$）曲线，水平荷载—位移（$H_0 - x_0$）曲线或水平荷载—位移梯度 $\left(H_0 - \dfrac{\Delta x_0}{\Delta H_0}\right)$ 曲线，如图8-6所示。当测量桩身应力时，可绘制桩身应力分布图以及水平荷载与最大弯矩截面钢筋应力（$H_0 - \sigma_g$）曲线，如图8-7所示。资料整理的具体规定按有关规程。

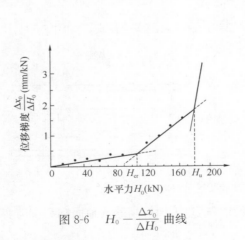

图 8-6　$H_0 - \dfrac{\Delta x_0}{\Delta H_0}$ 曲线

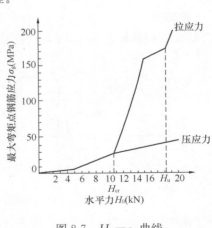

图 8-7　$H_0 - \sigma_g$ 曲线

5. 水平临界荷载与极限荷载

上述曲线都出现了两个特征点，这两个特征点所对应的桩顶水平荷载，即为水平临界荷载和水平极限荷载。

① 水平临界荷载（H_{cr}）是相当于桩身开裂、受拉区混凝土退出工作时的桩顶水平力，

其值可按下列方法综合确定：

· 取（H_0-t-x_0）曲线出现突变点（在荷载增量相同的条件下出现比前一级明显增大的位移增量）的前一级荷载。

· 取 $\left(H_0-\dfrac{\Delta x_0}{\Delta H_0}\right)$ 曲线的第一直线段的终点或 $\lg H_0-\lg x_0$ 曲线拐点所对应的荷载。

· 当有桩身应力测试数据时，取（$H_0-\sigma_g$）曲线第一突变点对应的荷载。

② 水平极限荷载（H_u）是相当于桩身应力达到强度极限时的桩顶水平力，或使得桩顶水平位移超过 $30\sim40mm$，或使得桩侧土体破坏的前一级水平荷载，其值可按下列方法综合确定：

· 取（H_0-t-x_0）曲线明显陡降的前一级荷载或按该曲线各级荷载下水平位移包络线的凹向确定。若包络线向上方凹曲，则表明在该级荷载下，桩的位移逐渐趋于稳定；若包络线向下方凹曲，则表明在该级荷载下，随着加卸荷循环次数的增加，水平位移仍在增加，且不稳定。由此认为该级水平力为桩的破坏荷载，而前一级水平力则为极限荷载。

· 取 $\left(H_0-\dfrac{\Delta x_0}{\Delta H_0}\right)$ 曲线第二直线段终点所对应的荷载。

· 取桩身断裂或钢筋应力达到流限的前一级荷载。

由水平极限荷载 H_u 确定允许承载力时应除以安全系数 2.0。

6. 单桩水平承载力特征值的确定

① 对于受水平荷载较大的设计等级为甲级、乙级的建筑桩基，一级建筑桩基，单桩水平承载力特征值应通过单桩水平静载试验确定，试验方法按现行行业标准《建筑基桩检测技术规范》（JGJ 106）执行。

② 对于钢筋混凝土预制桩、钢桩、桩身全截面配筋率大于 0.65% 的灌注桩，可根据单桩水平静载试验结果取地面处水平位移为 10mm（对于水平位移敏感的建筑物取水平位移 6mm）所对应的荷载的 75% 为单桩水平承载力特征值。

③ 对于桩身配筋率小于 0.65% 的灌注桩，可取单桩水平静载试验的临界荷载的 75% 为单桩水平承载力特征值。

④ 当缺少单桩水平静载试验资料时，可按式（8.11）估算桩身配筋率小于 0.65% 的灌注桩的单桩的水平承载力特征值：

$$R_{ha}=\frac{0.75\alpha\gamma_m f_t W_0}{v_M}(1.25+22\rho_g)\left(1\pm\frac{\zeta_N N_k}{\gamma_m f_t A_n}\right) \tag{8.11}$$

其中

$$\alpha=\sqrt{\frac{mb_0}{EI}}$$

$$A_n=\frac{\pi d^2}{4}[1+(\alpha_E-1)\rho_g]（圆形截面）\quad A_n=b^2[1+(\alpha_E-1)\rho_g]（方形截面）$$

$$W_0=\frac{\pi d}{32}[d^2+2(\alpha_E-1)\rho_g d_0^2]（圆形截面）$$

$$W_0=\frac{b}{6}[b^2+2(\alpha_E-1)\rho_g b_0^2]（方形截面）$$

式中　R_{ha}——单桩水平承载力特征值，kN，±号根据桩顶竖向力性质确定，压力为"+"，拉力为"−"；

α——桩的水平变形系数；

m——桩侧土水平抗力系数的比例系数，宜通过单桩水平静载试验确定，当无静载试验资料时，可按表8-8确定；

b_0——桩身的计算宽度，m，可按表8-9确定；

EI——桩身抗弯刚度，对钢筋混凝土桩，$EI=0.85E_c I_0$，其中 E_c 为混凝土弹性模量，I_0 为桩身换算截面惯性矩：$I_0=W_0 d_0/2$（圆形截面），$I_0=W_0 b_0/2$（矩形截面）；

γ_m——桩截面抵抗矩塑性系数，圆形截面 $\gamma_m=2$，矩形截面 $\gamma_m=1.75$；

f_t——桩身混凝土抗拉，强度设计值，N/mm^2；

W_0——桩身混凝土抗拉强度设计值，N/mm^2；

d_0——扣除保护层后的桩直径，m；

α_E——钢筋弹性模量与混凝土弹性模量的比值；

ν_M——桩身最大弯矩系数，按表8-10取值，单桩基础和单排桩基纵向轴线与水平力方向相垂直的情况，按桩顶铰接考虑；

ρ_g——桩身配筋率；

A_n——桩身换算截面面积；

ζ_N——桩顶竖向力影响系数，竖向压力取0.5，竖向拉力取1.0；

N_k——在荷载效应标准组合下桩顶的竖向力，kN。

⑤ 对于混凝土护壁的挖孔桩，计算单桩水平承载力时，其设计桩径取护壁内径；

⑥ 当桩的水平承载力由水平位移控制，且缺少单桩水平静载试验资料时，可按式（8.12）估算预制桩、钢桩、桩身配筋率大于0.65%的灌注桩单桩水平承载力特征值：

$$R_{ha} = 0.75 \frac{\alpha^3 EI}{v_x} \chi_{0a} \tag{8.12}$$

式中 χ_{0a}——桩顶允许水平位移；

v_x——桩顶水平位移系数，按表8-10取值。

⑦ 验算永久荷载控制的桩基的水平承载力时，应将按上述②、③方法计算的单桩水平承载力特征值乘以调整系数0.80；验算地震作用桩基的水平承载力时，应将按上述②、③方法计算的单桩水平承载力特征值乘以调整系数1.25。

表8-8 地基水平抗力系数的比例系数 m 值

序号	地基土类别	预制桩、钢桩		灌注桩	
		m (MN/m⁴)	相应单桩地面处水平位移 (mm)	m (MN/m⁴)	相应单桩地面处水平位移 (mm)
1	淤泥，淤泥质土，饱和湿陷性黄土	2～4.5	10	2.5～6	6～12
2	流塑（$I_L>1$）、软塑（$0.75<I_L\leqslant1.0$）状黏性土，$e>0.9$ 粉土，松散粉细砂，松散填土	4.5～6	10	6～14	4～8

续表

序号	地基土类别	预制桩、钢桩		灌注桩	
		m （MN/m⁴）	相应单桩地面处水平位移 （mm）	m （MN/m⁴）	相应单桩地面处水平位移 （mm）
3	可塑（0.25<I_L≤0.75）状黏性土，e=0.75~0.9 粉土，中密填土，稍密细砂	6.0~10	10	14~35	3~6
4	硬塑（0<I_L≤0.25）、坚硬（I_L≤0）状黏性土，湿陷性黄土，e<0.75 粉土，中密的中粗砂，密实老填土	10~22	10	35~100	2~5
5	中密、密实的砾砂，碎石类土	—	—	100~300	1.5~3

注：① 当桩顶水平位移大于表列数值或灌注桩配筋率较高（≥0.65%）时，m 值应当适当降低；当预制桩的水平位移小于 10mm 时，m 值可适当提高；

② 水平荷载为长期或经常出现的荷载时，应将表列数值乘以 0.4 降低采用；

③ 当地基为可液化土层时，应将表列数值乘以相应系数。

表 8-9　桩的截面计算宽度 b_0

截面宽度或直径（m）	圆　桩	方　桩
>1	0.9(d+1)	b+1
≤1	0.9(1.5d+0.5)	1.5b+0.5

表 8-10　桩顶(身)最大弯矩系数 ν_M 和桩顶水平位移系数 ν_x

桩顶约束情况	桩的换算埋置深度（α_z）	弯矩系数 ν_M	水平位移系数 ν_x	桩顶约束情况	桩的换算埋置深度（α_z）	弯矩系数 ν_M	水平位移系数 ν_x
铰接自由	4.0	0.768	2.441	固接	4.0	0.926	0.940
	3.5	0.750	2.502		3.5	0.934	0.970
	3.0	0.703	2.727		3.0	0.967	1.028
	2.8	0.675	2.905		2.8	0.990	1.055
	2.6	0.639	3.163		2.6	1.018	1.079
	2.4	0.601	3.526		2.4	1.045	1.095

注：① 铰接（自由）的 ν_M 为桩身的最大弯矩系数，固接的 ν_M 为桩顶的最大弯矩系数；

② 当 α_z>4.0 时取 α_z=4.0。

8.3.2　按理论计算确定单桩水平承载力

承受水平荷载的单桩，对其水平位移一般要求限制在很小的范围内，把它视为一根直立的弹性地基梁，通过挠曲微分方程的解答，计算桩身的弯矩和剪力，并考虑由桩顶竖向荷载产生的轴力，进行桩的强度计算。

理论计算时把土体视为弹性变形体，并忽略桩土之间的摩阻力以及邻桩对水平抗力的影响，假定在深度 z 处的水平抗力 σ_z 等于该点的水平抗力系数 k_x 与该点的水平位移 x 的乘积，即

$$\sigma_z = k_x x \qquad\qquad (8.13)$$

地基水平抗力系数 k_x 的计算理论有：常数法、k 法、m 法和 c 值法。不同计算理论所假定的分布图 k_x 不同，所得的计算结果往往相差较大。在实际工程中，应根据土的性质和桩的工作情况，以及与实测结果的对比综合比较确定。实测资料表明 m 法（用于当桩的水平位移较大时）和 c 值法（用于桩的水平位移较小时）比较接近实际。

8.4　桩侧负摩阻力和桩的抗拔力

8.4.1　桩侧负摩阻力

在一般情况下，桩在荷载作用下产生沉降，土对桩的摩阻力与位移方向相反，向上起着支承作用，即为正摩阻力。但如果桩身周围的土由于自重固结、自重湿陷、地面附加荷载等原因而产生大于桩身的沉降时，土对桩侧表面所产生的摩阻力向下，称为桩侧负摩阻力。

符合下列条件之一的桩基，当桩周土层产生的沉降超过基桩的沉降时，在计算基桩承载力时应计入桩侧负摩阻力：

① 桩穿越较厚松散填土、自重湿陷性黄土、欠固结土、液化土层进入相对较硬土层时。

② 桩周存在软弱土层，邻近桩侧地面承受局部较大的长期荷载或地面大面积堆载（包括填土）时。

③ 由于降低地下水位，使桩周土中有效应力增大，并产生显著压缩沉降时。

桩周土沉降可能引起桩侧摩阻力时，应根据工程具体情况考虑负摩阻力对桩基承载力和沉降的影响。负摩阻力主要会引起下拉荷载，使桩身轴力增大，桩的承载力降低并使地基的沉降增大，所以在实际工程中应引起重视。

8.4.2　桩的抗拔力

某些建筑物，如高耸的烟囱、海洋建筑物、高压输电塔、或地下室承受地下水的浮力作用而自重不足的建筑物等，它们所受的荷载往往会使其下的桩基础受到上拔荷载的作用。桩的抗拔承载力主要取决于桩身材料强度、桩与土之间的抗拔侧阻力和桩身自重。

影响桩抗拔极限承载力的因素主要有桩周土的土类、土层的形成条件、桩的长度、桩的类型和施工方法、桩的加载历史和荷载的特点等，总之，凡是引起桩周土内应力状态变化的因素，对抗拔桩极限承载力都将产生影响。

在实际工程中，桩的抗拔极限承载力的确定方法如下：

① 对于设计等级为甲级和乙级的桩基，桩的抗拔极限承载力应通过现场单桩上拔静载荷试验确定。单桩上拔静载荷试验及抗拔极限承载力标准值取值可按现行行业标准《建筑基桩检测技术规范》（JGJ 106）执行。

② 如无当地经验时，设计等级为丙级的桩基，桩的抗拔极限承载力按下列公式计算：
桩基呈非整体破坏时

$$T_{uk} = \sum \lambda_i q_{sik} \mu_i l_i \tag{8.14}$$

桩基呈整体破坏时

$$T_{gk} = \frac{1}{n} u_i \sum \lambda_i q_{sik} l_i \tag{8.15}$$

式中　T_{uk}——单桩抗拔极限承载力标准值，kN；

　　　　μ_i——桩身周长，m。对等直径桩，取 $\mu_i = \pi d$；对扩底桩，按表 8-11 取值；

　　　　q_{sik}——桩侧第 i 层土的抗压极限侧阻力标准值，kPa，可按表 8-3 取值

　　　　λ_i——抗拔系数，对砂土，$\lambda_i = 0.5 \sim 0.7$；黏性土和粉土，$\lambda_i = 0.7 \sim 0.8$；当桩长与桩径之比小于 20 时，取小值；

　　　　u_i——桩群外围周长，m。

表 8-11　扩底桩破坏表面周长 μ_i

自桩底起算的长度 l_i(m)	$\leqslant (4 \sim 10)d$	$> (4 \sim 10)d$
μ_i	πD	πd

注：D 为桩端扩底设计直径，d 为桩身设计直径。

8.5　桩基础设计

桩基础的设计应力求选型适当、安全适用、技术可行且经济合理，对桩和承台应有足够的强度、刚度和耐久性；对地基(主要指桩端持力层)有足够的承载力和不产生过大的变形。

8.5.1　桩材、桩型和桩的几何尺寸的确定

我国目前桩的材料主要是混凝土和钢筋，《建筑地基基础设计规范》(GB 50007—2011)规定，预制桩的混凝土强度等级不应低于 C30；灌注桩不应低于 C25；预应力桩不低于 C40。

桩型与成桩工艺的选择应从建筑物的实际情况出发，综合考虑建筑结构类型、上部结构的荷载大小及性质、桩的使用功能、穿越土层、桩端持力层、地下水位情况、施工设备及施工环境、制桩材料供应条件等，按安全适用、经济合理的原则选择。同一建筑物应尽可能采用相同的桩型。

桩长是指自承台底至桩端的长度尺寸。在承台底面标高确定之后，确定桩长的关键在于选择持力层和确定桩端进入持力层深度的问题。一般应选择坚实土层和岩石作为桩端持力层，在施工条件容许的深度内，若没有坚实土层，可选中等强度的土层作为持力层。

桩端进入坚实土层的深度应满足下列要求：对黏性土和粉土，不宜小于 2～3 倍桩径；对砂土，不宜小于 1.5 倍桩径；对碎石土，不宜小于 1 倍桩径；嵌岩桩嵌入中等风火或微风化岩体的最小深度，不宜小于 0.5m；当存在软弱下卧层时，桩端以下硬持力层的厚度，一般不宜小于 3 倍桩径；嵌岩桩在桩底以下 3 倍桩径范围内应无软弱夹层、断裂带、洞穴和空隙分布。

桩的截面尺寸应与桩长相适应，同时考虑施工设备的具体情况。一般的，预制方桩的截

面尺寸一般可在 300mm×300mm～500mm×500mm 范围内选择，灌注桩的截面尺寸一般可在 300mm×300mm～1200mm×1200mm 范围内选择。

同一桩基中相邻桩的桩底标高应加以控制，对于桩端进入坚实土层的端承桩，其桩底高差不宜超过桩的中心距；对摩擦桩，在相同土层中不宜超过桩长的 1/10。

承台底面标高的选择，应考虑上部建筑物的使用要求、承台本身的预估高度以及季节性冻结的影响。

8.5.2 确定桩数及桩位布置

1. 确定桩数

根据单桩承载力特征值和上部结构荷载情况可确定桩数。

当桩基础为中心受压时，桩数 n 为

$$n \geqslant \frac{F_k + G_k}{R_a} \tag{8.16}$$

当桩基础为偏心受压时，桩数 n 为

$$n \geqslant \mu \frac{F_k + G_k}{R_a} \tag{8.17}$$

式中　n——桩的根数；

　　　F_k——相应于作用的标准组合下，作用于桩基承台顶面的竖向力，kN；

　　　G_k——桩基承台和承台上土自重标准值，kN，地下水位以下应扣除浮力；

　　　μ——考虑偏心荷载的增大系数，一般取 1.1～1.2。

2. 桩的间距

桩距是指桩的中心距，一般取 3～4 倍桩径。间距太大会增加承台的体积和用料；太小则使桩基(摩擦性桩)的沉降量增加，且给施工造成困难。桩的最小中心距应符合表 8-12 的规定。如施工中采取减小挤土效应的可靠措施时，可根据当地经验适当减小。

表 8-12　桩的最小中心距

土类和成桩工艺		排数不少于 3 排且桩数不少于 9 根的摩擦型桩桩基	其他情况
非挤土灌注桩		3.0d	3.0d
部分挤土桩	非饱和土、饱和非黏性土	3.5d	3.0d
	饱和黏性土	4.0d	3.5d
挤土桩	非饱和土、饱和非黏性土	4.0d	3.5d
	饱和黏性土	4.5d	4.0d
钻、挖孔扩底桩		2D 或 D+2.0m(当 D>2m)	1.5D 或 D+1.5m(当 D>2m)
沉管夯扩、钻孔扩扩桩	非饱和土、饱和非黏性土	2.2D 且 4.0d	2.0D 且 3.5d
	饱和黏性土	2.5D 且 4.5d	2.2D 且 4.0d

注：① D 为桩端扩底设计直径，d 为圆桩设计直径或方桩设计边长；

　　② 当纵横向桩距不相等时，其最小中心距应满足"其他情况"一栏的规定；

　　③ 当为端承桩时，非挤土灌注桩的"其他情况"一栏可减小至 2.5d。

3. 桩位的布置

桩位的布置应尽可能使上部荷载的中心与桩群的横截面重心重合；应尽量使其对结构受力有利；尽量使桩基在承受水平力和力矩较大的方向有较大的断面抵抗矩。独立柱桩基常采用对称布置，如三桩承台、四桩承台、六桩承台等；条形基础下的桩，可采用单排或多排布置，多排布置时采用行列式或梅花式，如图 8-8 所示。

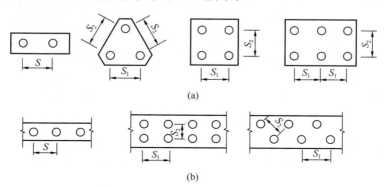

(a)

(b)

图 8-8 几种常见桩位布置示意图
(a)柱下桩基；(b)条形桩基

8.5.3 桩基中各桩受力验算

1. 桩顶作用效应计算

对一般建筑物和受水平力较小的高层建筑群桩基础，应按下式计算群桩中基桩或复合基桩的桩顶作用效应，如图 8-9 所示。

(1)竖向力作用下

轴心竖向力作用下

$$N_k = \frac{F_k + G_k}{n} \qquad (8.18)$$

偏心竖向力作用下

$$N_{ik} = \frac{F_k + G_k}{n} \pm \frac{M_{xk} y_i}{\sum y_j^2} \pm \frac{M_{yk} x_i}{\sum x_j^2} \qquad (8.19)$$

(2)水平力作用下

$$H_{ik} = \frac{H_k}{n} \qquad (8.20)$$

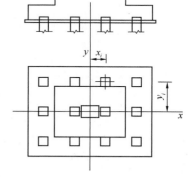

图 8-9 桩顶荷载计算简图

式中　　N_k——相应于作用的标准组合轴心竖向力作用下，基桩或复合基桩的平均竖向力，kN；

N_{ik}——相应于作用的标准组合偏心竖向力作用下，第 i 基桩或复合基桩的竖向力，kN；

M_{xk}、M_{yk}——相应于作用的标准组合下，作用于承台底面绕通过桩群形心的 x、y 主轴的力矩，kN·m；

x_i、x_j、y_i、y_j——第 i、j 基桩或复合基桩至 y、x 轴的距离，m；

H_k——相应于作用的标准组合下，作用于桩基承台底面的水平力，kN；

H_{ik}——相应于作用的标准组合下，作用于第 i 基桩或复合基桩的水平力，kN；

其余符号同前。

对于主要承受竖向荷载的抗震设防区低承台桩基，在同时满足下列条件时，桩顶作用效应计算可不考虑地震作用：

① 按现行《建筑抗震设计规范》(GB 50011—2010)规定可不进行桩基抗震承载力验算的建筑物。

② 建筑场地位于建筑抗震的有利地段。

2. 桩基竖向承载力验算

(1)相应于作用的标准组合

轴心竖向力作用下

$$N_k \leqslant R \tag{8.21}$$

偏心竖向力作用下，除满足上式要求外，尚应满足

$$N_{kmax} \leqslant 1.2R \tag{8.22}$$

(2)地震作用效应和相应作用的标准组合

轴心竖向力作用下

$$N_{Ek} \leqslant 1.25R \tag{8.23}$$

偏心竖向力作用下，除满足上式要求外，尚应满足

$$N_{Ekmax} \leqslant 1.5R \tag{8.24}$$

式中　N_{kmax}——相应于作用的标准组合轴心竖向力作用下，桩顶最大竖向力，kN；

N_{Ek}——地震作用效应和相应作用的标准组合下，基桩或复合基桩的平均竖向力，kN；

N_{Ekmax}——地震作用效应和相应作用的标准组合下，基桩或复合基桩的最大竖向力，kN。

8.5.4　桩基软弱下卧层验算

桩端虽位于坚硬土层，但厚度有限且有软弱下卧层时，应验算软弱下卧层的承载力，避免因承载力不足而导致持力层发生冲切破坏。

对于桩距不超过 6d 的群桩基础，如图 8-10 所示，桩端持力层下存在承载力低于桩端持力层承载力 1/3 的软弱下卧层时，其剪切破坏面发生于桩群外围表面，冲切锥体锥面与竖直线成 θ 角(压力扩散角)。冲切锥体底面压应力应小于软弱下卧层承载力特征值：

$$\sigma_z + \gamma_m z \leqslant f_{az} \tag{8.25}$$

$$\sigma_z = \frac{(F_k + G_k) - 3/2(A_0 + B_0) \cdot \sum q_{ski} l_i}{(A_0 + 2t \cdot \tan\theta)(B_0 + 2t \cdot \tan\theta)} \tag{8.26}$$

式中　σ_z——作用于软弱下卧层顶面的附加应力，kPa；

γ_m——软弱下卧层顶面以上各土层重度的加权平均值，kN/m³；

f_{az}——软弱下卧层经深度 z 修正的承载力特征值，kPa；

t——硬持力层厚度，m；

A_0、B_0——桩群外缘矩形底面的长、短边边长，m；

　　　θ——桩端硬持力层压力扩散角，按表8-13取值。

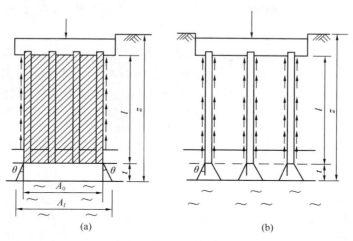

图 8-10　软弱下卧层承载力验算

表 8-13　桩端硬持力层压力扩散角 θ

E_{s1}/E_{s2}	$t=0.25B_0$	$t\geqslant 0.50B_0$
1	$\theta=4°$	$\theta=12°$
3	$\theta=6°$	$\theta=23°$
5	$\theta=10°$	$\theta=25°$
10	$\theta=20°$	$\theta=30°$

注：① E_{s1}、E_{s2} 分别为硬持力层、软弱下卧层的压缩模量；

　　② 当 $t<0.25B_0$ 时，取 $\theta=0°$，必要时宜通过试验确定；当 $0.25B_0<t<0.50B_0$ 时，可内插取值。

8.5.5　桩基沉降计算

　　桩基因其稳定性好，沉降量小而均匀，且收敛快，故较少做沉降计算。一般以承载力计算作为桩基设计的主要控制条件，而以变形计算作为辅助验算。

　　《建筑地基基础设计规范》(GB 50007—2011)规定对以下建筑物的桩基应进行沉降验算：

　　① 地基基础设计等级为甲级的建筑物桩基。

　　② 体形复杂、荷载不均匀或桩端以下存在软弱土层的实际等级为乙级的建筑物桩基。

　　③ 摩擦型桩基。

　　同时规定：

　　① 对嵌岩桩、设计等级为丙级的建筑物桩基、对沉降无特殊要求的条形基础下不超过两排的桩基、吊车工作级别 A5 及 A5 以下的单层工业厂房桩基(桩端下为密实土层)，可不进行沉降验算。

　　② 当有可靠地区经验时，对地质条件不复杂、荷载均匀、对沉降无特殊要求的端承型桩基也可不进行沉降验算。

　　桩基沉降变形指标按下列规定选用：

　　① 由于土层厚度与性质不均匀、荷载差异、体形复杂、相互影响等因素引起的地基沉

降变形，对于砌体承重结构应由局部倾斜控制。

② 对多层或高层建筑和高耸结构应由整体倾斜值控制。

③ 当其结构为框架、框架—剪力墙、框架—核心筒结构时，尚应控制柱（墙）之间的差异沉降。

建筑桩基沉降变形计算值不应大于桩基沉降变形允许值（见《建筑桩基技术规范》（GBJGJ 94—2008）。计算桩基沉降时，对于桩中心距不大于 $6d$ 的桩基，其最终沉降量计算可采用等效作用实体深基础分层总和法。等效作用面位于桩端平面，等效作用面积为桩承台投影面积，等效作用附加应力近似取承台底平均附加应力。等效作用面以下的应力分布采用各向同性均质直线变形体理论。

8.5.6　桩身构造设计

1. 钢筋混凝土预制桩

钢筋混凝土预制桩常见的是方桩（见图 8-11）和管桩。设计使用年限不少于 50 年时，非腐蚀环境中钢筋混凝土预制桩所用的混凝土强度等级不应低于 C30，预应力桩不应低于 C40。预制桩纵向钢筋的混凝土保护层厚度不宜小于 30mm。混凝土预制桩的截面边长不应小于 200mm，预应力混凝土预制实心桩的截面边长不宜小于 350mm。

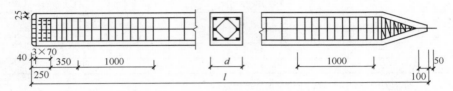

图 8-11　预制钢筋混凝土方桩示意图

预制桩的桩身应配置一定数量的纵向钢筋（主筋）和箍筋，桩身配筋应按吊运、打桩及桩在使用过程中的受力等条件计算确定。一般主筋选 4～8 根直径 14～25mm 的钢筋，采用锤击沉桩时，预制桩的最小配筋率一般不宜小于 0.8%；如采用静压法沉桩时，其最小配筋率不宜小于 0.6%。当截面边长在 300mm 以下者，可用 4 根主筋，箍筋直径 6～8mm，间距不大于 200mm，在桩顶和桩尖处应适当加密。用打入法沉桩时，直接受到锤击的桩顶以下（4～5）d 长度范围内箍筋应加密，并应放置三层钢筋网。桩尖在沉入土层以及使用期要克服土的阻力，故应把所有主筋合拢焊在桩尖辅助钢筋上，对于持力层为密实砂和碎石类土时，宜在桩尖处包以钢板桩靴，加强桩尖；预制桩的分节长度应根据施工条件及运输条件确定，每根桩的接头数量不宜超过 3 个。桩上需埋设吊环的，位置由计算确定。桩身的混凝土强度必须达设计强度的 70% 才可起吊，达设计强度的 100% 才可搬运和打桩。

2. 混凝土灌注桩

灌注桩混凝土强度等级不得低于 C25，混凝土预制桩尖强度等级不得低于 C30。当桩顶轴向压力和水平力满足桩基规范受力条件时，可按构造要求配置桩顶与承台的连接钢筋笼。当桩身直径为 300～2000mm 时，正截面配筋率可取 0.65%～0.2%（小直径桩取高值）。对于受水平荷载的桩，主筋不应小于 8ϕ12；对抗压桩和抗拔桩，主筋不应小于 6ϕ10；纵向受力筋应沿桩身周边均匀布置，净距不应小于 60mm，并尽量减少钢筋接头；箍筋应采用螺旋式箍筋，直径不应小于 6mm，间距宜为 200~300mm；受水平荷载较大的桩基、承受水平地震作用的桩基及考虑主筋作用计算桩身受压承载力时，桩顶以下 $5d$ 范围内箍筋应加密，间距不应大于 100mm；当桩身位于液化土层范围内时箍筋应加密；当钢筋笼长度超过 4m 时，应每隔 2m 设一道直径不小于 12mm 的焊接加劲箍筋，受力筋的混凝土保护层厚度不应小于 35mm，水下灌注混凝土，不得小于 50mm。

8.5.7 承台的设计

承台是上部结构与群桩之间相联系的结构部分，其作用是把各个单桩联系起来并与上部结构形成整体。承台应进行抗冲切、抗剪及抗弯计算，并符合构造要求。当承台的混凝土强度等级低于柱或桩的混凝土强度等级时，尚应验算柱下或柱上承台的局部受压承载力。

承台种类有多种，如柱下独立桩基承台、箱形承台、筏形承台、柱下梁式承台、墙下条形承台等。以下主要介绍柱下独立桩基承台的设计。

1. 承台的构造要求

承台平面形状应根据上部结构的要求和桩的布置形式决定。常见的形状有矩形、三角形、多边形、圆形、环形等。承台的最小宽度不应小于 500mm，边桩中心至承台边缘的距离不应小于桩的直径或边长，且桩的外边缘至承台边缘的距离不应小于 150mm，对于墙下条形承台梁，桩的外边缘至承台梁边缘的距离不应小于 75mm，承台的最小厚度不应小于 300mm。

承台混凝土强度等级不宜小于 C20，承台底面钢筋的混凝土保护层厚度，当有混凝土垫层时，不应小于 50mm，无垫层时不应小于 70mm，且不应小于桩头嵌入承台内的长度。

承台的配筋如图 8-12 所示。对柱下独立桩基承台的纵向受力筋应通长配置，如图 8-12 (a)所示，对四桩以上(含四桩)承台板配筋宜按双向均匀布置，对于三桩承台，应按三向板带均匀配置，且最里面三根钢筋相交围成的三角形应位于柱截面范围内，如图 8-12(b)所示。钢筋锚固长度自边桩内侧(当为圆桩时，应将其直径乘以 0.8 等效为方桩)算起，不应小于 $35d_g$(d_g 为主筋直径)，当不满足时应将钢筋向上弯折，此时水平段的长度不应小于 $25d_g$，弯折段长度不应小于 $10d_g$。承台的配筋除应满足计算要求外，还应满足承台梁的纵向受力筋直径不应小于 12mm，间距不应大于 200mm，架立筋直径不宜小于 10mm，箍筋直径不宜小于 6mm，如图 8-13 所示；柱下独立桩基承台的最小配筋率不应小于 0.15%。

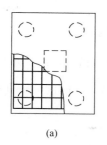
(a)

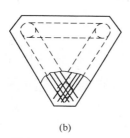
(b)

图 8-12 承台配筋示意图

(a)矩形承台配筋；(b)三桩承台配筋

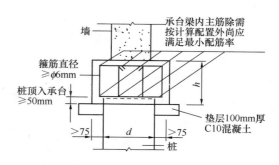

图 8-13 承台梁配筋示意图

桩嵌入承台内的长度对中等直径的桩不宜小于 50mm，对大直径桩不宜小于 100mm；混凝土桩的桩顶纵向主筋应锚入承台内，其锚入长度不宜小于 $35d_g$；对大直径灌注桩，当采用一柱一桩时可设置承台或将桩与柱直接连接。

由于结构受力要求，柱下独立桩基承台当有抗震要求时，纵横方向宜设置连系梁；在一般情况下两桩桩基承台应在其短向设置连系梁；一柱一桩时应在柱顶纵横方向宜设置连系梁，当桩与柱的截面直径之比大于 2 时，可不设连系梁。连系梁顶面宜与承台顶面位于同一标高，宽度不宜小于 250mm，其高度可取承台中心距的 $1/10 \sim 1/15$，且不宜小于 400mm；连系梁配筋应按计算确定，梁上、下部纵筋不宜小于 $2\phi12$，位于同一轴线上的相邻跨连系梁纵筋应连通；承台和地下室外墙与基坑侧壁间隙应灌注素混凝土或搅拌流动性水泥土，或采用灰土、级配砂石、压实性较好的素土分层夯实，其压实系数不宜小于 0.94。

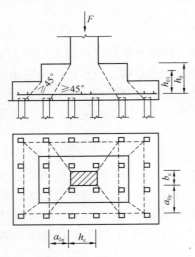

图 8-14　桩对承台冲切计算示意

2. 承台厚度的确定

桩基承台厚度应满足柱对承台的冲切和基桩对承台的冲切承载力要求。

（1）柱对承台的冲切计算

柱对承台的冲切，可按下列公式计算，如图 8-14 所示。

$$F_1 = 2[\beta_{0x}(b_c + a_{0y}) + \beta_{0y}(h_c + a_{0x})]\beta_{hp}f_t h_0$$

$$F_1 = F - \sum Q_i$$

$$\beta_{0x} = \frac{0.84}{\lambda_{0x} + 0.2}$$

$$\beta_{0y} = \frac{0.84}{\lambda_{0y} + 0.2}$$

式中　　F_1——不计承台及其上填土自重，相应于作用的基本组下作用在冲切破坏锥体上的冲切力设计值，冲切破坏锥体应采用自柱边或承台变阶处至相应柱顶边缘连线构成的锥体，锥体与承台底面的夹角不小于 $45°$，kN；

　　　　h_0——冲切破坏锥体的有效高度，mm；

　　　　β_{hp}——受冲切承载力截面高度影响系数，当 $h \leqslant 800mm$，β_{hp} 取 1.0；$h \geqslant 2000mm$，β_{hp} 取 0.9，其间按线性插入法取用；

　　　　β_{0x}、β_{0y}——冲切系数；

　　　　λ_{0x}、λ_{0y}——冲跨比，$\lambda_{0x} = a_{0x}/h_0$，$\lambda_{0y} = a_{0y}/h_0$，$a_{0x}$、$a_{0y}$ 分别为 x、y 方向柱边至最近桩边的水平距离；当 $\lambda_{0x}(\lambda_{0y}) < 0.25$ 时，取 $\lambda_{0x}(\lambda_{0y}) = 0.25$，当 $\lambda_{0x}(\lambda_{0y}) > 1.0$ 时，取 $\lambda_{0x}(\lambda_{0y}) = 1.0$；

　　　　b_c、h_c——分别为 x、y 方向的柱截面的边长，mm；

　　　　f_t——承台混凝土抗拉强度设计值，N/mm²；

　　　　F——不计承台及其上填土自重，作用的基本组下柱（墙）底的竖向荷载设计值，kN；

$\sum Q_i$——不计承台及其上填土自重，荷载效应基本组下冲切破坏锥体内各基桩或复合基桩的反力设计值之和，kN。

对中、低压缩性土上的承台，当承台与地基土之间没有脱空现象时，可根据地区经验适当减小柱下独立桩基承台受冲切计算的承台厚度。

（2）角桩对承台的冲切计算

① 四桩以上（含四桩）承台受角桩冲切的承载力可按下式计算，如图 8-15 所示。

$$N_l = \left[\beta_{1x} \left(c_2 + \frac{a_{1y}}{2} \right) + \beta_{1y} \left(c_1 + \frac{a_{1x}}{2} \right) \right] \beta_{hp} f_t h_0$$

$$\beta_{1x} = \frac{0.56}{\lambda_{1x} + 0.2}$$

$$\beta_{1y} = \frac{0.56}{\lambda_{1y} + 0.2}$$

式中　N_l——不计承台及其上填土自重，相应于作用的基本组下角桩（含复合角桩）反力设计值，kN；

β_{1x}、β_{1y}——角桩冲切系数；

a_{1x}、a_{1y}——从承台底角桩顶内边缘引 45°冲切线与承台顶面相交点至角桩内边缘的水平距离；当柱（墙）边或承台变阶处位于该 45°线以内时，则取由柱（墙）边或承台变阶处与桩内边缘连线为冲切锥体的锥线，如图 8-15 所示；

h_0——冲切破坏锥体的有效高度，mm。

λ_{1x}、λ_{1y}——角桩冲跨比，$\lambda_{1x} = a_{1x}/h_0$，$\lambda_{1y} = a_{1y}/h_0$，其值均应满足 0.25~1.0 的要求。

② 对于三桩三角形承台可按下式计算受角桩冲切的承载力，如图 8-16 所示。

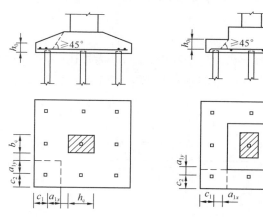

图 8-15　矩形承台角桩冲切计算示意图

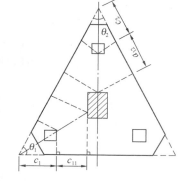

图 8-16　三角形承台角桩冲切计算示意图

底部角桩：

$$N_l = \left[\beta_{11} (2c_1 + a_{11}) \tan \frac{\theta_1}{2} \beta_{hp} f_t h_0 \right.$$

$$\beta_{11} = \frac{0.56}{\lambda_{11} + 0.2}$$

顶部角桩：

$$N_l = \left[\beta_{12}(2c_2 + a_{12}) \tan \frac{\theta_2}{2} \beta_{hp} f_t h_0 \right.$$

$$\beta_{12} = \frac{0.56}{\lambda_{12} + 0.2}$$

式中　λ_{11}、λ_{12}——角桩冲跨比，$\lambda_{11} = a_{11}/h_0$，$\lambda_{12} = a_{12}/h_0$，其值均应满足 0.25～1.0 的要求；

　　　　a_{11}、a_{12}——从承台底角桩顶内边缘引 45°冲切线与承台顶面相交点至角桩内边缘的水平距离；当柱（墙）边或承台变阶处位于该 45°线以内时，则取由柱（墙）边或承台变阶处与桩内边缘连线为冲切锥体的锥线。

3. 承台斜截面受剪计算

柱（墙）下桩基承台，应分别对柱（墙）边、变阶处和柱边连线形成的贯通承台的斜截面的受剪承载力进行验算，如图 8-17 所示。当承台悬挑边有多排桩基形成多个斜截面时，应对每个斜截面的受剪承载力进行验算。斜截面受剪承载力可按下式计算：

$$V \leqslant \beta_{hs} \alpha f_t b_0 h_0$$

其中　　　　　　　　　　　　　　$$\alpha = \frac{1.75}{1 + \lambda}$$

$$\beta_{hs} = \left(\frac{800}{h_0} \right)^{1/4}$$

式中　V——不计承台及其上填土自重，在荷载效应基本组下斜截面的最大剪力设计值，kN；

　　　b_0——承台计算截面处的计算宽度，mm；

　　　h_0——承台计算截面处的有效高度，mm；

　　　β_{hs}——受剪切承载力截面高度影响系数，当 $h_0 < 800$mm 时，h_0 取 800mm；$h_0 > 2000$mm，h_0 取 2000mm；其间按线性插入法取用；

　　　α——承台剪切系数；

　　　λ——计算截面的剪跨比，$\lambda_x = a_x/h_0$，$\lambda_y = a_y/h_0$，其中 a_x、a_y 为柱边（墙边）或承台变阶处至 y、x 方向计算一排桩的桩边的水平距离，当 $\lambda < 0.25$ 时，取 $\lambda = 0.25$，当 $\lambda > 3.0$ 时，取 $\lambda = 3.0$。

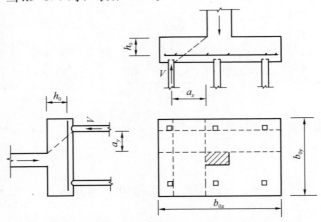

图 8-17　承台斜截面受剪计算示意图

4. 承台板配筋计算

桩基承台应进行正截面受弯承载力计算。

① 两桩条形承台和多桩矩形承台弯矩计算截面取在柱边和承台变阶处，可按下式计算，如图 8-18(a)所示。

$$M_x = \sum N_i y_i$$
$$M_y = \sum N_i x_i$$

式中　M_x、M_y——分别为绕 x 轴和绕 y 轴方向计算截面处的弯矩设计值，kN·m；

　　　　　N_i——不计承台及其上填土自重，在作用的基本组合下的第 i 基桩或复合基桩竖向反力设计值，kN；

　　　x_i、y_i——垂直 y 轴和 x 轴方向自桩轴线到相应计算截面的距离，m。

② 三桩承台的正截面弯矩值。

等边三桩承台如图 8-18(b)所示。

$$M = \frac{N_{\max}}{3}\left(s_a - \frac{\sqrt{3}}{4}c\right)$$

式中　M——通过承台形心至各边边缘正交截面范围内板带的弯矩设计值，kN·m；

　　$N_{\max}$——不计承台及其上填土自重，在荷载效应基本组下三桩中最大基桩或复合基桩竖向反力设计值，kN；

　　　s_a——桩中心距，m；

　　　c——方柱边长，圆柱时 $c=0.8d$（d 为圆柱直径）。

等腰三桩承台如图 8-18(c)所示。

$$M_1 = \frac{N_{\max}}{3}\left(s_a - \frac{0.75}{\sqrt{4-a^2}}c_1\right)$$
$$M_2 = \frac{N_{\max}}{3}\left(as_a - \frac{0.75}{\sqrt{4-a^2}}c_2\right)$$

式中　M_1、M_2——分别为通过承台形心至两腰边缘和底边边缘正交截面范围内板带的弯矩设计值，kN·m；

　　　s_a——长向桩中心距，m；

　　　a——短向桩中心距与长向桩中心距之比，当 $a<0.5$ 时，应按变截面的二桩承台设计；

　　c_1、c_2——分别为垂直于、平行于承台底边的柱截面边长，mm。

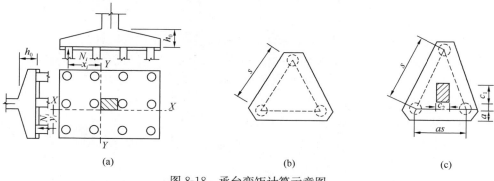

(a)　　　　　　　　　(b)　　　　　　　　　(c)

图 8-18　承台弯矩计算示意图

5. 绘制桩基础施工图

【应用实例 8.1】

某办公楼采用柱下钢筋混凝土预制桩基础。已知：柱截面 400mm×600mm，作用在桩基顶面的荷载效应标准组合值为：竖向荷载 F_k=2000kN，弯矩 M_{yk}=320kN·m，剪力 V_k=50kN。基础顶面距离设计地面 0.5m，承台底面埋深 d=2.0m。建设场地地表层为松散杂填土，厚 2.0m；以下为灰色黏土，厚 8.3m；再下为粉土，未穿。土的物理学性质指标如图 8-19 所示。地下水位在地面以下 2.0m。已进行桩的静载荷试验，其中 $p—s$ 曲线上第二拐点相应荷载分别为 830kN、810kN、820kN。试设计此工程桩基础。

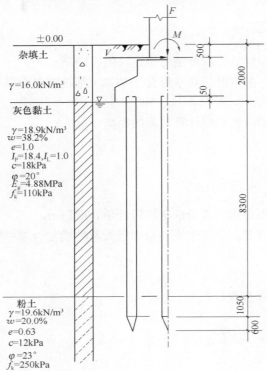

图 8-19　应用实例 8.1 附图

(1)确定桩型、材料及尺寸

采用预制钢筋混凝土方桩，断面尺寸 350mm×350mm，以粉土层作为持力层，桩入持力层深度 $3d$=3×0.35=1.05m(不含桩尖部分)。伸入承台 5cm，考虑桩尖长 0.6m，则桩长 l=8.3+1.05+0.05+0.6 =10.0m。

材料选用：混凝土强度等级为 C30，钢筋 HPB300，4ϕ14(最后计算可确定)；承台混凝土等级为 C30，钢筋 HPB300。

(2)确定单桩竖向承载力

① 按桩身的材料强度。

由以上所选材料及截面，已知 f_c = 14.3N/mm^2，A_{ps} = 350 × 350 = 122 500mm^2，R_a=$\psi_c f_c A_{ps}$。

$$R_a = 0.85 \times 14.3 \times 122\ 500 = 1\ 488\ 987.5N = 1\ 489kN$$

② 根据单桩竖向静载荷试验。

静载荷试验 $p—s$ 曲线第二拐点对应荷载即为桩极限荷载，830kN、820kN、810kN 三者的平均值为 820kN。单桩极限荷载的极差为 820−800=20kN，符合规定。故

$$R_a = 820/2 = 410kN$$

③ 由经验公式确定。

桩身穿过黏土层，I_L=1.0，q_{sa}=17kPa(由表 8-2 得)。

持力层粉土，e=0.63，入土深度 9.4m，则 q_{pa}=1300kPa，q_{sa}=35kPa，故

$$R_a = q_{pa}A_p + \mu_p \sum q_{sia}l_i$$

$$= 1300 \times 0.35^2 + 0.35 \times 4 \times (8.3 \times 17 + 1.05 \times 35) = 408.24kN$$

根据以上计算可确定单桩竖向承载力的特征值为

$$R_a = 410\text{kN}$$

（3）桩数和桩位布置

初步确定桩承台尺寸：2.0m×3.2m；高：2.0−0.5=1.5m，埋深 2.0m。

$$F_k = 2000\text{kN}, \quad G_k = \gamma_G \times d \times 2 \times 3.2 = 20 \times 2.0 \times 2.0 \times 3.2 = 256\text{kN}$$

根据单桩竖向承载力的特征值可初步确定桩的根数 n：

$$n = \mu \frac{F_k + G_k}{R_a} = 1.1 \times \frac{2000 + 256}{410} = 6.05, \text{取 6 根。}$$

布置方式如图 8-20 所示，桩距 $s = 3.5d = 3.5 \times 0.35 = 1.23$。

取 $s = 1.25\text{m}$（纵向），$s = 1.30$（横向）。

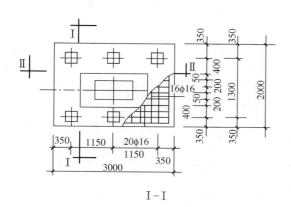

I−I

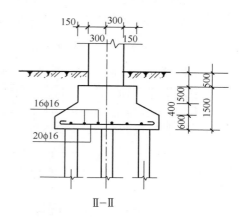

II−II

图 8-20　桩基设计示意图

（4）桩基中各单桩受力验算

单桩平均受竖向力：

$$N_k = \frac{F_k + G_k}{n} = \frac{2000 + 256}{6} = 376\text{kN} < R_a = 410\text{kN}$$

单桩最大竖向力：

$$N_{kmax} = \frac{F_k + G_k}{n} \pm \frac{M_{xk} y_{max}}{\sum y_j^2} \pm \frac{M_{yk} x_{max}}{\sum x_j^2}$$

$$= \frac{2000 + 256}{6} \pm 0 \pm \frac{(320 + 50 \times 1.5) \times 1.25}{4 \times 1.25^2} = \begin{array}{l} 455\text{kN} < 1.2R_a = 492\text{kN} \\ 297\text{kN} > 0 \end{array}$$

满足设计要求。

（5）单桩设计

桩身采用混凝土强度等级为 C30，钢筋 HPB300，钢筋抗拉强度设计值为 $f_y = 270\text{N/mm}^2$，保护层厚度为 $a = 35\text{mm}$。

在打桩架龙口吊立时，采用一个吊点起吊桩身，吊点距桩顶距离 l_1 为 0.0429m，并需考虑 1.5 倍的动力系数。桩尖长度≈$1.5 \times$桩径 $d \approx 0.6$m，桩头插入承台 0.05m，则桩总长 $l=8.3+0.6+0.05+1.05=10.0$ m。

$$M=1.5 \times 0.0429 \cdot ql^2=1.5 \times 0.0429 \times 25 \times 0.35^2 \times 10^2=19.71 \text{kN} \cdot \text{m}$$

桩横截面有效高度 $h_0=350-35=315$mm。

$$A_s=\frac{M}{0.9 h_0 f_y}=\frac{19.71 \times 10^6}{0.9 \times 315 \times 270}=257 \text{ mm}^2$$

选 $2\phi 14$，$A_s=308$mm^2，桩横截面每边配筋 $2\phi 14$，整根桩 $4\phi 14$。

（6）承台设计

略。

（7）绘制施工图

绘制施工图，如图 8-21 所示。

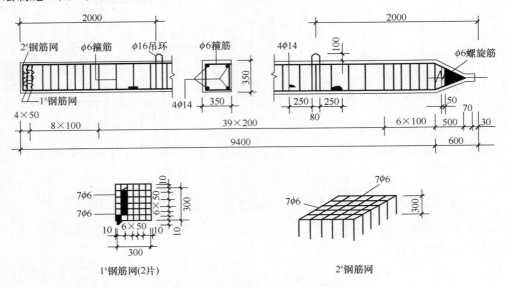

图 8-21 桩的配筋构造示意图

8.6 其他深基础简介

为满足结构物的要求，适应地基的特点，在土木工程结构的实践中形成了各种类型的深基础。深基础除桩基外，还有沉井、沉箱和地下连续墙等形式。

沉井多用于工业建筑和地下构造物，是一种竖井结构，与大开挖相比，它具有挖土量少、埋置深度大、整体性强、稳定性好、能承受较大的垂直荷载和水平荷载、施工方便、占地少和对相邻基础影响小等优点，适用于黏性土及土粒较粗的砂土中。沉箱是将压缩空气压入一个特殊的沉箱室内以排除地下水，工作人员在沉箱内操作，比较容易排除障碍物，使沉箱顺利下沉，可达地下水位以下 35～40m 的深度，但目前应用较少。墩基是指利用机械或人工开挖成孔后灌注混凝土形成的大直径桩基础，由于其直径粗大如墩，故称为墩基础，墩基与大直径桩并无明显界限。地下连续墙是近代发展起来的一种新的基础形式，具有无噪声、无振动、对周围建筑影响小，并有节约土方量、缩短工期、安全可靠等优点，它的应用日益广泛。

8.6.1 沉井基础

沉井是一种竖直的井筒状结构物，常用混凝土或钢筋混凝土等材料制成，一般分数节制作。施工时，先就地制作第一节井筒，然后用适当的方法在井筒内挖土，井体借自重克服外壁与土的摩阻力而不断下沉，随下沉再逐节接长井筒。为了减少下沉时的端部阻力，沉井的下端往往装设钢板或角钢加工成的刃脚。井筒下沉到设计标高后，浇筑混凝土封底、填心，使其成为桥梁墩台或其他结构物的基础，也可以作为地下结构使用。沉井适合于在黏性土及较粗的砂土中施工，但土中若有障碍物时会给下沉造成一定的困难。沉井在下沉过程中，井筒就是施工期间的围护结构。在各个施工阶段和使用期间，沉井各部分可能受到土压力、侧水压力、水浮力、摩阻力、底面反力和沉井自重等力的作用。故沉井的构造和计算应按有关规范要求。

沉井按水平断面形式可分为圆形、方形或椭圆形等，按竖直面可分为柱形、阶梯形等；根据沉井孔的布置方式又有单孔、双孔及多孔之分。

沉井主要由刃脚、井筒、内隔墙、封底底板及盖顶等部分组成，如图 8-22 所示。

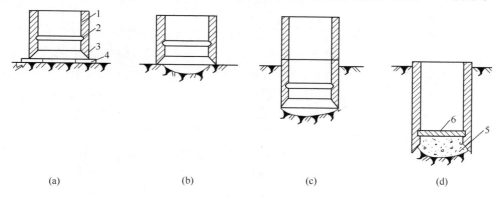

(a)   (b)   (c)   (d)

图 8-22 沉井施工示意图

(a)制作第一节井筒；(b)抽垫土，挖土下沉；(c)沉井接高下沉；(d)封底，并浇筑底板；

1—井壁；2—凹槽；3—刃脚；4—垫木；5—素混凝土封底；6—钢筋混凝土底板

（1）刃脚

在井筒下端，形如刀刃，下沉时刃脚切入土中，刃脚必须要有足够的强度，以免产生挠曲或破坏。其底面称为踏面，宽度一般为 100～200mm，土质坚硬时，踏面应用钢板或角钢保护，刃脚内侧的倾斜角 40°～60°。

（2）井筒

竖直的井筒是沉井的主要部分，它需具有足够的强度以挡土，又需有足够的重量克服外壁与土之间的摩阻力和刃脚土的阻力，使其在自重作用下节节下沉。为便于施工，沉井井孔净边长最小尺寸为 0.9m，井筒壁厚一般为 0.8～1.2m。

（3）内隔墙

能增加沉井结构的刚度，方便施工，控制下沉和纠偏，其底面标高应比刃脚脚踏面高0.5m，以利沉井下沉，内隔墙间距一般不超过 5～6m，厚度一般为 0.5～1.2m。

（4）凹槽

凹槽位于刃脚内侧上方，其作用是使封底混凝土与井筒牢固连接，使封底混凝土底面的反力更好地传给井筒，其深度为 0.15～0.25m，高约为 1.0m。

（5）封底

沉井下沉到设计标高后先进行清基，然后用混凝土封底。封底可以防止地下水涌入井内，其厚度由应力验算决定，也可取不小于井孔最小边长的 1.5 倍，混凝土强度等级一般不低于 C15。

（6）顶盖

沉井做地下构筑物时，顶部需浇筑钢筋混凝土顶盖。顶盖厚度一般为 1.5～2.0m，钢筋配置由计算确定。

沉井基础施工一般分为旱地施工、水中筑岛及浮运沉井三种。施工前应详细了解场地的地质和水文条件，制定出详细的施工计划及必要的措施，以确保施工安全。

沉井施工时，应将场地平整夯实，在基坑上铺设一定厚度的砂层，在刃脚位置再铺设垫木，然后在垫木制作刃脚和第一节沉井。当沉井混凝土强度达 70% 时，才可拆除垫木挖土下沉。

下沉方法分排水下沉和不排水下沉，前者适用于土层稳定不会因抽水而产生大量流砂的情况。当土层不稳定时，在井内抽水易产生大量流砂，此时不能排水，可在水下进行挖土，必须使井内水位始终保持高于井外水位 1～2m。井内出土视土质情况，可用机械抓斗水下挖土，或者用高压水枪破土，用吸泥机将泥浆排出。

当一节井筒下沉至地面以上只剩 1m 左右时应停止下沉，接上井筒。当沉井下沉到达设计标高后，挖平筒底土层进行封底。

沉井下沉时，有时会发生偏斜、下沉速度过快或过慢，此时应仔细调查原因，调整挖土顺序和排除施工障碍，甚至借助卷扬机进行纠偏。

为保证沉井能顺利下沉，其重力必须大于或等于沉井外侧四周总摩阻的 1.15～1.25 倍。沉井的高度由沉井顶面标高（一般埋入地面以下 0.2m 或在地下水位以上 0.5m）及地面标高决定，其平面形状和尺寸根据上部建筑物平面形状要求确定。井筒壁厚和内隔墙厚度应根据施工和使用阶段计算确定。

8.6.2　地下连续墙

地下连续墙是采用专门的挖槽机械，在泥浆护壁的条件下，沿着深基础或地下建筑物的周边在地面下分段挖出一条深槽，待开挖至设计深度并清除沉淀下来的泥渣后，就地将加工好的钢筋笼吊放至槽内，用导管向槽内浇筑混凝土，形成一个单元槽段，然后在下一个单元槽段依此施工，两个槽段之间以各种特定的接头方式相互连接，从而形成地下的钢筋混凝土墙。地下连续墙既可以承受侧壁的土压力和水压力，在开挖时起支护、挡土、防渗等作用，同时又将上部结构的荷载传到地基持力层，作为地下建筑和基础的一个部分。

地下连续墙的优点是可以大量节约土方量、缩短工期、降低造价，施工时振动小、噪声低，不影响邻近建筑安全，具有较好防渗性能。目前地下连续墙已发展有后张预应力、预制装配和现浇等多种形式，其使用日益广泛，主要用于建筑物的地下室、地下停车场、地下街道、地下铁道、地下道路、泵站盾构等工程的竖井、挡土墙、防渗墙及基础结构等。

现浇地下连续墙混凝土施工时，一般先修导墙，以导向和防止机械碰坏槽壁。地下连续墙厚度一般在 450～800mm 之间，长度按设计不受限制。每一个单元槽段长度一般为 4～7m，墙体深度可达几十米。目前，地下连续墙常用的挖槽机械，按其工作机理分为挖斗式，冲击式和回转式三大类。为了防止坍孔，钻进时应向槽中压送循环泥浆，直至挖槽深度达到设计深度时，沿挖槽前进方向埋接头管，如图 8-23 所示。再吊放入钢筋网，冲洗槽孔，用导管浇灌混凝土后再拔出接头管，按以上顺序循环施工，直到完成。

地下连续墙分段施工的接头方式和质量是墙体质量的关键。除接头管施工外，也有采用其他接头的，如接头箱接头、型钢接头管与滑板式接头箱等。图 8-23 所示的接头形式，在施工期间各槽段的水平钢筋互不连接，等到连续墙混凝土达到设计要求以及墙内土方挖走后，将接头处的混凝土凿去一部分，使接头处的水平钢筋和墙体与梁、柱、楼面、地板、地下室内墙钢筋的连接钢筋焊上。

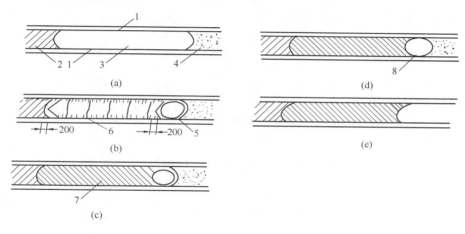

图 8-23 地下连续墙施工接头示意图

(a)开挖槽段；(b)吊放接头管和钢筋笼；(c)浇注混凝土；(d)拔出接头管；(e)形成接头

1—导墙；2—已浇筑混凝土的单元槽段；3—开挖的槽段；4—未开挖的槽段；

5—接头管；6—钢筋笼；7—正浇筑混凝土的单元槽段；8—接头管拔出后的孔洞

地下连续墙的强度必须满足施工阶段和使用期间的强度和构造要求。

思考题与习题

1. 深基础与浅基础有何区别？在什么情况下可以考虑采用桩基础？
2. 说明常见桩型的优缺点及适用条件。
3. 单桩竖向承载力特征值如何确定？

4. 单桩水平承载力可由哪几种方法确定?

5. 试述桩基础设计内容及步骤。

6. 试述桩侧负摩阻力的概念及其产生的条件和场合。

7. 桩基承台的作用是什么? 如何进行桩基承台的设计?

8. 沉井施工中应注意哪些问题? 如果在沉井施工过程中发生倾斜该如何处理?

9. 什么是地下连续墙? 地下连续墙有何优点?

10. 已知预制方桩的断面尺寸为 350mm×350mm,桩长 24m(从承台底面算起),穿越的土层厚度及相应的指标或状态依次如下:第一层为黏性土,厚 1.5m,I_L=0.4;第二层为淤泥,厚 20.5m,含水量 w=55%;第三层为中密粗砂,桩打入 1.0m,试按《建筑桩基技术规范》(JGJ 94—2008)经验参数法确定单桩竖向承载力特征值 R_a。(答案:968kN)

11. 某住宅为框架结构,钢筋混凝土柱的截面尺寸为 350mm×400mm,采用预制的 300mm×300mm 方桩。已知作用于桩基顶面上的荷载效应标准组合值为:竖向荷载 F_k=2300kN,弯矩 M_{yk}=300kN·m。地基土表层为杂填土,厚 1.5m;第二层为软塑黏土,厚 10m,q_{s2a}=18kPa;第三层为可塑粉质黏土,厚 5m,q_{s3a}=30kPa,q_{pa}=970kPa,试确定单桩竖向承载力特征值 R_a、桩数和桩位布置。

参 考 文 献

[1] 中华人民共和国建设部. GB 50007—2011 建筑地基基础设计规范[S]. 北京：中国建筑工业出版社，2011.

[2] 中华人民共和国建设部. JGJ 94—2008 建筑桩基技术规范[S]. 北京：中国建筑工业出版社，2008.

[3] 中华人民共和国建设部. GB 50010—2010 混凝土结构设计规范[S]. 北京：中国建筑工业出版社，2010.

[4] 中华人民共和国建设部. GB 50011—2010 建筑抗震设计规范[S]. 北京：中国建筑工业出版社，2010.

[5] 中华人民共和国建设部. GB 50021—2001 岩土工程勘察规范[S]. 北京：中国建筑工业出版社，2002.

[6] 中华人民共和国建设部. GB 50123—1999 土工试验方法标准[S]. 北京：中国建筑工业出版社，1999.

[7] 杨太生. 地基与基础[M]. 第二版. 北京：中国建筑工业出版社，2007.

[8] 肖明和，等. 地基与基础[M]. 北京：北京大学出版社，2009.

[9] 何世玲. 地基与基础工程[M]. 第二版. 武汉：武汉理工大学出版社，2002.

[10] 陈宝璠. 土木工程材料[M]. 第二版. 北京：中国建材工业出版社，2012.

[11] 陈宝璠. 土木工程材料检测实训[M]. 北京：中国建材工业出版社，2009.

[12] 陈晓平，陈书申. 土力学与地基基础[M]. 2 版. 武汉：武汉理工大学出版社，2003.

[13] 陈希哲. 土力学地基基础[M]. 第四版. 北京：清华大学出版社，2008.

[14] 赵明华，余晓. 土力学与基础工程[M]. 2 版. 武汉：武汉理工大学出版社，2000.

[15] 丁梧秀. 地基与基础[M]. 郑州：郑州大学出版社，2006.

[16] 朱永祥. 地基与基础[M]. 2 版. 武汉：武汉理工大学出版社，2004.

[17] 黄林青，等. 地基基础工程[M]. 北京：化学工业出版社，2003.

[18] 苏德利，等. 地基与基础[M]. 大连：大连理工大学出版社，2010.

[19] 孙维东. 土力学与地基基础[M]. 2 版. 北京：机械工业出版社，2006.

[20] 陈晋中. 土力学与地基基础[M]. 北京：机械工业出版社，2008.

[21] 郭继武，郭瑶. 地基基础[M]. 3 版. 北京：清华大学出版社，2002.

[22] 袁聚云，等. 基础工程设计原理[M]. 上海：同济大学出版社，2001.

[23] 孙文怀. 基础工程设计与地基处理[M]. 北京：中国建材工业出版社，1999.

[24] 叶观宝，等. 地基处理[M]. 2 版. 北京：中国建筑工业出版社，2009.